建设工程施工图识读系列丛书

装饰装修工程施工图识读

马军卫　主编

中国建材工业出版社

图书在版编目(CIP)数据

装饰装修工程施工图识读/马军卫主编．—北京：中国建材工业出版社，2015.11

(建设工程施工图识读系列丛书)

ISBN 978-7-5160-1282-6

Ⅰ.①装… Ⅱ.①马… Ⅲ.①建筑装饰-工程施工-建筑制图-识别 Ⅳ.①TU767

中国版本图书馆 CIP 数据核字(2015)第 216153 号

内　容　简　介

全书共七章，前五章是关于装饰装修的内容，其中包含装饰装修墙面施工图识读、装饰装修顶棚施工图识读、装饰装修门窗施工图识读、装饰装修楼地面施工图识读、装饰装修楼梯施工图识读；第六和七章讲述装饰装修施工实例和一些建筑方面常用的专业术语。

本书把装饰装修类工程分类系统整合，使读者更加快捷方便的来进行查阅，施工图识读和实例相结合，使内容更加通俗易懂。有利于读者对施工图进行更加细致的分析。本书内容系统全面，易懂易记，图文并茂，具有较强的指导性和可读性，是装饰装修人员必不可少的参考资料。

装饰装修工程施工图识读

马军卫　主编

出版发行：中国建材工业出版社

地　　址：北京市海淀区三里河路1号

邮　　编：100044

经　　销：全国各地新华书店

印　　刷：北京鑫正大印刷有限公司

开　　本：787mm×1092mm　1/16

印　　张：12

字　　数：290千字

版　　次：2015年11月第1版

印　　次：2015年11月第1次

定　　价：40.00元

本社网址：www.jccbs.com.cn　　微信公众号：zgjcgycbs

本书如出现印装质量问题，由我社网络直销部负责调换。联系电话：(010)88386906

前　言

施工图识读是建设工程设计、施工的基础，在技术交底以及整个施工过程中，应科学准确地理解施工图的内容。施工图也是科学表达工程性质与功能的通用工程语言。它不仅关系到设计构思是否能够准确实现，同时关系到工程的质量，因此无论是设计人员、施工人员还是工程管理人员，都必须掌握识读工程图的基本技能。

为了帮助广大建设工程设计、施工和工程管理人员系统地学习并掌握建筑施工图识图的基本知识，我们编写了《建筑工程施工图识读》、《市政工程施工图识读》、《装饰装修工程施工图识读》和《安装工程施工图识读》这一系列识图丛书。编写这套丛书的目的一是培养读者的空间想象能力；二是培养读者依照国家标准，正确阅读建筑工程图的基本能力。在编写过程中，融入了编者多年的工作经验并配有大量识读实例，具有内容简明实用、重点突出、与实际结合性强等特点。

本书由马军卫主编，第一章主要介绍抹灰类墙体，贴面类墙体、镶板（材）类墙体、墙面装饰配件、玻璃幕墙与隔墙隔断及墙体细部施工图的识读；第二章主要介绍顶棚的基础知识、顶棚施工图识读、采光和花格屋顶施工图识读；第三章主要介绍门窗施工图详图的识读及门窗构造施工图的识读；第四章主要介绍楼地面施工图识读及楼地面构造施工图识读；第五章主要介绍楼梯的基础知识、楼梯施工图详图的识读及室外台阶与坡道识读；第六章主要介绍装饰装修图纸的实例；第七章主要介绍建筑工程常用术语及建筑制图常用术语。

本书在编写过程中，参考了大量的文献资料，特别是援引、借鉴、改编了大量案例，为了行文方便，对于所引成果及材料未能在书中一一注明，谨在此向原作者表示诚挚的敬意和谢意。

由于编者的水平有限，疏漏之处在所难免，恳请广大同仁及读者不吝赐教。

编者

2015. 11

中国建材工业出版社
China Building Materials Press

目 录

第一章

装饰装修墙面施工图识读

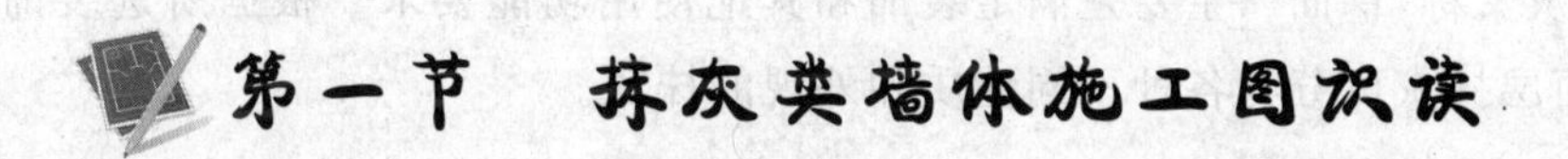

第一节　抹灰类墙体施工图识读

一、抹灰类饰面概述

1. 墙面抹灰的构造组成及作用

抹灰类饰面是用各种加色的、不加色的水泥砂浆，或者石灰砂浆、混合砂浆等做成的各种饰面抹灰层。根据使用要求不同分为一般抹灰和装饰面抹灰两种。

墙面抹灰一般是由底层抹灰、中间抹灰和面层抹灰三部分组成，如图 1-1 所示。

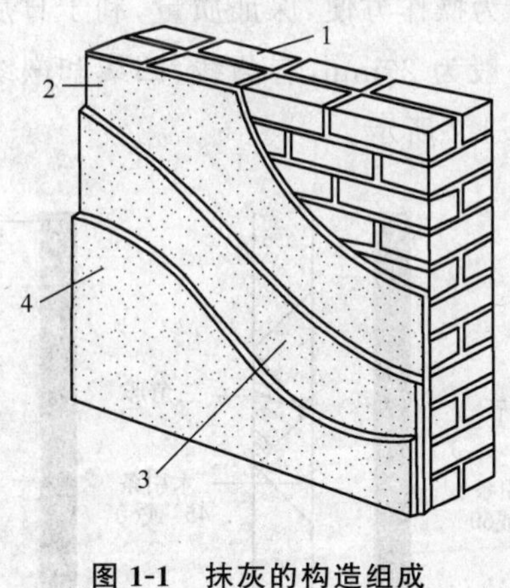

图 1-1　抹灰的构造组成

1—基层；2—底层；3—中间层；4—面层

(1)底层抹灰

底层抹灰主要是对墙体基层的表面处理，起到与基层黏结和初步找平的作用。底层砂浆根据基层材料的不同和受水浸湿情况而不同，可分别选用石灰砂浆、水泥石灰混合砂浆和水泥砂浆，底层抹灰厚度一般为 5～10mm。

普通砖墙由于吸水性较大，在抹灰前须将墙面浇湿，以免抹灰后过多吸收砂浆中水分而影响黏结。室内砖墙多采用1∶3石灰砂浆，或掺入一些纸筋、麻刀以增强黏结力并防止开裂。室外或室内有防水防潮要求时，应采用1∶3水泥砂浆。

轻质砌块墙体因砌块表面的空隙大，吸水性极强，其常见处理方法是：采用108胶（配合比是108胶∶水为1∶4），涂满墙面，以封闭砌块表面空隙，再做底层抹灰。在装饰要求较高的饰面中，还应在墙面钉满0.7mm细径镀锌钢丝网（网格尺寸为32mm×32mm），再做抹灰。

(2)中间抹灰

中间抹灰主要作用是找平与黏结，还可以弥补底层砂浆的干缩裂缝。一般用料与底层相同，厚度5～10mm，根据墙体平整度与饰面质量要求，可一次抹成，也可分多次抹成。

(3)面层抹灰

面层抹灰又称"罩面"，主要是满足装饰和其他使用功能要求。根据所选装饰材料和施工方法不同，面层抹灰可分为各种不同性质和外观的抹灰。

2. 抹灰类饰面主要特点

墙面抹灰的优点是材料来源丰富，便于就地取材，施工简单，价格便宜；通过适当工艺，可获得拉毛、喷毛、仿面砖等多种装饰效果，具有保护墙体、改善墙体物理性能的功能。缺点是抹灰构造多为手工操作，现场湿作业量大；砂浆强度较差，年久易龟裂脱落；颜料选用不当，会导致掉色、褪色等现象；表面粗糙，易挂灰，吸水率高，易形成不均匀污染。

抹灰类饰面应用于外墙面时，要慎选材料，并采取相应改进措施，如掺加疏水剂，可降低吸水性；掺加聚合物，可提高黏结性等。

外墙面抹面一般面积较大，为操作方便，保证质量，利于日后维修，以及满足立面要求，常将抹灰层进行分块，分块缝宽一般为20mm，有凸线、凹线和嵌线三种方式。凹线是最常见的一种形式，嵌木条分格构造如图1-2所示。

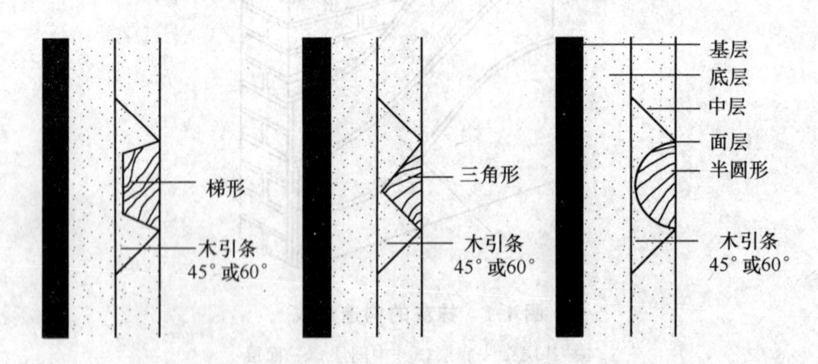

图1-2 抹灰嵌木条分格构造

另外，由于抹灰类墙面阳角处很容易碰坏，通常在抹灰前应先在内墙阳角、门洞转角、柱子四角等处，用强度较高的1∶2水泥砂浆抹制护角或预埋角钢护角，护角高度应高出楼地面1.5～2m，每侧宽度不小于50mm，如图1-3所示。

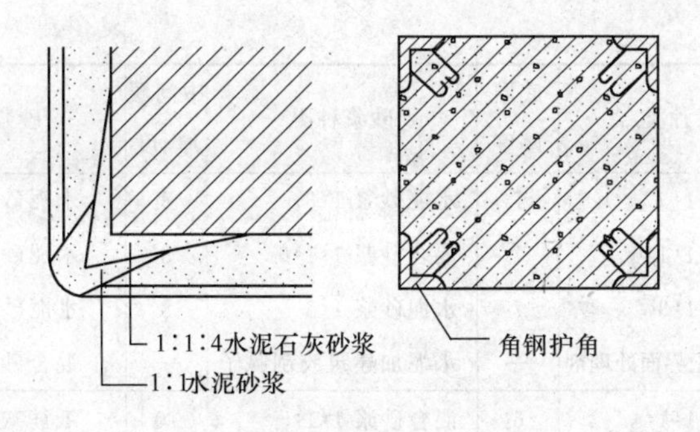

图 1-3　墙和柱的护角

二、一般抹灰饰面

一般抹灰饰面是指采用石灰砂浆、混合砂浆、聚合物水泥砂浆、麻刀灰、纸筋灰等对建筑物的面层抹灰。

(1)一般抹灰的等级划分

根据房屋使用标准和设计要求，一般抹灰可分为普通、中级和高级三个等级。

普通抹灰是由底层和面层构成，一般内墙厚度 18mm，外墙厚度 20mm。适用于简易住宅、大型临时设施、仓库及高标准建筑物的附属工程等。

中级抹灰是由底层、中间层和面层构成，一般内墙厚度 20mm，外墙厚度 20mm。适用于一般住宅和公共建筑、工业建筑以及高标准建筑物的附属工程等。

高级抹灰是由底层、多层中间层和面层构成，一般内墙厚度 25mm，外墙厚度 20mm。适用于大型公共建筑、纪念性建筑以及有特殊功能要求的高级建筑物。

勒脚及突出墙面部分抹灰厚 25mm，石墙抹灰厚 35mm。

(2)一般抹灰的基本构造

根据装饰抹灰等级及基层平整度，需要控制其涂抹遍数和厚度，中间抹灰层所用材料一般与底层相同。在不同的建筑部位使用不同基层材料时砂浆种类和厚度要求见表 1-1。

表 1-1　抹灰厚度及适用砂浆种类

项目		砂浆种类	底层厚度	砂浆种类	中间层厚度	砂浆种类	面层厚度	总厚度
内砖墙	砖墙	石灰砂浆 1∶3	6	石灰砂浆 1∶3	10	纸筋灰浆	2.5	18.5
		混合砂浆 1∶1∶6	6	混合砂浆 1∶1∶6	10		2.5	18.5
	砖墙(高级)	水泥砂浆 1∶3	6	水泥砂浆 1∶3	10	普通级做法一遍	2.5	18.5
	砖墙(防水)	混合砂浆 1∶1∶6	6	混合砂浆 1∶1∶6	10	中级做法二遍	2.5	18.5
	加气混凝土	水泥砂浆 1∶3	6	水泥砂浆 1∶3	10	高级做法三遍，最后	2.5	18.5
		混合砂浆 1∶1∶6	6	混合砂浆 1∶1∶6	10	一遍用滤浆灰	2.5	18.5
	钢丝网板条	石灰砂浆 1∶3	6	石灰砂浆 1∶3	10	高级做法厚度为 3.5	2.5	18.5
		水泥纸筋砂浆 1∶3∶4	8	水泥纸筋砂浆 1∶3∶4	10		2.5	20.5

（续表）

项目		砂浆种类	底层厚度	砂浆种类	中间层厚、度	砂浆种类	面层厚度	总厚度
外砖墙	砖墙	水泥砂浆 1:3	7	水泥砂浆 1:3	8	水泥砂浆 1:2.5	10	25
	混凝土	混合砂浆 1:1:6	7	混合砂浆 1:1:6	8	水泥砂浆 1:2.5	10	25
		水泥砂浆 1:3	7	水泥砂浆 1:3	8	水泥砂浆 1:2.5	10	25
	加气混凝土	加气混凝土界面处理剂	—	水泥加建筑胶刮腻子	—	混合砂浆 1:1:6	8～10	8～10
梁柱	混凝土梁柱	混合砂浆 1:1:4	6	混合砂浆 1:1:5	10	纸筋灰浆，三次罩面，第三次滤浆灰	3.5	19.5
	砖柱	混合砂浆 1:1:6	8	混合砂浆 1:1:4	10		3.5	21.5
阳台雨篷	平面	水泥砂浆 1:3	10			水泥砂浆 1:2	10	20
	顶面	水泥纸筋砂浆 1:3:4	5	水泥纸筋砂浆 1:3:4	5	纸筋灰浆	2.5	12.5
	侧面	水泥砂浆 1:3	5	水泥砂浆 1:3	6	水泥砂浆 1:2	2.5	13.5
其他	挑檐、腰线、遮阳板、窗套、窗台	水泥砂浆 1:3	5	水泥砂浆 1:2.5	8	水泥砂浆 1:2	10	23

三、装饰抹灰饰面

装饰抹灰是指利用材料特点和工艺处理使抹灰面具有不同质感、纹理和色泽效果的抹灰类型。装饰抹灰除了具有与一般抹灰相同的功能外，还具有强烈的装饰效果。

1. 拉条抹灰饰面

拉条抹灰饰面是用杉木板制作的刻有凹凸形状的模具，沿着贴在墙面上的木导轨，在抹灰面层上通过上下拉动而形成规则的细条、粗条、波形条等图案效果。

拉条抹灰的基层处理与一般抹灰类同，面层砂浆根据所拉条形的粗细有不同的配比。细条形拉条抹灰面层用水泥∶细纸筋石灰∶细黄砂为1∶2∶0.5 的混合砂浆，粗条形拉条抹灰分两层，黏结层用水泥∶细纸筋石灰∶中粗砂为1∶2.5∶0.5 的混合砂浆，面层用水泥∶细纸筋石灰为1∶0.5的混合砂浆。

拉条抹灰饰面立体感强，线条清晰，可改善空间墙面的音响效果。

2. 拉毛、甩毛、扫毛及搓毛饰面

(1)拉毛饰面

拉毛饰面是用抹子或硬毛棕刷等工具将砂浆拉出波纹或突起的毛头而做成的装饰面层，有小拉毛和大拉毛两种做法。在外墙还有先拉出大拉毛再用铁抹子压平毛尖的做法。拉毛是手工操作，工效较低，容易污染，但有较好的装饰效果。

拉毛面层一般采用普通水泥掺适量石灰膏的素浆或掺入适量砂子的砂浆。小拉毛掺入水泥质量为 5%～20%的石灰膏。大拉毛掺入水泥质量为 20%～30%的石灰膏，为避免龟裂，再

掺入适量砂子和少量的纸筋。打底子可用1:0.5:4的水泥石灰砂浆，分两遍完成，再刮一道素水泥浆，随即用1:0.5:1水泥石灰砂浆拉毛。

(2)甩毛饰面

甩毛饰面是将面层灰浆用工具甩在抹灰中层上，形成大小不一但又有规律的毛面的饰面做法。

甩毛墙面的构造做法是用1:3水泥砂浆打底，厚度为13～15mm；五六成干时，刷一道水泥浆或水泥色浆，以衬托甩毛墙面；最后用1:1水泥砂浆或混合砂浆甩毛。

(3)扫毛饰面

扫毛抹灰饰面是进行水泥砂浆抹灰后，在其面层砂浆凝固前，按设计图案，用毛扫帚扫出条纹。其基层处理和底层刮糙与一般抹灰饰面相同，面层粉刷是用水泥:石灰膏:黄砂为1:0.3:4的混合砂浆，其厚度一般为10mm。扫毛抹灰装饰墙面清新自然，且操作简便。

(4)搓毛饰面

搓毛抹灰饰面是用1:1:6水泥石灰砂浆打底，罩面也用1:1:6水泥石灰砂浆，最后进行搓毛。搓毛的工艺简单，省工省料，但装饰效果不及甩毛和拉毛。

3. 扒拉灰饰面和扒拉石饰面

扒拉灰饰面是用1:0.5:3.5混合砂浆打底，待底层干燥到六七成时，用1:1水泥砂浆罩面，面层抹灰厚度10mm，然后用露钉尖的木块(钉耙子)作工具，挠去水泥浆皮而形成的饰面。

扒拉石饰面的做法与扒拉灰饰面基本相同，只是把1:1水泥砂浆改成1:1水泥细石渣浆，能露出细石渣的颜色，质感明显。

扒拉灰饰面和扒拉石饰面一般用于公共建筑外墙面。

4. 假面砖饰面

假面砖饰面是用掺氧化铁黄、氧化铁红等颜料的彩色水泥砂浆做面层，通过手工操作达到模拟面砖装饰效果的饰面做法。常用的配合比是水泥:石灰膏:氧化铁黄:氧化铁红:砂子为100:20:(6～8):2:150(质量比)，其构造做法是，在底灰上抹厚为3mm的1:1水泥砂浆垫层，再抹3～4mm厚彩色水泥砂浆面层，待抹灰收水后进行饰面处理。有两种做法：一种是用铁梳子拉假面砖，将铁梳子顺着靠尺板由上向下划纹，深度不超过1mm，然后按面砖宽度用铁钩子沿靠尺板横向划沟，其深度3～4mm，露出中层砂浆即可；另一种是用铁辊滚压刻纹。假面砖沟纹清晰，表面平整，色泽均匀，可以假乱真。

四、石渣类饰面

石渣类饰面是用以水泥为胶结材料、石渣为骨料的水泥石渣浆抹于墙体的表面，然后用水洗、斧剁、水磨等工艺除去表面水泥皮，露出以石渣的颜色和质感为主的饰面做法。传统的石渣类墙体饰面做法有水刷石、干黏石、斩假石、拉假石等。

石渣类饰面的装饰效果主要依靠石渣的颜色和颗粒形状来实现，色泽比较光亮，质感较丰富，耐久性和耐污染性较好。

1. 假石饰面

1)斩假石饰面，是以水泥石子浆或水泥石屑浆涂抹在水泥砂浆基层上，待凝结硬化具有一定强度后，用斧子及各种凿子等工具，在面层上剁斩出类似石材经雕琢的纹理效果的一种装饰方法。斩假石饰面质朴素雅、美观大方、耐久性好，但因是手工操作，工效低。

斩假石饰面的构造做法是：先用 15mm 厚 1∶3水泥浆打底，刮抹一遍素水泥浆（内掺 108 胶），随即抹 10mm 厚水泥∶石渣为1∶1.25 的水泥石渣浆，石渣一般采用粒径为 2mm 的白色粒石，内掺 30%的粒径为 0.3mm 的石屑。在面层配料中加入各种配色骨料及颜料，可以模仿不同的天然石材的装饰效果。在分格式、设缝处理上应符合石材砌筑的一般习惯。

2)拉假石饰面，是将斩假石用的剁斧工艺改为用锯齿形工具，在水泥石渣浆终凝时，挠刮去表面水泥浆露出石渣的构造做法。它具有类似斩假石的质感，但石渣外露程度较小，水泥颜色对整个饰面色彩影响较大，所以往往在水泥中加入颜料，以增强其色彩效果。

拉假石的基本构造底层处理与斩假石相同，面层常用的是水泥∶石英砂为1∶1.25 的水泥石渣浆，厚度为 8～10mm。待面层收水后用靠尺检查平整度，用木抹子搓平、顺直，并用钢皮抹子压一遍。水泥终凝后，用拉耙依着靠尺按同一方向挠刮，除去表面水泥浆，露出石渣。一般拉纹的深度为 1～2mm，宽度为 3～3.5mm。

2. 水刷石饰面

水刷石是用水泥和石子等加水搅拌，抹在建筑物的表面，半凝固后，用喷枪、水壶喷水，或者用硬毛刷蘸水，刷去表面的水泥浆，使石子半露的一种装饰方法。水刷石饰面朴实淡雅、经久耐用、装饰效果好。

水刷石的底灰处理与斩假石相同，面层水泥石渣浆的配合比依据石渣粒径大小而定，一般为 1∶1(粒径为 8mm)、1∶1.25(粒径为 6mm)、1∶1.5(粒径为 4mm)，水泥用量要恰好能填满石渣之间的空隙。面层厚度通常为石渣粒径的 2.5 倍。常在面层中加入不同颜色的石屑、玻璃屑，可获得特殊肌理的装饰效果。

3. 黏石饰面

黏石饰面一般有干黏石、喷黏石、喷石屑、干黏喷洗石、彩瓷粒等几种饰面。

1)干黏石饰面，是用拍子将彩色石渣直接黏结在砂浆层上的一种饰面方法，其效果与水刷石饰面相似，但比水刷石饰面节约水泥 30%～40%，节约石渣 50%，提高工效 50%。但其黏结力较低，一般与人直接接触的部位不宜采用。

干黏石饰面的构造做法一般是用 12mm 厚 1∶3水泥砂浆打底，中间层用 6mm 厚 1∶3水泥砂浆，面层用黏结砂浆，其常用配合比为水泥∶砂∶108 胶＝1∶1.5∶0.15 或水泥∶石灰膏∶砂∶108 胶＝1∶1∶2∶0.15。

2)喷黏石饰面，是利用压缩空气带动喷斗将石渣喷洒在尚未硬化的素水泥浆黏结层上形成的装饰饰面。相对于干黏石工艺，机械化程度高，工艺先进、操作简单、效率高，石渣黏结牢固。

3)喷石屑饰面,是喷黏石工艺与干黏石做法的发展,喷石屑所用的石屑粒径小,先喷上的石屑之间所留空隙易于被其后的石屑所填充,喷成的表面显得更加密实。由于石屑粒径小,黏结层砂浆厚度可以减薄,只需相当于石屑粒径的 2/3～1,即 2～3mm。

4)干黏喷洗石饰面,干黏喷洗石的装饰效果与干黏石不同的是小石子甩在黏结层上,压实拍平,半凝固后,用喷枪法去除表面的水泥浆,使石子半露,形成人造石料装饰面。

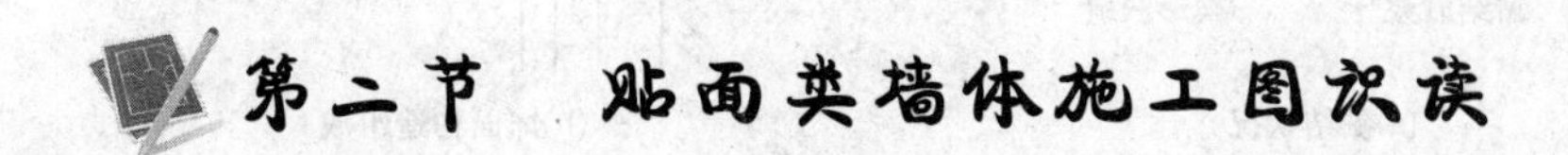

第二节　贴面类墙体施工图识读

一、面砖饰面

(1)面砖饰面实例如图 1-4 所示。

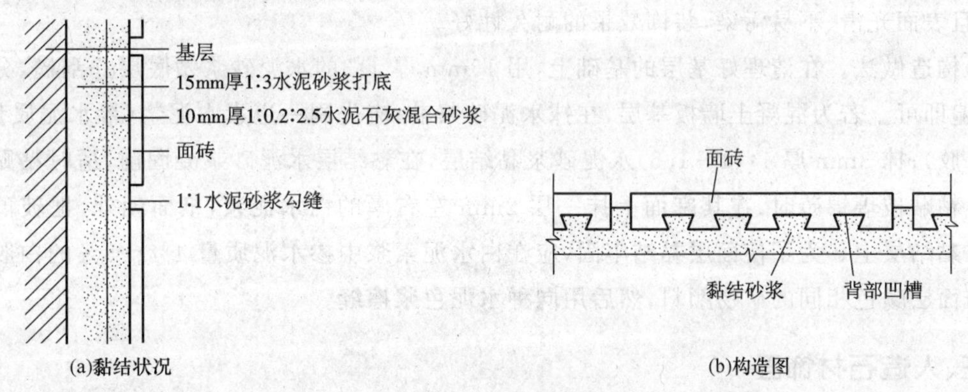

图 1-4　面砖饰面实例

(2)面砖饰面实例讲解。

1)面砖特征。面砖多数是以陶土为原料,压制成型后经 1100℃左右的温度烧制而成的。面砖类型很多,按其特征有上釉和不上釉两种,釉面砖又分为有光釉和无光釉两种。砖的表面有平滑的和带一定纹理质感的,面砖背部质地粗糙且带有凹槽,以增强面砖和砂浆之间的黏结力。

2)面砖饰面的构造做法。先在基层上抹 15mm 厚 1∶3的水泥砂浆做底灰,分两层抹平即可;粘贴砂浆用 1∶2.5 水泥砂浆或 1∶0.2∶2.5 水泥石灰混合砂浆,其厚度不小于 10mm,若采用掺 108 胶的 1∶2.5 水泥砂浆粘贴效果更好;然后在其上贴面砖,并用 1∶1白色水泥砂浆填缝,并清理面砖表面。

二、玻璃锦砖饰面

(1)玻璃锦砖饰面实例如图 1-5 所示。

(2)玻璃锦砖饰面实例讲解。

1)构造。玻璃锦砖又称“玻璃马赛克”,是由各种颜色玻璃掺入其他原料经高温熔炼发泡

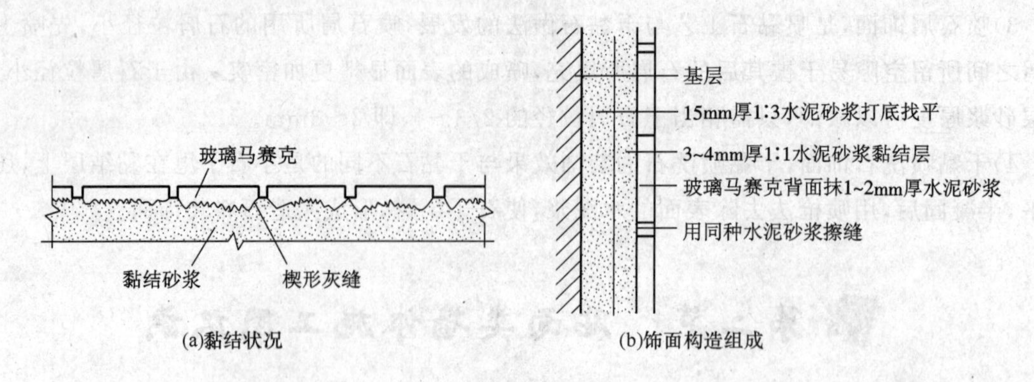

图 1-5　玻璃锦砖饰面实例

后压制而成。

2)特性。玻璃锦砖是乳浊状半透明的玻璃质饰面材料,色彩更为鲜明,并具有透明光亮的特征,且表面光滑、不易污染,装饰效果的耐久性好。

3)构造做法。在清理好基层的基础上,用 15mm 厚 1∶3的水泥砂浆做底层并刮糙,分层抹平,两遍即可。若为混凝土墙板基层,在抹水泥砂浆前,应先刷一道素水泥浆(掺水泥质量 5%的 108 胶);抹 3mm 厚 1∶(1～1.5)水泥砂浆黏结层,在黏结层水泥砂浆凝固前,适时粘贴玻璃锦砖。粘贴玻璃锦砖时,在其麻面上抹一层 2mm 左右厚的白水泥浆,纸面朝外,把玻璃锦砖镶贴在黏结层上。为了使面层黏结牢固,应在白水泥素浆中掺水泥质量 4%～5%的白胶及掺适量与面层颜色相同的矿物颜料,然后用同种水泥色浆擦缝。

三、人造石材饰面

(1)人造石材饰面实例,如图 1-6 和图 1-7 所示。

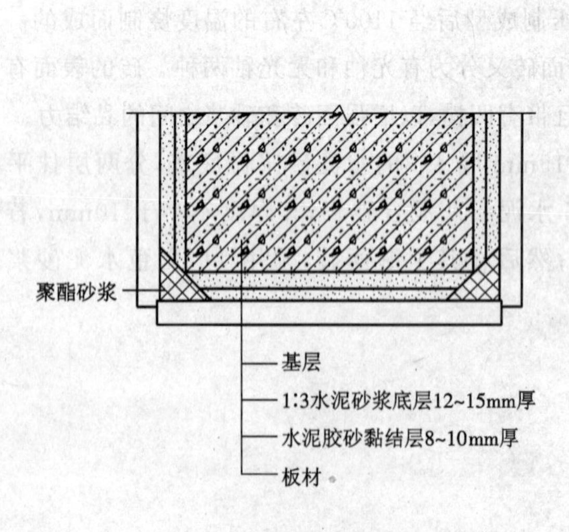

图 1-6　聚酯砂浆粘贴实例

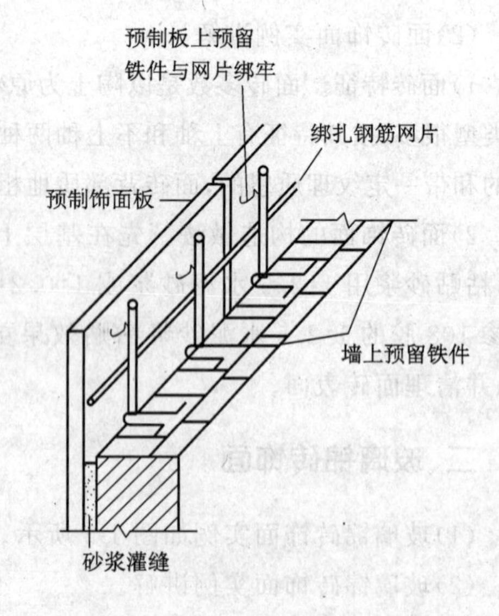

图 1-7　人造石材饰面板安装实例

(2)人造石材饰面实例讲解。

1)人造大理石饰面板饰面。人造大理石饰面板是仿天然大理石的纹理预制生产的一种墙面装饰材料。根据所用材料和生产工艺的不同,可分为聚酯型人造大理石、无机胶结型人造大理石、复合型人造大理石和烧结型人造大理石四类,构造固定方式有水泥砂浆粘贴法、聚酯砂浆粘贴法、有机胶黏剂粘贴法和挂贴法四种方法。

对于聚酯型人造大理石产品,可以采用水泥砂浆和聚酯砂浆粘贴,最理想的胶黏剂是有机胶黏剂。

聚酯型人造大理石是在1000℃左右的高温下焙烧而成的,在各个方面基本接近陶瓷制品,其黏结构造为:用12～15mm厚的1∶3水泥砂浆打底,黏结层采用2～3mm厚的1∶2细水泥砂浆。为了提高黏结强度,可在水泥砂浆中掺入水泥质量5%的108胶。

无机胶结型人造大理石饰面和复合型人造大理石饰面的构造,主要应根据其板厚来确定。对于厚板,其铺贴宜采用聚酯砂浆粘贴的方法。聚酯砂浆的胶砂比一般为1∶4.5～1∶5.0,固化剂的掺用量视使用要求而定,如图1-6所示。对于薄板,其构造方法比较简单,首先用1∶3水泥砂浆打底,黏结层以1∶0.3∶2的水泥石灰混合砂浆或水泥∶108胶∶水＝10∶0.5∶2.6的108胶水泥浆,然后镶贴板材。

2)预制水磨石饰面板饰面。预制水磨石板的色泽品种较多,其表面光滑、美观耐用,可分为普通水磨石板和彩色水磨石板两类。普通水磨石板是采用普通硅酸盐水泥加白色石子后,经成型磨光制成。彩色水磨石板是用白水泥或彩色水泥,加入彩色石料后,经成型磨光制成。

预制水磨石板饰面构造方法是:先在墙体内预埋铁件或甩出钢筋,绑扎直径为6mm、间距为400mm的钢筋骨架后,通过预埋在预制板上的铁件与钢筋网固定牢,然后分层灌注1∶2.5的水泥砂浆,每次灌浆高度为20～30mm,灌浆接缝应留在预制板的水平接缝以下5～10cm处。第一次灌完浆,将上口临时固定的石膏剔掉,清洗干净再安装第二行预制饰面板。

人造石材饰面安装实例如图1-7所示。

四、天然石材饰面

(1)天然石材饰面实例,如图1-8～图1-11所示。

(2)天然石材饰面实例讲解。

1)钢筋网固定挂贴法。首先剔凿出在结构中预留的钢筋头或预埋铁环钩,绑扎或焊接与板材相应尺寸的一个直径为6mm的钢筋网,横筋必须与饰面板材的连接孔位置一致,钢筋网与基层预埋件焊牢,按施工技术要求在板材侧面打孔洞,以便不锈钢挂钩或穿绑铜丝与墙面预埋钢筋骨架固定;然后,将加工成型的石材绑扎在钢筋网上,或用不锈钢挂钩与基层的钢筋网套紧,石材与墙面之间的距离一般为30～50mm,墙面与石材之间灌注1∶2.5水泥砂浆,每次不宜超过200mm及板材高度的1/3,待初凝再灌第二层至板材高度的1/2,第三层灌浆至板材上口80～100mm,所留余量为上排板材灌浆的结合层,以使上下排连成整体。

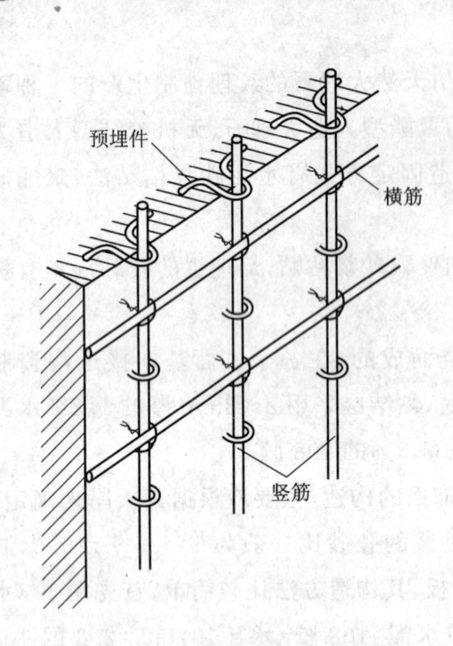

图 1-8 钢筋网固定实例

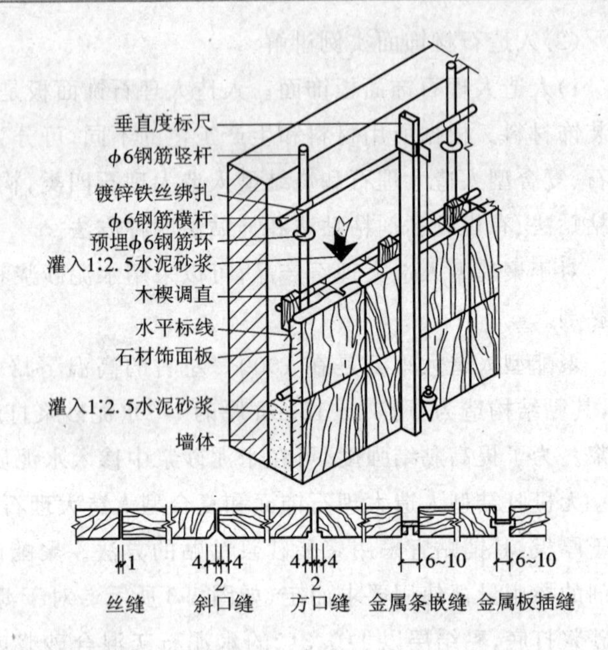

图 1-9 石材墙面钢筋网固定挂贴法实例（单位：mm）

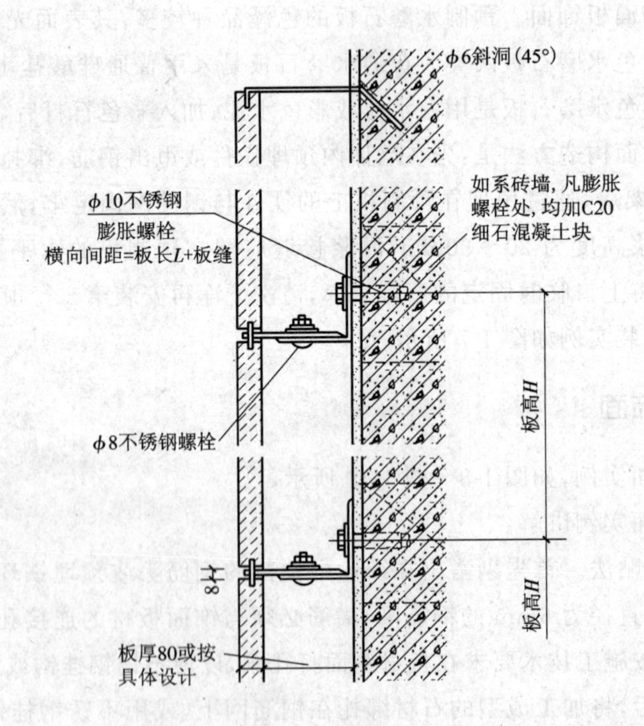

图 1-10 石板材干挂实例（单位：mm）

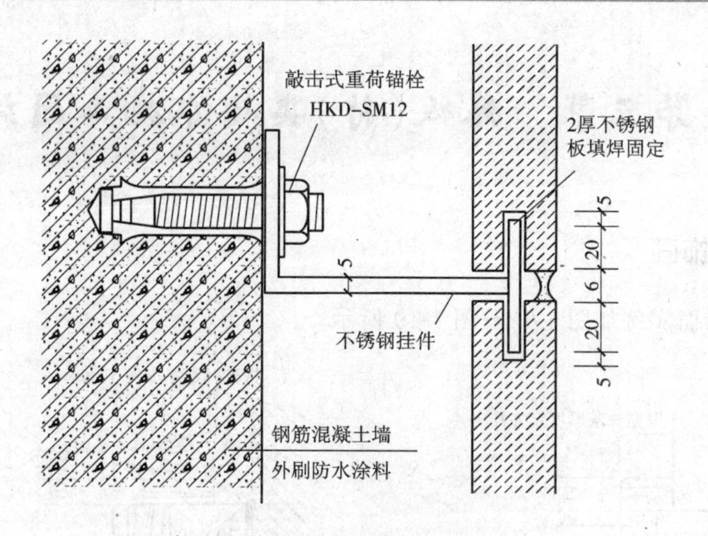

图 1-11　石材板干挂法板销式实例(单位:mm)

2)金属件锚固挂贴法。金属件锚固挂贴法又称木楔固定法,与钢筋网挂贴法的区别是墙面上不安钢筋网,将金属件一端楔固入墙身,另一端勾住石材。其主要构造做法:首先对石板钻孔和提槽,对应板块上孔的位置对基体进行钻孔;板材安装定位后将 U 形钉一端勾进石板直孔,并用硬木楔楔紧,U 形钉另一端勾入基体上的斜孔内,调整定位后用木楔塞紧基体斜孔内的 U 形钉部分,接着用大木楔塞紧于石板与基体之间;最后分层浇筑水泥砂浆,其做法与钢筋网固定挂贴法相同。

3)干挂法。直接用不锈钢型材或金属连接件将石板材支托并锚固在墙体基面上,而不采用灌浆湿作业的方法称为干挂法。干挂法的优点是,石板背面与墙基体之间形成空气层,可避免墙体析出的水分、盐分等对饰面石板的影响。干挂法的构造要点是,按照设计在墙体基面上电钻打孔,固定不锈钢膨胀螺栓;将不锈钢挂件安装在膨胀螺栓上;安装石板,并调整固定。目前干挂法流行实例是板销式做法。

4)聚酯砂浆固定法。用聚酯砂浆固定饰面石材的具体做法是:在灌浆前先用胶砂比1∶(4.5～5)的聚酯砂浆固定板材四角并填满板材之间的缝隙,待聚酯砂浆固化并能起到固定拉紧作用以后,再进行分层灌浆操作。分层灌浆的高度每层不能超过 15cm,初凝后方能进行第二次灌浆。不论灌浆次数及高度如何,每层板上口应留 5cm 余量作为上层板材灌浆的结合层。

5)树脂胶黏结法。树脂胶黏结法是石面板材墙面装饰最简捷经济的一种装饰工艺,具体构造做法是:在清理好的基层上,先将胶黏剂涂在板背面相应的位置,尤其是悬空板材胶量必须饱满,然后将带胶黏剂的板材就位,挤紧找平、校正、扶直后,立刻进行预、卡固定。挤出缝外的胶黏剂,随即清除干净。待胶黏剂固化至与饰面石材完全牢固贴于基层后,方可拆除固定支架。

第三节 镶板(材)类墙体施工图识读

一、木质类饰面

(1)木质类饰面实例如图 1-12～图 1-19 所示。

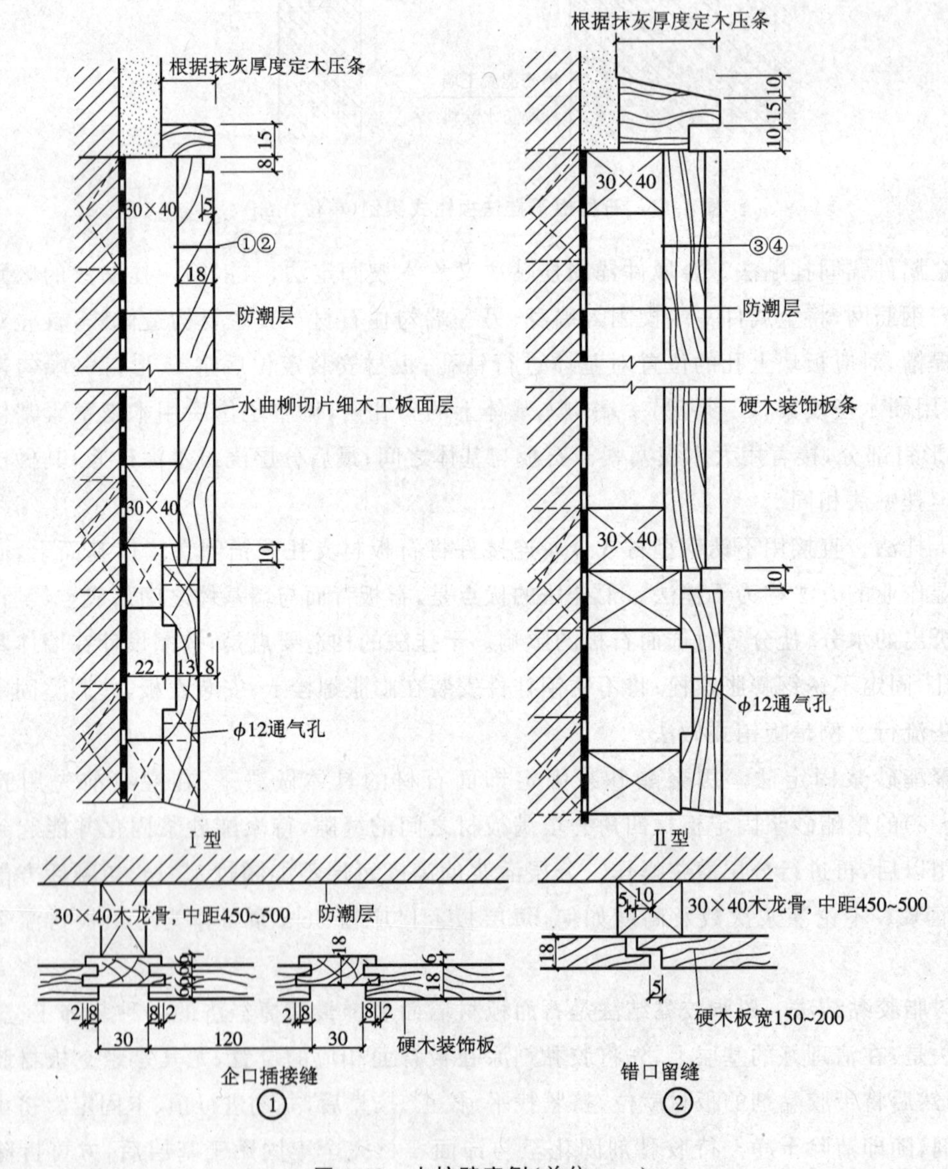

图 1-12 木护壁实例(单位:mm)

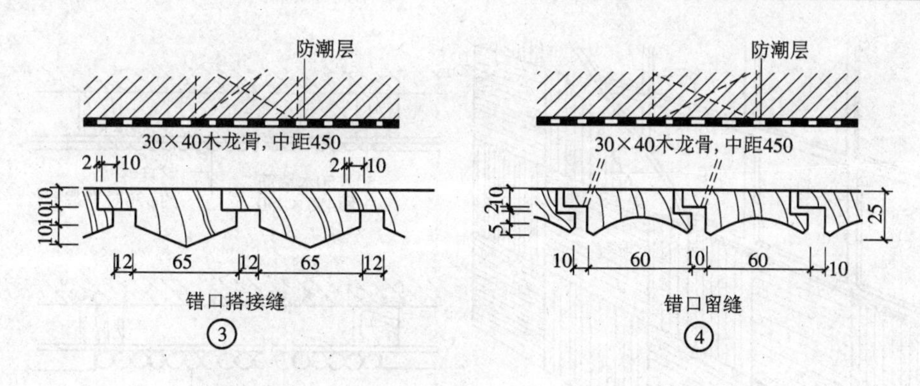

图 1-12　木护壁实例（续）（单位：mm）

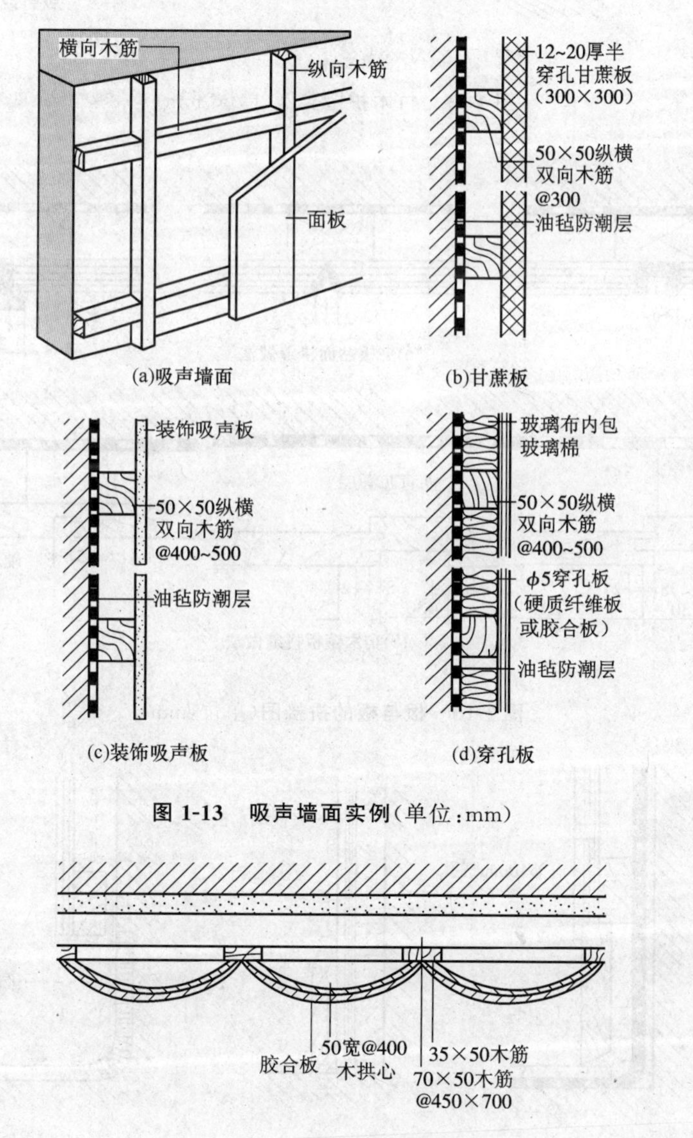

图 1-13　吸声墙面实例（单位：mm）

图 1-14　扩声墙面实例（单位：mm）

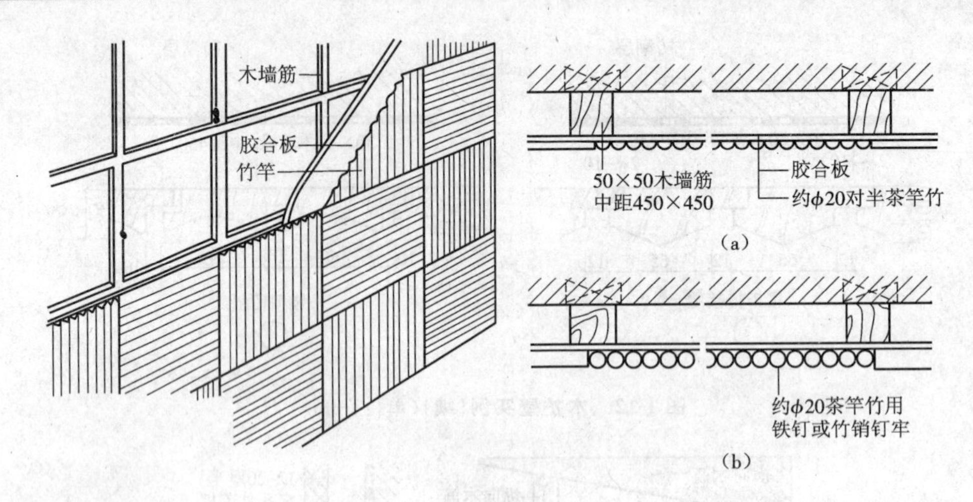

图 1-15 竹木护壁实例(单位:mm)

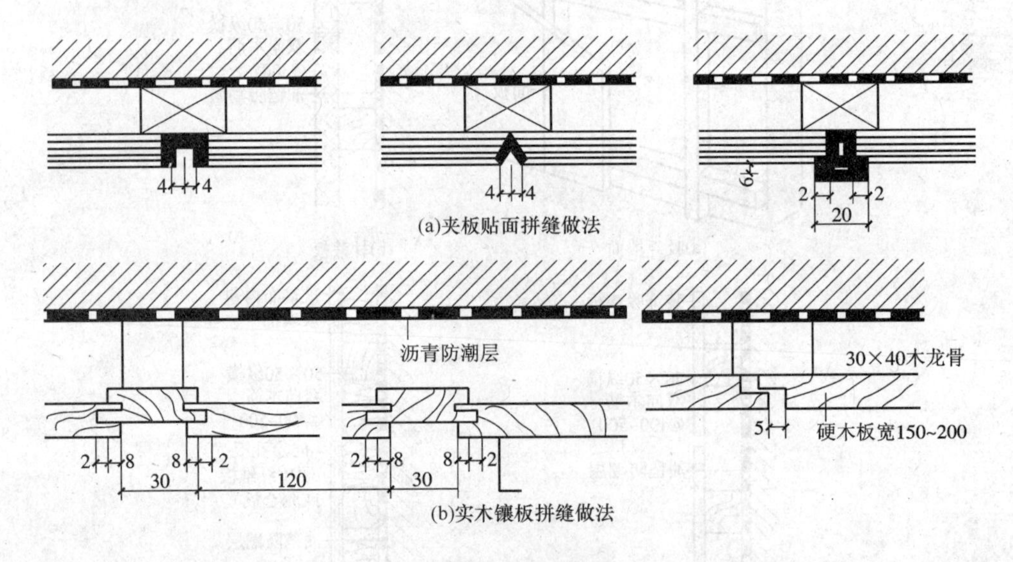

图 1-16 板与板的拼接图(单位:mm)

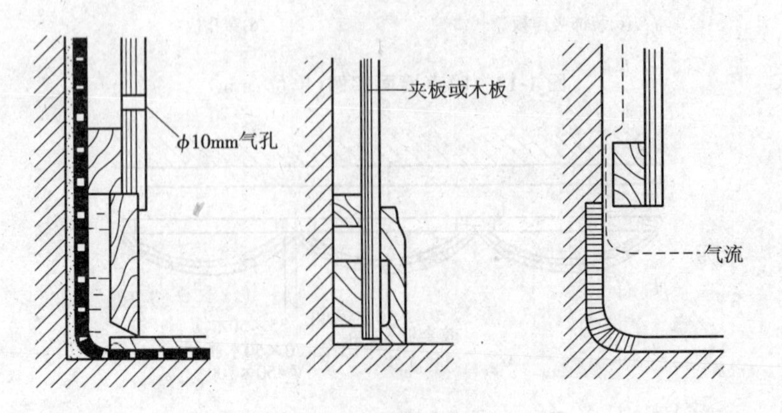

图 1-17 踢脚板实例

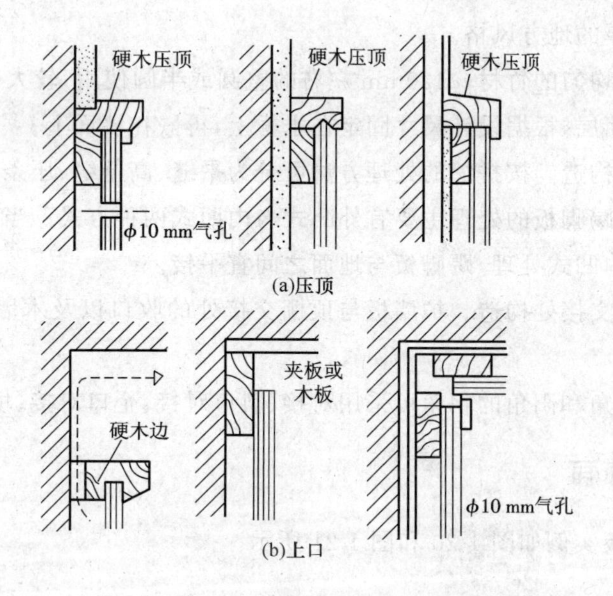

图 1-18 护墙板与顶棚交接处实例

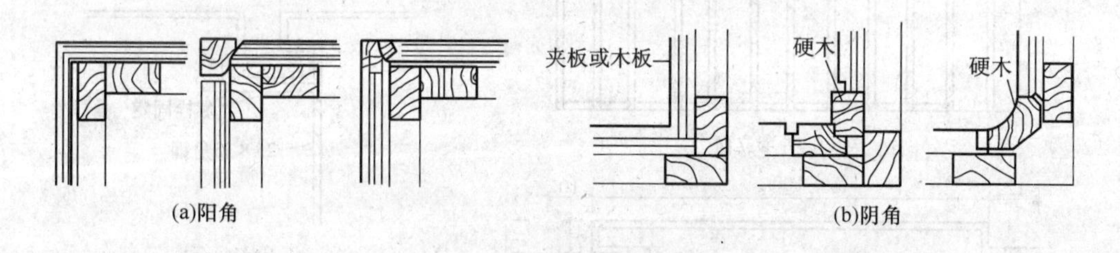

图 1-19 拐角构造实例

(2)木质类饰面讲解。

1)木与木制品护壁的基本构造。光洁坚硬的原木、胶合板、装饰板、硬质纤维板等可用作墙面护壁,护壁高度 1～1.8m 左右,甚至与顶棚做平。其构造方法是:先在墙内预埋木砖,墙面抹底灰,刷热沥青或铺油毡防潮,然后钉双向木墙筋,一般 400～600mm(视面板规格而定),木筋断面(20～45)mm×(40～45)mm。当要求护壁离墙面一定距离时,可由木砖挑出。

2)吸声、消声、扩声墙面的基本构造。表面粗糙、具有一定吸声性能的刨花板、软质纤维板、装饰吸声板等可用于有吸声、扩声、消声等物理要求的墙面。

对胶合板、硬质纤维板、装饰吸声板等进行打洞,使之成为多孔板,可以装饰成吸声墙面,孔的部位与数量根据声学要求确定。在板的背后、木筋之间要求补填玻璃棉、矿棉或泡沫塑料块等吸声材料,松散材料应先用玻璃丝布、石棉布等进行包裹。其构造与木护壁板相同。

用胶合板做成半圆柱的凸出墙面作为扩声墙面,可用于要求反射声音的墙面,如录音室、播音室等。

3)竹护壁饰面的基本构造。竹材表面光洁、细密,其抗拉、抗压性能均优于普通木材,富有韧性和弹性，具有浓厚的地方风格。

一般应选用直径均匀的竹材，ϕ120mm 左右的整圆或半圆使用，较大直径的竹材可剖成竹片使用，取其竹青作面层，根据设计尺寸固定在木框上，再嵌在墙面上。

4)板与板的拼接构造。按拼缝的处理方法可分为平缝、高低缝、压条、密缝、离缝等方式。

5)踢脚板构造。踢脚板的处理主要有外凸式与内凹式两种方式。当护墙板与墙之间距离较大时，一般宜采用内凹式处理，踢脚板与地面之间宜平接。

6)护墙板与顶棚交接处构造。护墙板与顶棚交接处的收口以及木墙裙的上端，一般宜做压顶或压条处理。

7)拐角构造。阴角和阳角的拐角可采用对接、斜口对接、企口对接、填块等方法。

二、金属薄板饰面

(1)铝合金饰面板实例如图 1-20 和图 1-21 所示。

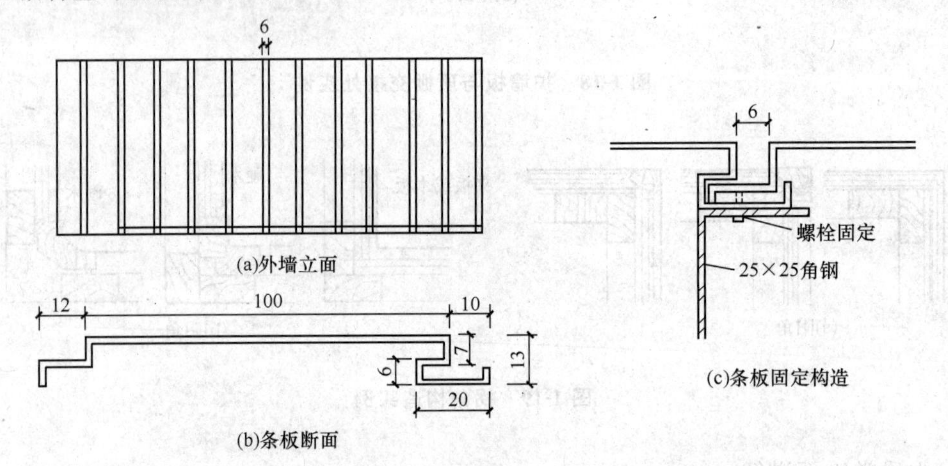

图 1-20　铝合金扣板条安装实例(单位:mm)

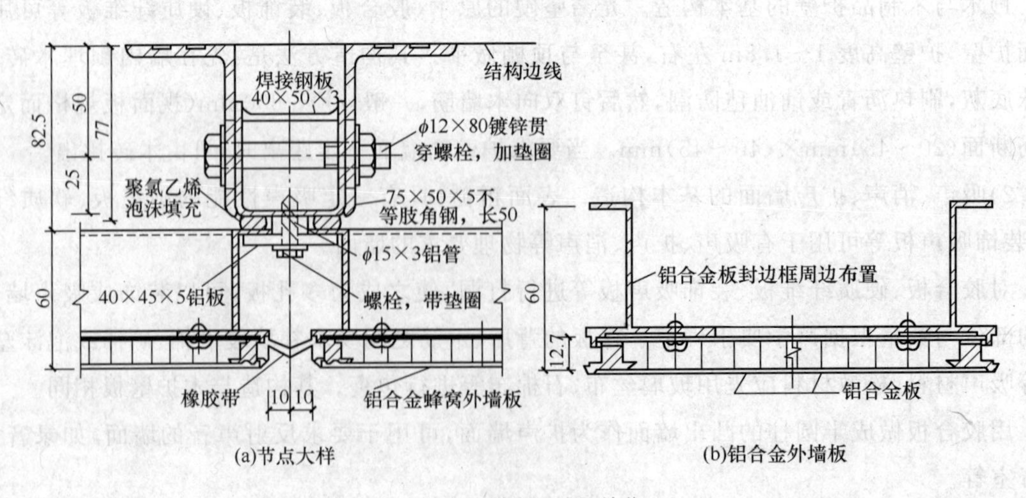

图 1-21　铝合金墙板实例(单位:mm)

(2)铝合金饰面讲解。

1)铝合金饰面板根据表面处理的不同,可分为阳极氧化处理和漆膜处理两种;根据几何尺寸的不同,可分为条形扣板和方形板。条形扣板的板条宽度在 1.5mm 以下,长度可视使用要求确定。方形板包括正方形板、矩形板和异形板。

2)铝合金饰面板构造连接方式通常有两种:一是直接固定,将铝合金板块用螺栓直接固定在型钢上;二是利用铝合金板材压延、拉伸、冲压成型的特点,做成各种形状,然后将其压卡在特制的龙骨上,这种连接方式适用于内墙装饰。

(3)不锈钢板饰面板实例如图 1-22 所示。

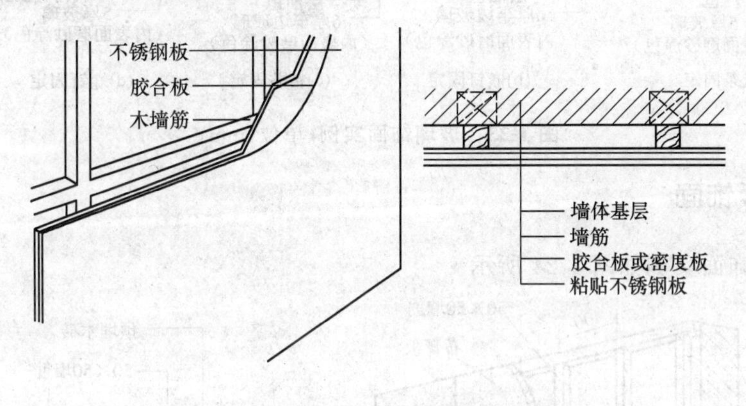

图 1-22　不锈钢饰面实例

(4)不锈钢板饰面讲解。

1)不锈钢板按其表面处理方式不同分为镜面不锈钢板、压光不锈钢板、彩色不锈钢板和不锈钢浮雕板。

2)不锈钢板的构造固定与铝合金饰板构造相似,通常将骨架与墙体固定,用木板或木夹板固定在龙骨架上作为结合层,将不锈钢饰面镶嵌或粘贴在结合层上。也可以采用直接贴墙法,将不锈钢饰面直接粘贴在墙表面上,这种做法要求墙体表面找平层坚固且平整,否则难以保证质量。

三、玻璃饰面

(1)玻璃饰面实例如图 1-23 所示。

(2)玻璃饰面讲解。

1)玻璃饰面基本构造做法。在墙基层上设置一层隔汽防潮层;按要求立木筋,间距按玻璃尺寸,做成木框格;在木筋上钉一层胶合板或纤维板等衬板;最后将玻璃固定在木边框上。

2)固定玻璃的方法主要有四种:一是螺钉固定法,在玻璃上钻孔,用不锈钢螺钉或铜螺钉直接把玻璃固定在板筋上;二是嵌条固定法,用硬木、塑料、金属(铝合金、不锈钢、铜)等压条压住玻璃,压条用螺钉固定在板筋上;三是嵌钉固定法,在玻璃的交点用嵌钉固定;四是粘贴固定法,用环氧树脂把玻璃直接粘在衬板上。

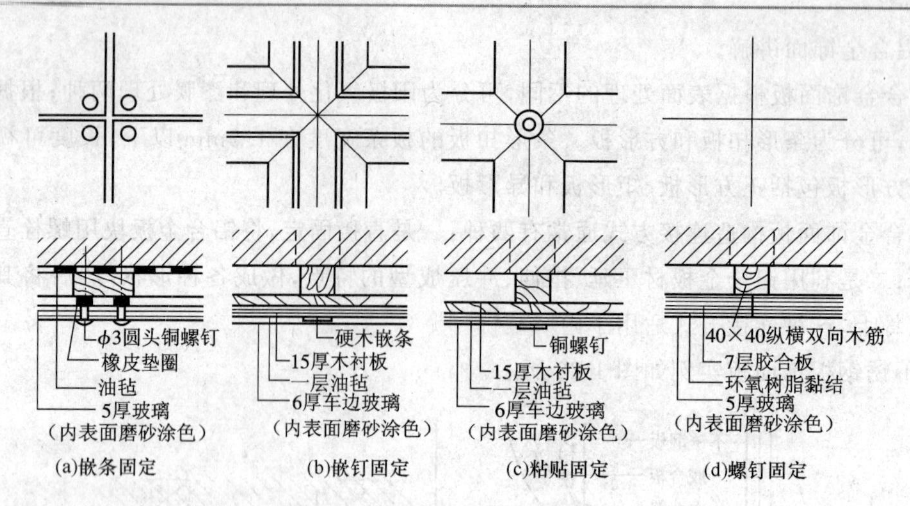

图 1-23　玻璃饰面实例（单位：mm）

四、石膏板饰面

(1)石膏板饰面实例如图 1-24 所示。

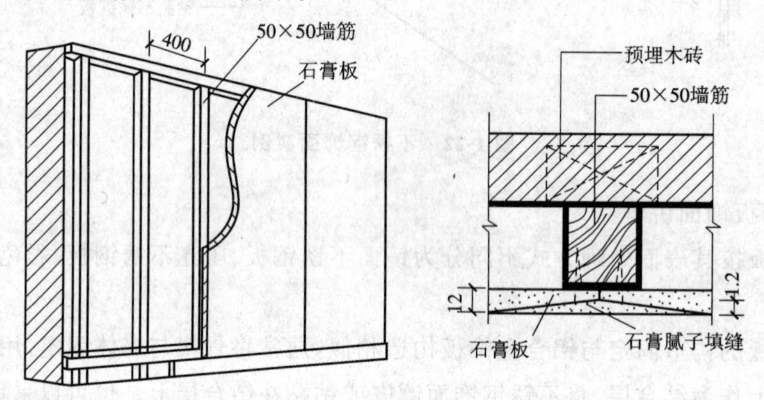

(a)木骨架

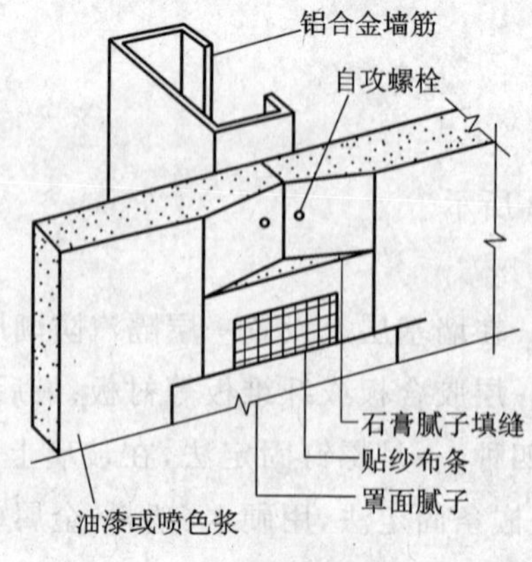

(b)金属骨架

图 1-24　石膏板饰面实例（单位：mm）

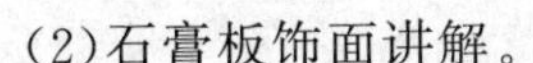

(2)石膏板饰面讲解。

1)石膏板特性。石膏板是用建筑石膏加入纤维填充料、胶黏剂、缓凝剂、发泡剂等材料,两面用纸板辊成的板状装饰材料。它具有可钉、可锯、可钻、可黏结等加工性能,表面可油漆、喷刷涂料、裱糊壁纸,且有防火、隔声、质轻、不受虫蛀等优点,可用于室内墙面和吊顶装饰工程。

2)石膏板墙面有用钉固定和胶黏剂粘贴两种安装方法。

用钉固定的方法是:首先在墙体上涂刷防潮涂料,然后在墙体上铺设龙骨,将石膏板钉在龙骨上,最后进行板面修饰。龙骨用木材或金属制作,金属墙筋用于防火要求较高的墙面,采用木龙骨时,石膏板可直接用钉或螺栓固定,如图 1-24(a)所示。采用金属龙骨时,则应先在石膏板和龙骨上钻孔,然后用自攻螺栓固定,如图 1-24(b)所示。

第四节　墙面装饰配件施工图识读

在墙面装饰中,除了大面积的装饰外,还有因功能需要或装饰效果需要进行的局部的点缀装饰,如窗帘盒、门窗套筒子板以及各种材质的线条等。

一、窗帘盒

窗帘盒设置在窗口上方,主要用来吊挂窗帘,并对窗帘导轨等构件起遮挡作用。窗帘盒的长度一般为洞口宽度+400mm 左右(洞口两侧各 200mm 左右);深度(即出挑尺寸)与所选用的窗帘材料的厚薄和窗帘的层数有关,一般为 120～200mm。

窗帘盒内吊挂窗帘的方式有软线式、棍式和轨道式三种。

二、暖气罩

暖气散热器一般设在窗前下,通常与窗台板等连在一起。常用的布置方法有窗台下式、沿墙式、嵌入式和独立式等几种。暖气罩既要能保证室内均匀散热,又要造型美观。暖气罩的做法有以下两种。

1)木制暖气罩。采用硬木条、胶合板等做成格片状,也可采用上下留空的形式,如图 1-25 所示。

2)金属暖气罩。采用钢或铝合金等金属板冲压打孔,或采用格片等方式制成暖罩,如图 1-26 所示。

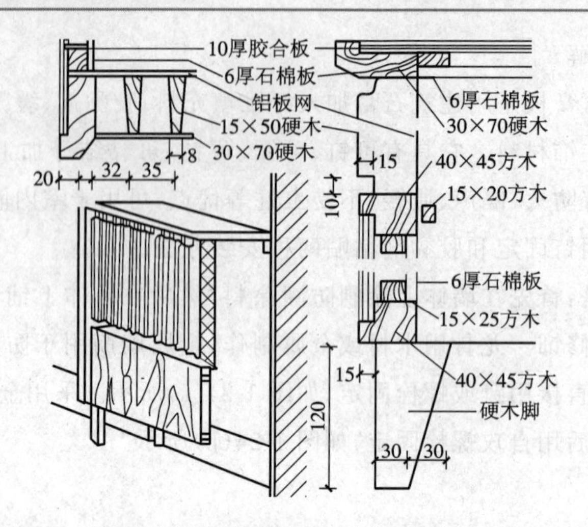

图 1-25　木制暖气罩实例(单位:mm)

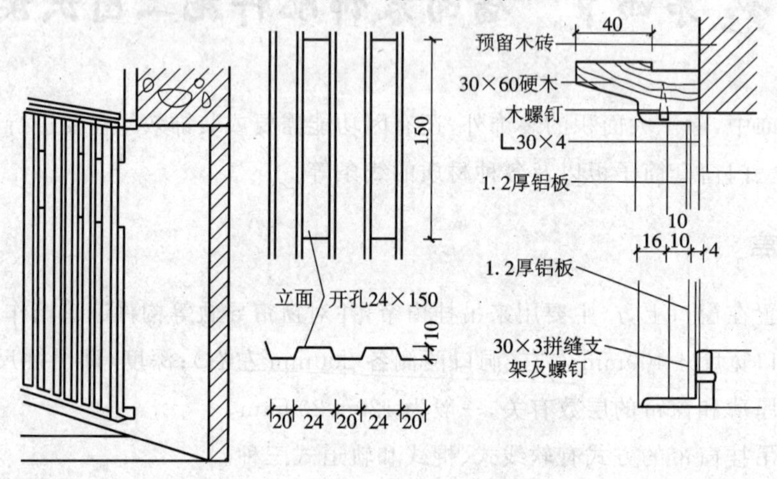

图 1-26　金属暖气罩实例(单位:mm)

三、筒子板

筒子板是门洞、窗洞或其他洞口、洞壁和转角处的装饰板，主要起保护洞口和美化空间的作用。常用的筒子板装饰材料有木板、夹板、天然石板、人造石板、塑料板、铝合金板、不锈钢板等，筒子板的材料应与墙面饰材相协调。图 1-27 所示为门洞筒子板的几种装饰构造。

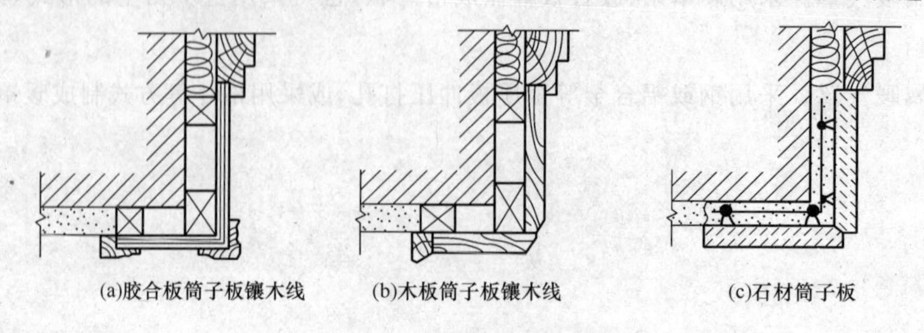

(a)胶合板筒子板镶木线　(b)木板筒子板镶木线　(c)石材筒子板

图 1-27　门洞筒子板装饰实例

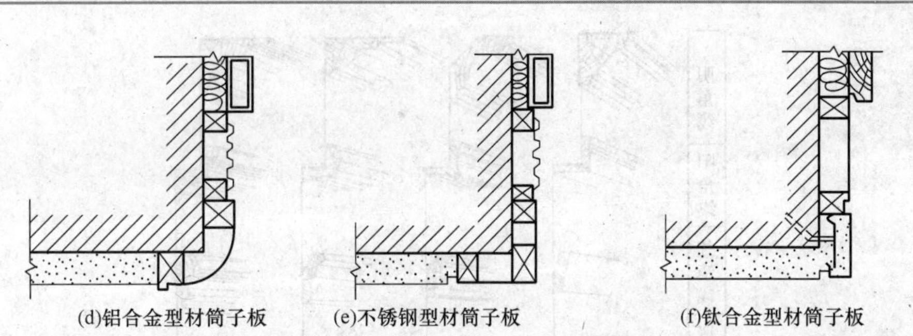

图 1-27 门洞筒子板装饰实例(续)

四、装饰线脚

装饰线脚有抹灰线脚、木线脚及其他材料线脚,其中抹灰线脚和木线脚应用广泛。

抹灰线脚的式样很多,线条有简有繁,形状有大有小。一般可分为简单灰线和多线条灰线。简单灰线常用于室内顶棚四周及方柱、圆柱的上端,如图 1-28 所示。多线条灰线,一般指三条以上、凹槽较深、开头不一定相同的灰线,常用于房间的顶棚四周、舞台口、灯光装置的周围等,其形式如图 1-29 所示。

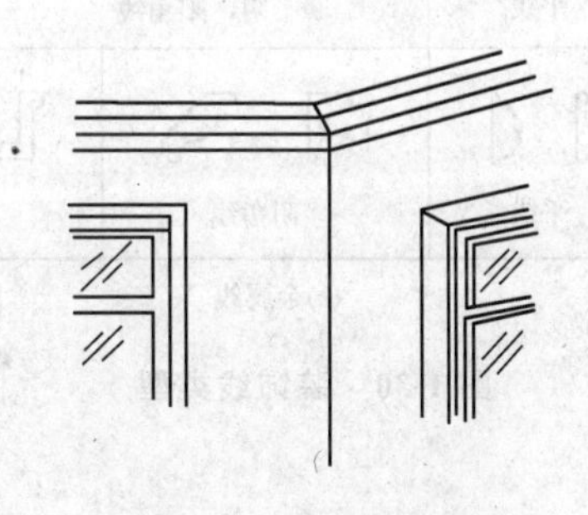

图 1-28 简单灰线

图 1-29 多线条灰线

(1)木线脚主要有檐板线脚、挂镜线脚等。

(2)石膏线脚用石膏粉掺入纤维脱模而成,成本低,效果良好。

(3)金属线脚用铝、铜、不锈钢板冲压而成,体轻壁薄。

(4)木线脚和金属线脚的断面形式如图 1-30 所示。

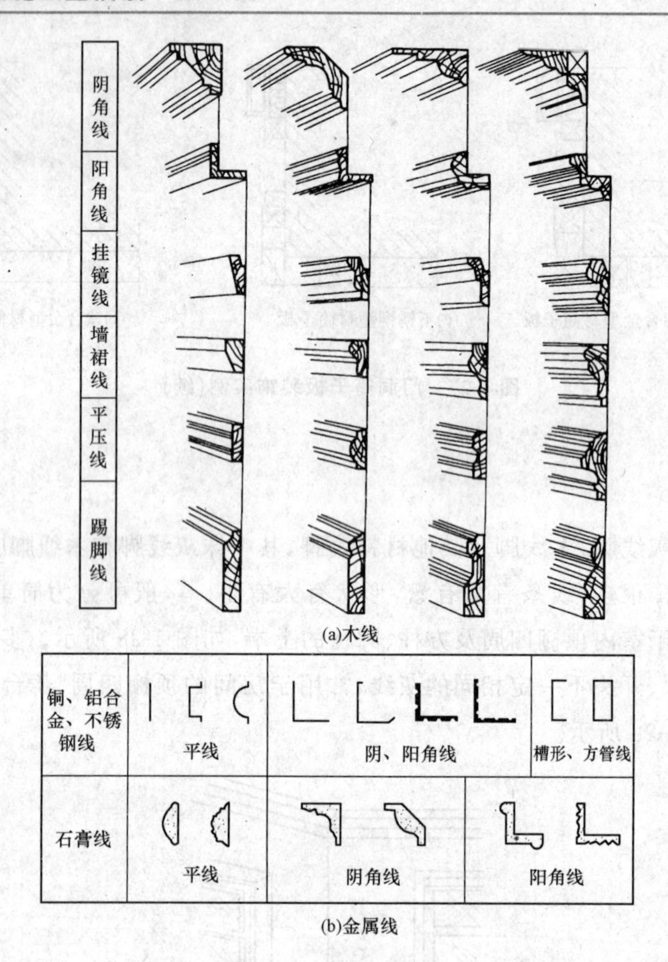

(a)木线

铜、铝合金、不锈钢线	平线	阴、阳角线	槽形、方管线
石膏线	平线	阴角线	阳角线

(b)金属线

图 1-30　装饰线类型

五、墙体变形缝

变形缝是伸缩缝、沉降缝和防震缝的总称，其构造做法如图 1-31 所示。

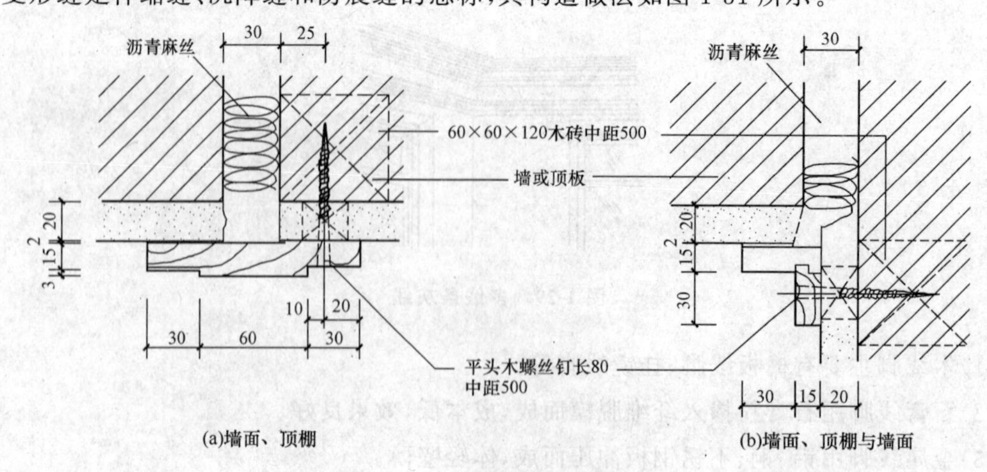

(a)墙面、顶棚

(b)墙面、顶棚与墙面

图 1-31　变形缝的构造实例

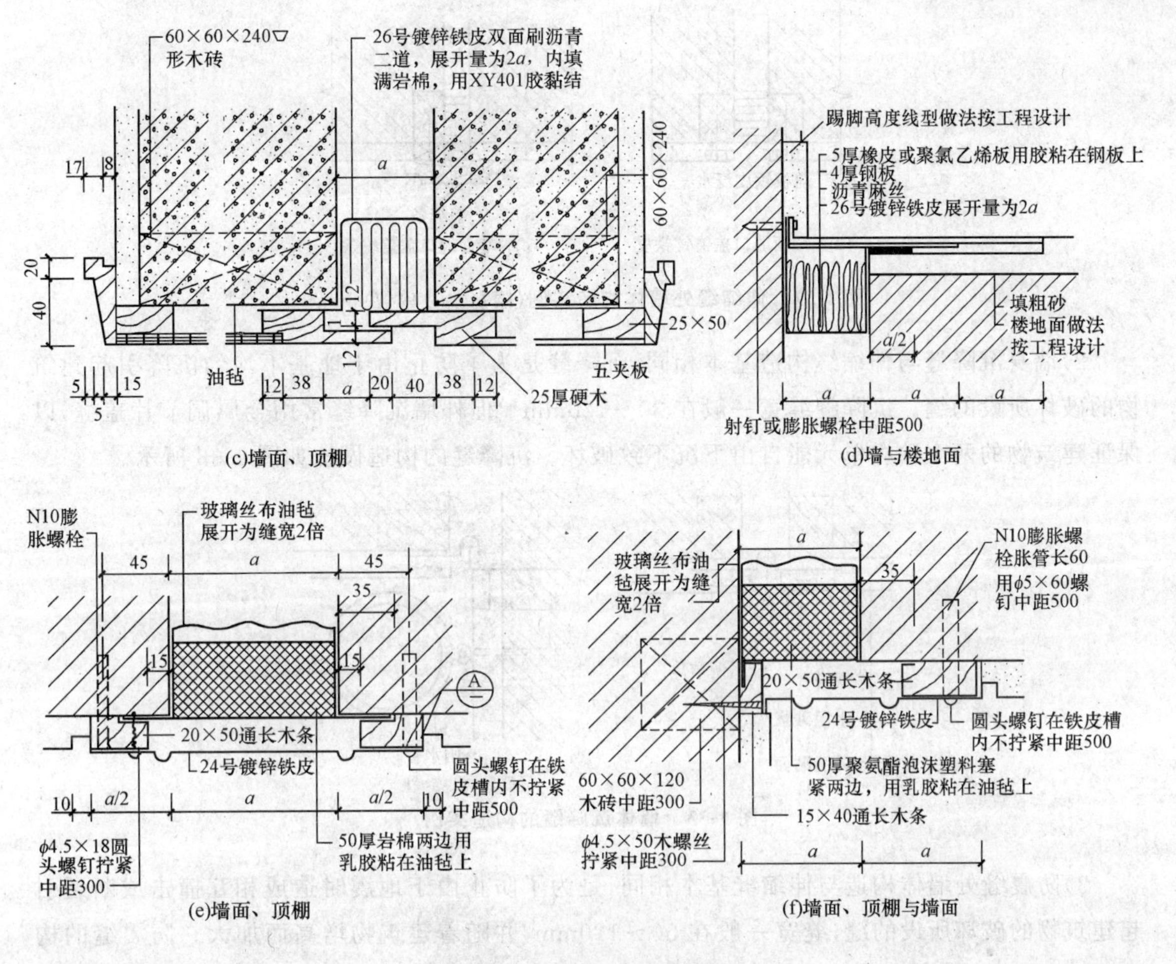

图 1-31　变形缝的构造实例(续)

1)伸缩缝,又叫温度缝,是为了防止由于温度变化引起构件的开裂所设的缝。伸缩缝缝宽一般为 20～30mm。

伸缩缝内应填有防水、防腐性能的弹性材料,如沥青麻丝、橡胶条、塑料条等。外墙面上用镀锌铁皮盖缝,内墙面上应用木质盖缝条加以装饰。伸缩缝构造如图 1-32 所示。

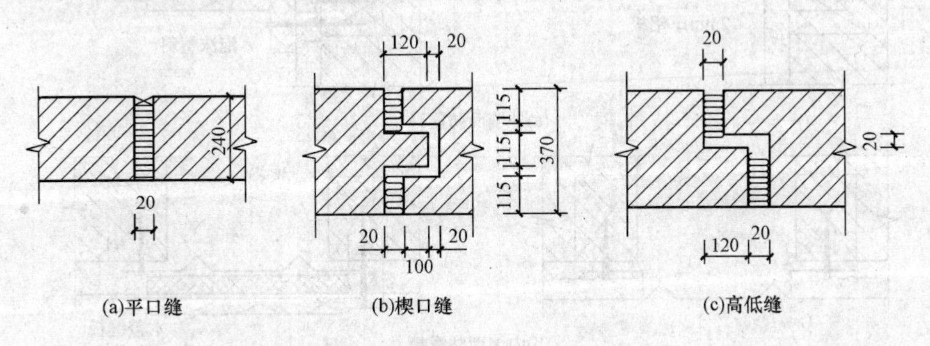

图 1-32　伸缩缝处墙体构造实例(尺寸单位:mm)

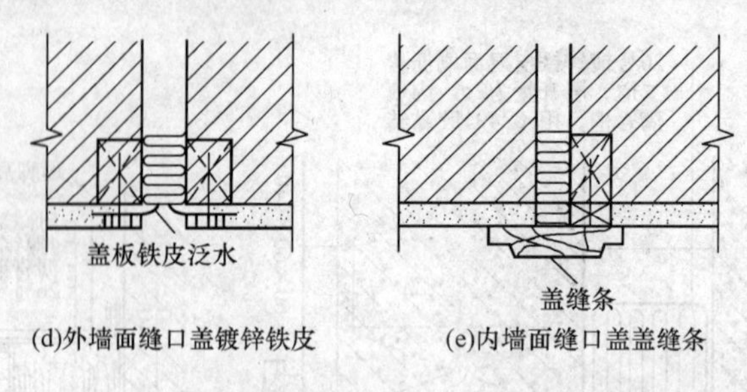

图 1-32　伸缩缝处墙体构造实例(续)(尺寸单位:mm)

2)墙身沉降缝与伸缩缝构造基本相同,沉降缝是为了防止由于地基不均匀沉降引起建筑物的破坏所设的缝。沉降缝缝宽一般在 30～120mm。但外墙沉降缝常用金属调节片盖缝,以保证建筑物的两个独立单元能自由下沉不致破坏。沉降缝的构造做法如图 1-33 所示。

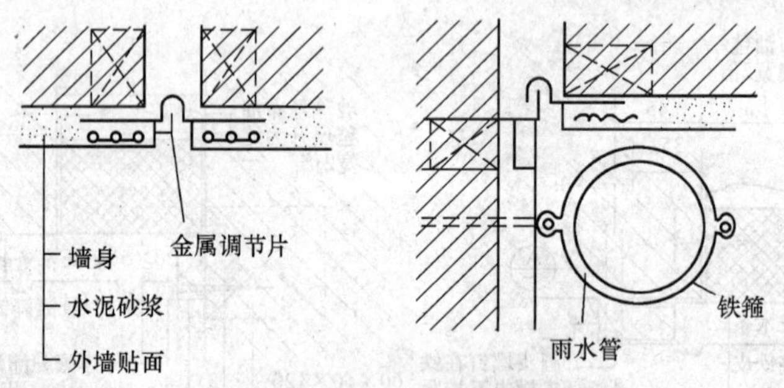

图 1-33　墙体沉降缝的构造实例

3)防震缝处墙体构造与伸缩缝基本相同,是为了防止由于地震时造成相互撞击或断裂引起建筑物的破坏所设的缝,缝宽一般在 50～120mm,并随着建筑物增高而加大。防震缝的构造如图 1-34 所示。

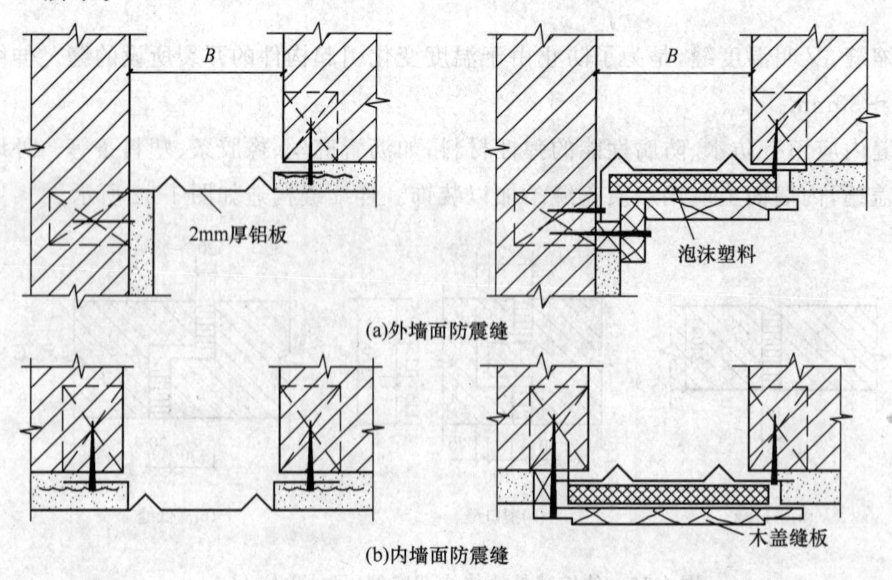

图 1-34　防震缝处墙体构造实例

六、壁橱

壁橱一般设在建筑物的入口附近、边角部位或与家具组合在一起。壁橱深一般不小于500mm。壁橱主要由壁橱板和橱门构成，壁橱门可平开或推拉，橱内有抽屉、搁板、挂衣棍和挂衣钩等构件。壁橱的构造应解决防潮和通风问题，当壁橱兼作两个房间的隔断时，应有良好的隔声性能，较大的壁橱还可以安装照明灯具。

第五节　墙体细部施工图识读

一、防潮层

在墙身中设置防潮层可防止土壤中的水分和潮气沿基础墙上升和防止勒脚部位的地面水影响墙身，从而提高建筑物的坚固性和耐久性，并保持室内干燥卫生。

防潮层的位置应在室内地面与室外地面之间，以在地面垫层中部最为理想。防潮层的构造做法见表1-2。

表1-2　防潮层的构造做法

构造做法	图示	具体要求
防水砂浆防潮层	水泥砂浆掺防水剂防潮层；防水砂浆砌3匹砖防潮层；±0.00；-0.60；20mm厚1∶3防水砂浆；±0.00；-0.60；防水砂浆砌3匹砖	用防水砂浆砌筑3～5匹砖，还有一种是抹一层20mm的1∶3水泥砂浆加5%防水粉拌和而成的防水砂浆
卷材防潮层	卷材防潮层；卷材防潮层；±0.000；-0.060	在防潮层部位先抹20mm厚的砂浆找平层，然后干铺卷材一层，卷材的宽度应与墙厚一致或稍大些，卷材沿长度铺设，搭接长度大于等于100mm

（续表）

构造做法	图示	具体要求
混凝土防潮层	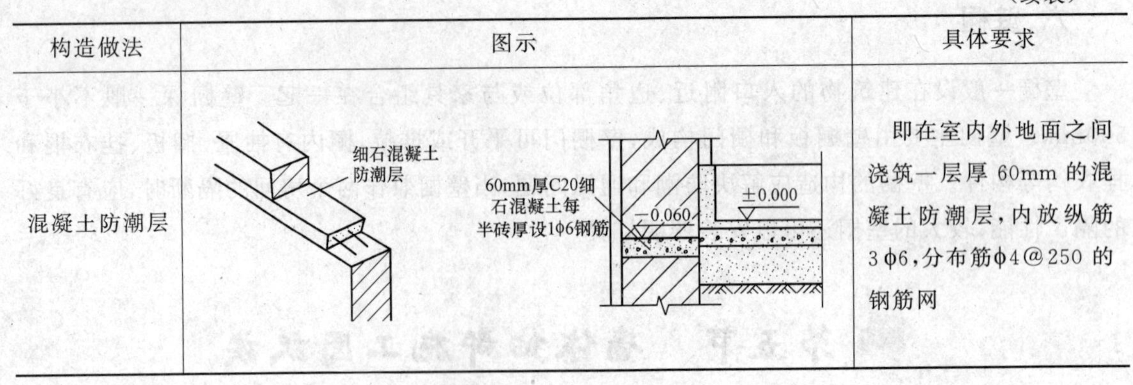	即在室内外地面之间浇筑一层厚 60mm 的混凝土防潮层，内放纵筋 3φ6，分布筋φ4@250 的钢筋网

二、勒脚

外墙靠近室外地坪的部分叫勒脚。勒脚具有保护外墙脚，防止机械碰伤，防止雨水侵蚀而造成墙体风化的作用。因此，要求勒脚要牢固、防潮和防水。勒脚有以下几种做法，如图 1-35 所示。

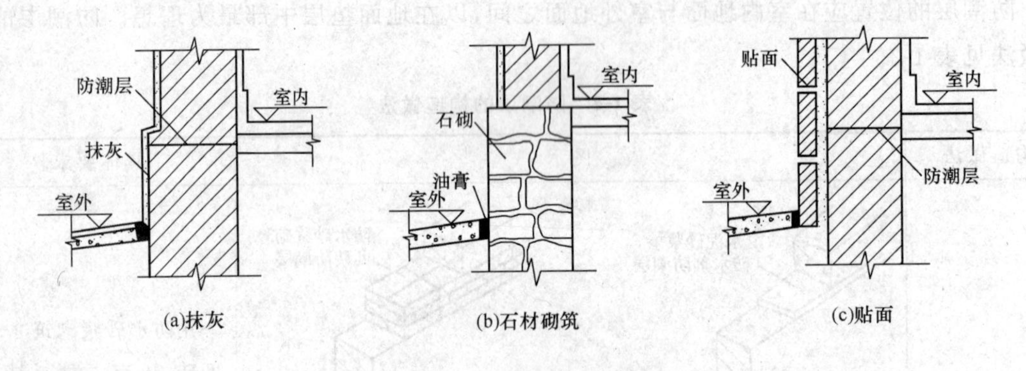

(a)抹灰　(b)石材砌筑　(c)贴面

图 1-35　勒脚构造做法实例

1)抹灰。勒脚部位抹 20～30mm 厚 1:2(或 1:2.5)水泥砂浆或水刷石。

2)局部墙体加厚。在勒脚部位把墙体加厚 60～120mm，再作抹灰处理。

3)贴面。在勒脚部位镶砌面砖或天然石材。

三、明沟与散水

1)明沟。又称阴沟，位于建筑外墙的四周，其作用在于通过雨水管流下的屋面雨水有组织地导向地下排水集井而流入下水道。

2)散水。室外地面靠近勒脚下部所做的排水坡称为散水，其作用是迅速排除从屋檐滴下的雨水，防止因积水渗入地基而造成建筑物的下沉。

明沟和散水的材料用混凝土现浇或用砖石等材料铺砌而成，散水与外墙的交接处应设缝分开，并用有弹性的防水材料嵌缝，以防建筑物外墙下沉时将散水拉裂，如图 1-36 所示。

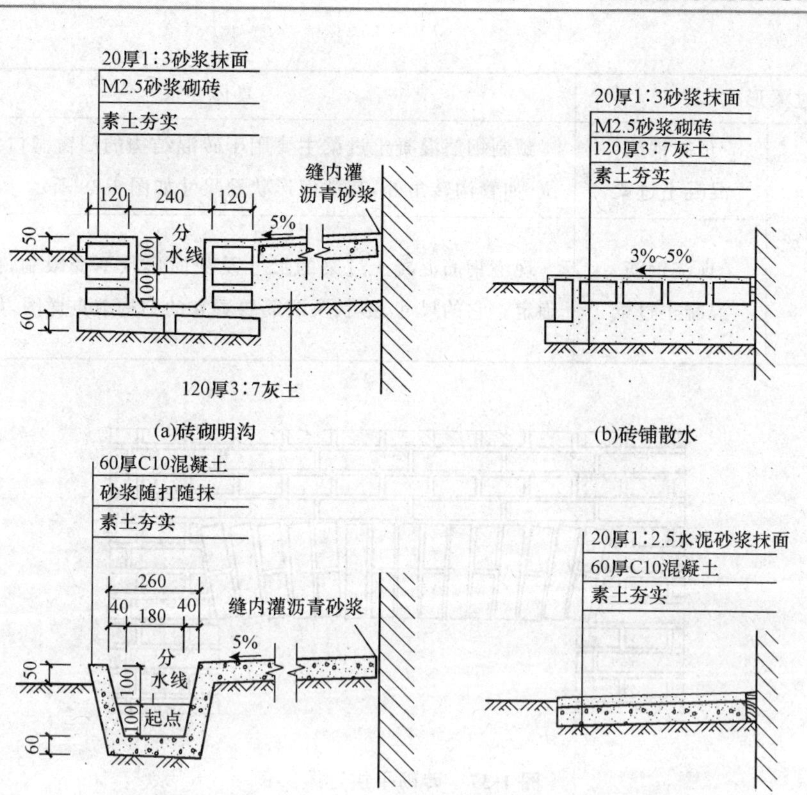

图 1-36 明沟与散水实例

四、过梁

为了承受门窗洞口上部墙体的重量和楼盖传来的荷载,门窗洞口上必须设置过梁,过梁的形式很多,有砖砌过梁和钢筋混凝土过梁两类,其中砖砌过梁有砖砌平拱过梁和钢筋砖过梁两种。如今常用的是钢筋混凝土过梁,按其施工方法分为现浇和预制的钢筋混凝土过梁,具体见表 1-3。

表 1-3 过梁的形式分类

过梁形式		具体要求
砖砌过梁	砖砌平拱过梁	砖砌平拱过梁是采用竖砌的砖作成拱券。这种券是水平的,故称平拱。砖不应低于 MU7.5,砂浆不低于 M2.5。这种平拱的最大跨度为 1.8m,如图 1-37 所示
	钢筋砖过梁	钢筋砖过梁用砖应不低于 MU7.5,砂浆不低于 M2.5。洞口上部应先支木模,上放直径不小于 5mm 的钢筋,间距小于等于 120mm,伸入两边墙内应不小于 240mm,钢筋上下应抹砂浆层。最大跨度为 2m,如图 1-38 所示

（续表）

过梁形式		具体要求
钢筋混凝土过梁	预制钢筋混凝土过梁	预制钢筋混凝土过梁主要用于砖混结构的门窗洞口之上或其他部位，如管沟转角处，其截面形状及尺寸如图 1-39 所示
	现浇钢筋混凝土过梁	现浇钢筋混凝土过梁的尺寸及截面形状不受限制，由结构设计来确定。它的尺寸、形状及配筋要看它的结构节点详图，如图 1-40 所示

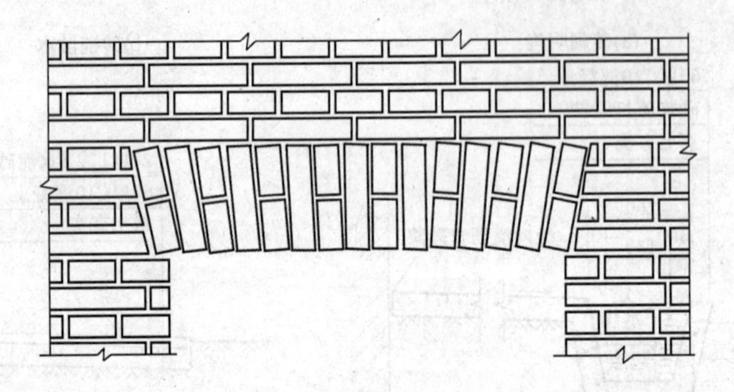

图 1-37　砖砌平拱过梁实例

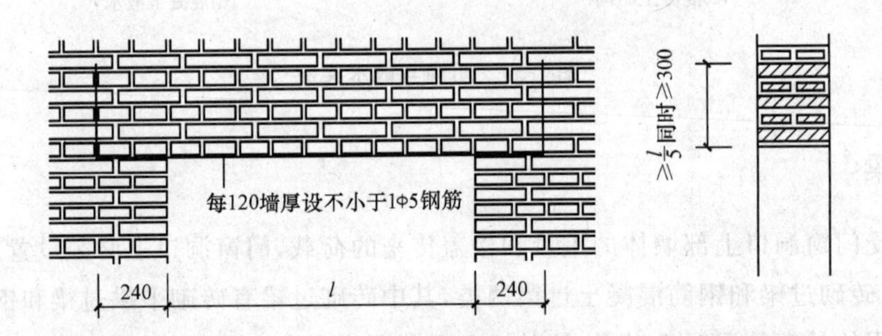

图 1-38　钢筋砖过梁实例（单位：mm）

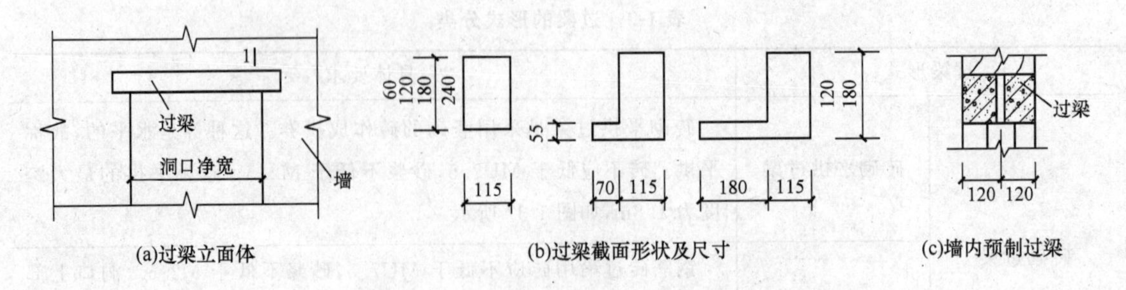

图 1-39　预制钢筋混凝土过梁实例

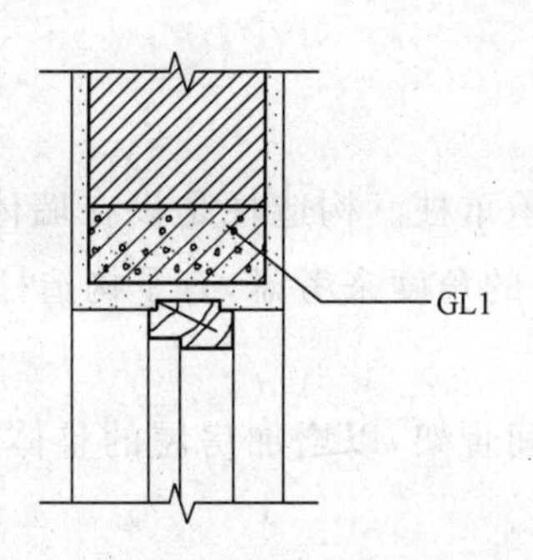

图 1-40 现浇钢筋混凝土过梁实例

五、圈梁

圈梁是沿房屋外墙、内纵墙和部分横墙在墙内设置的连续封闭的梁，常位于楼板处的内外墙内，它的作用是增加墙体的稳定性，加强房屋的空间刚度及整体性，防止由于基础的不均匀沉降、振动荷载等引起的墙体开裂，提高房屋抗震性能。其常为现浇的钢筋混凝土梁，如图 1-41所示。

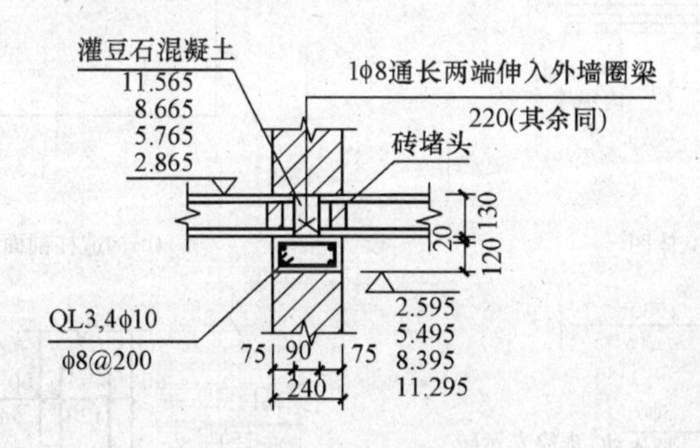

图 1-41 墙体内的圈梁

圈梁应连续地设在同一水平面上，并形成封闭状，如圈梁遇门窗洞口必须断开时，应在洞口上部增设相应截面的附加圈梁，并应满足搭接补强要求，如图 1-42 所示。

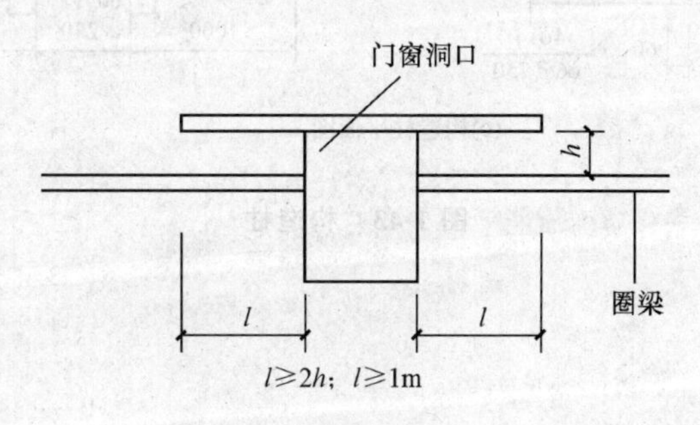

图 1-42 附加圈梁的长度

六、构造柱

构造柱不同于框架结构中的承重柱。构造柱是设在墙体内的钢筋混凝土现浇柱，不是用它来承担垂直荷载的，而是从构造的角度来考虑，有了构造柱和圈梁，就可形成空间骨架，使建筑物做到裂而不倒。

构造柱是与圈梁共同形成空间骨架，以增加房屋的整体刚度，提高抗震能力，其常为现浇的钢筋混凝土，如图 1-43 所示。

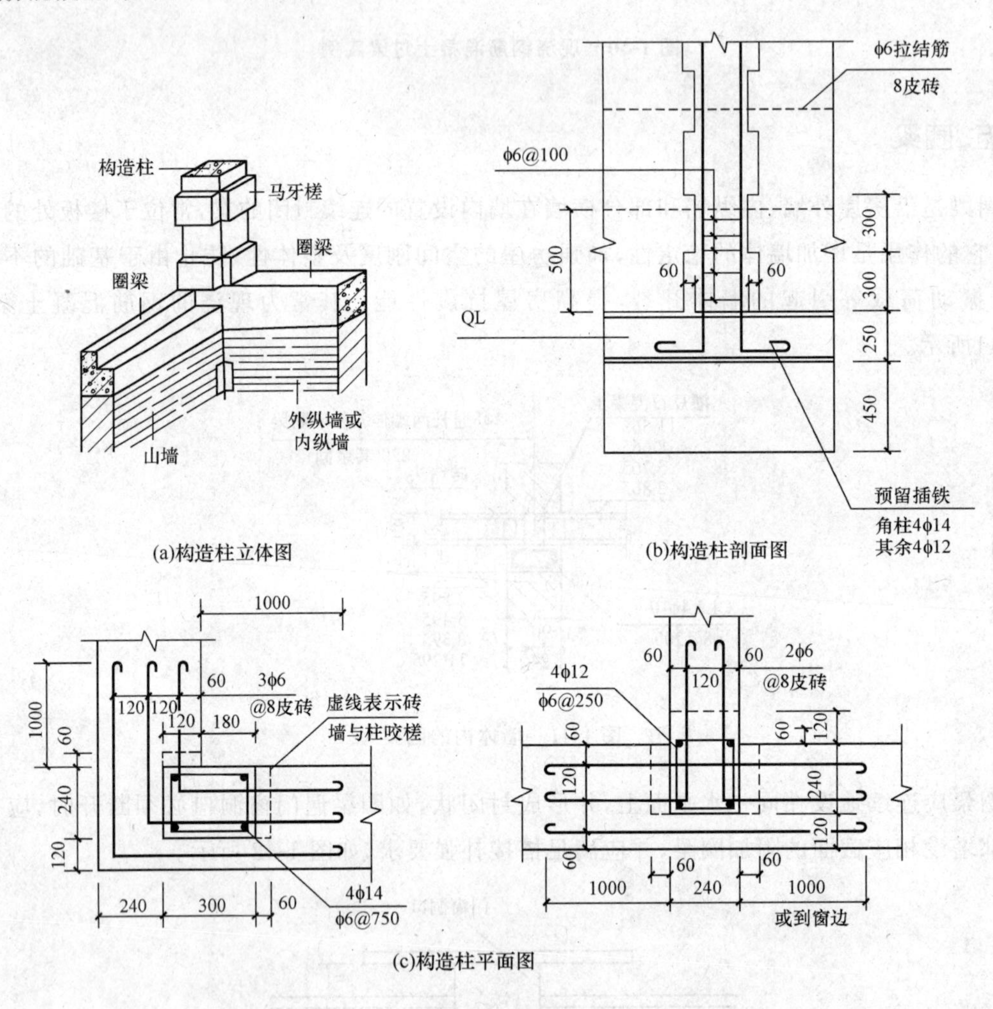

图 1-43　构造柱

第六节　装饰装修的构造与设计

一、饰面的构造

(1)饰面构造与饰面位置的关系

1)由于构件位置不同,外表面的方向不同,使得饰面具有不同的方向性,构造处理措施也就相应不同。各饰面部位的构造要求和特性见表1-4。

2)由于饰面所处部位不同,虽然选用相同的材料,构造处理也会不同,以保证连接可靠。

表1-4　饰面部位的构造要求和特性

名称	部位	主要构造要求	饰面作用
顶棚	下位	防止剥落	顶棚对室内声音有反射或吸收的作用。对室内照明起反射作用,对屋顶有保温隔热及隔声的作用。此外,吊顶棚内可隐蔽设备管线等
外墙面(柱面)	侧位	防止剥落	外墙面有保护主体不受外界因素直接侵害的作用;要求耐气候、耐污染、易清洁等;
内墙面(柱面)			内墙面对声音有吸收或反射的作用,对光线有反射作用,要求不挂灰、易清洁、有良好的接触感,室内湿度大时应考虑防潮
楼地面	上位	耐磨损	楼地面是直接接触最频繁的面,要求有一定蓄热性能,行走舒适,有良好的消声、隔声性能,且耐冲击、耐磨损,不起尘、易清洁。特殊用途地面还要求具有防水、耐酸、耐碱等性能

(2)饰面构造的基本要求

1)饰面构造要求附着牢固、可靠,严防开裂、剥落。饰面剥落不仅影响美观,而且危及安全。大面积现场施工抹面构造处理时往往要设缝或加分隔条,既便于施工、维修,又避免因收缩开裂剥落。

2)饰面构造厚度与分层合理。在设计和使用合理的情况下,饰面层的厚度与材料的耐久性、坚固性成正比。在构造设计时必须保证饰面层具有相应的厚度,但厚度的增加又会带来构造方法与施工技术的复杂化，因此饰面构造通常分为若干个层次，进行分层施工或采取其他构造加固措施。

3）饰面应均匀平整，色泽一致。饰面的质量标准，除了要求附着牢固外还必须做到均匀平整，色泽一致，从选料到施工都要严把质量关，严格遵循现行的施工规范，以保证获得理想的装饰效果。

（3）饰面构造的分类

饰面构造根据材料的加工性能和饰面部位特点可以分为罩面类、贴面类和钩挂类。各种构造类型和特点及要求见表 1-5。

表 1-5　饰面构造类型的特点及要求

类型		示意图形		构造特点
		墙面	地面	
罩面	涂料	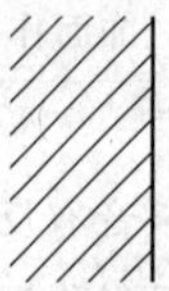	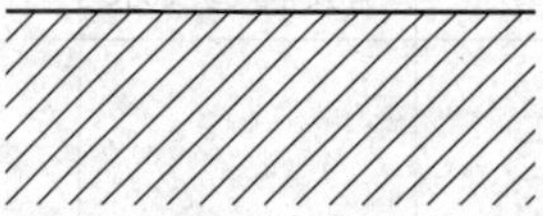	将液态涂料喷涂固着成膜于材料表面。常用涂料有油漆及白灰、大白浆等水性涂料
	抹灰	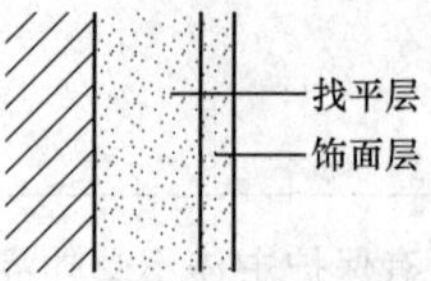 找平层 饰面层	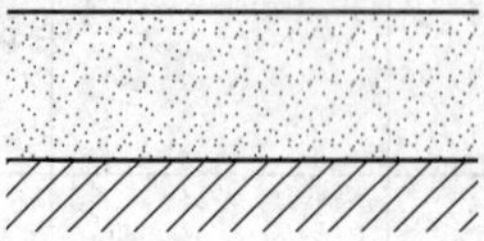	抹灰砂浆是由胶凝材料、细骨料和水（或其他溶液）拌和而成，常用的材料有石膏、白灰、水泥、镁质胶凝材料等，以及砂、细炉渣、石屑、陶瓷碎料、木屑、蛭石等骨料
贴面	铺面	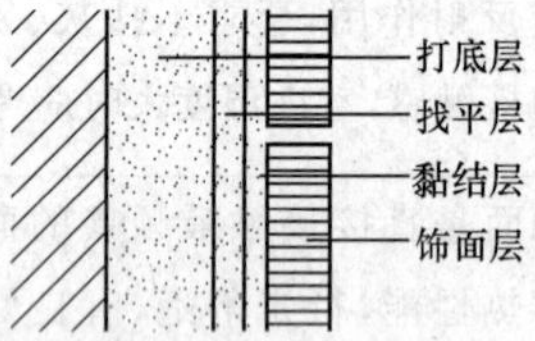 打底层 找平层 黏结层 饰面层	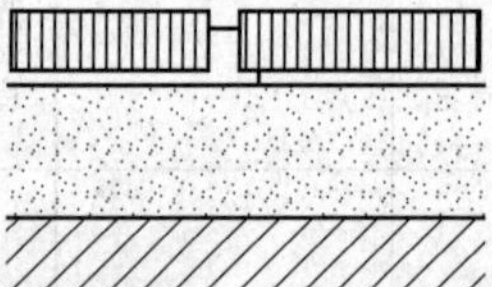	各种面砖、缸砖、瓷砖等陶土制品，厚度小于 12mm，规格尺寸繁多，为了加强黏结力，在背面开槽用水泥砂浆粘贴在墙上。地面可用 20mm×20mm 小瓷砖至 600mm 见方大型石板，用水泥砂浆铺贴
	粘贴	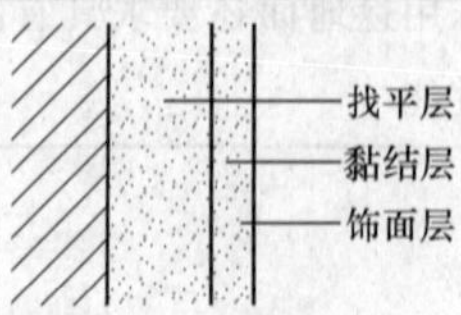 找平层 黏结层 饰面层	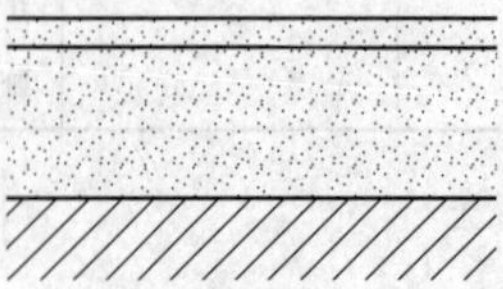	饰面材料呈薄片或卷材状，厚度在 5mm 以下，如粘贴于墙面的各种壁纸、玻璃布
	钉嵌	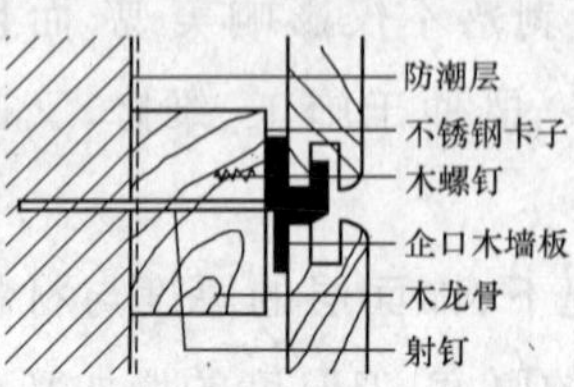 防潮层 不锈钢卡子 木螺钉 企口木墙板 木龙骨 射钉	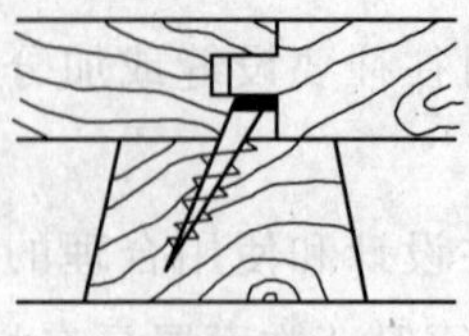	饰面材料自重轻或厚度小、面积大，如木制品、石棉板、金属板、石膏、矿棉、玻璃等制品，可直接钉固于基层，或借助压条、嵌条、钉头等固定，也可用涂料粘贴

（续表）

类型		示意图形		构造特点
		墙面	地面	
钩挂	扎结	φ6竖钢筋 绑扎铜丝或不锈钢丝 石材开槽孔 预埋φ6横钢筋		用于饰面厚度为20～30mm、面积约1m² 的石料或人造石等，可在板材上方两侧钻小孔，用铜丝或镀锌铁丝将板材与结构层上的预埋铁件连接，板与结构间灌砂浆固定
	钩结	不锈钢钩 石材开槽 石材板		饰面材料厚40～150mm，常在结构层包砌。饰面块材上口可留槽口，用与结构固定的铁钩在槽内搭住。用于花岗石、空心砖等饰面

二、配件的构造

(1)塑造与铸造类

塑造是指对在常温常压下呈可塑状态的液态材料（如水泥、石膏等），经过一定的物理和化学变化过程的处理，凝结成具有一定强度和形状的固体（如水泥花格、石膏花饰等）。目前常用的可塑材料有水泥、石膏、石灰等。

铸造是指将生铁、铜、铝等可熔金属材料，经熔化后铸造成各种花饰和零件，然后在现场进行安装。

(2)加工与拼装类

对木材与木制品进行锯、刨、削、凿等加工处理，并通过粘、钉、开榫等方法拼装成各种装饰构件。一些人造材料如石膏板、碳化板、珍珠岩板等具有与木材相类似的加工性能与拼装性能。金属薄板如镀锌钢板等各种钢板具有剪、切、割的加工性能和焊、钉、卷、铆的拼装性能。此外，铝合金门窗和塑钢门窗也属于加工拼装的构件。加工与拼装的构造在装饰工程中应用广泛，常见的拼装构造方法见表1-6。

表1-6 配件拼装构造方法

类别	名称	图形		说明
黏结	高分子胶		常用高分子胶有环氧树脂、聚氨脂、聚乙烯醇缩甲醛、聚乙酸乙烯等	水泥、白灰等胶凝材料价格便宜、做成砂浆应用最广。各种黏土、水泥制品多采用砂浆结合。有防水要求时，可用沥青、水玻璃等结合
	动物胶		如皮胶、骨胶、血胶	
	植物胶		如橡胶、淀粉、叶胶	
	其他		如沥青、水玻璃、水泥、白灰、石膏等	

（续表）

类别	名称	图形	说明
钉接	钉	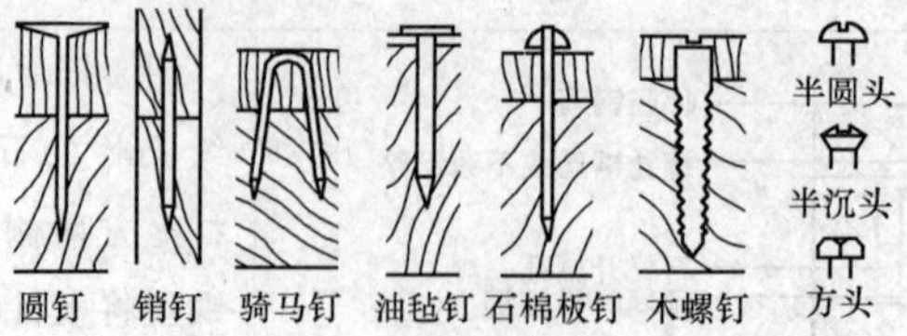 圆钉　销钉　骑马钉　油毡钉　石棉板钉　木螺钉　半圆头　半沉头　方头	钉结合多用于木制品、金属薄板等，以及石棉制品、石膏，白灰或塑料制品
	螺栓	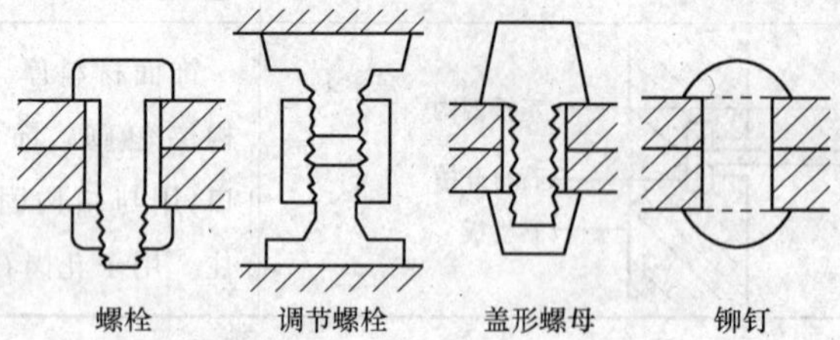 螺栓　调节螺栓　盖形螺母　铆钉	螺栓常用于结构及建筑构造，可用来固定、调节距离、松紧，其形式、规格、品种繁多
	膨胀螺栓	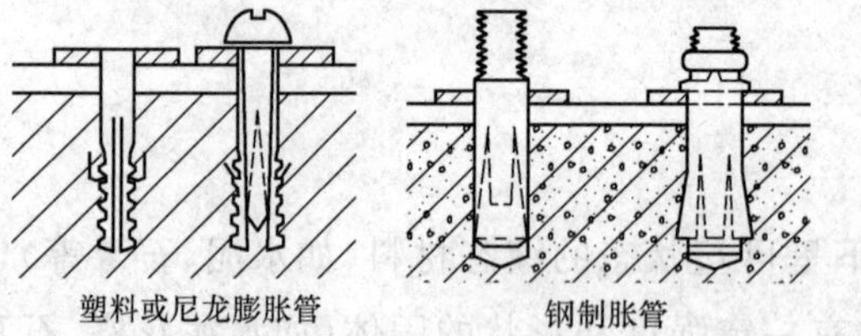 塑料或尼龙膨胀管　钢制胀管	膨胀螺栓可用来代替预埋件，构件上先打孔，放入膨胀螺栓，旋紧时膨胀固定
榫接	平对接	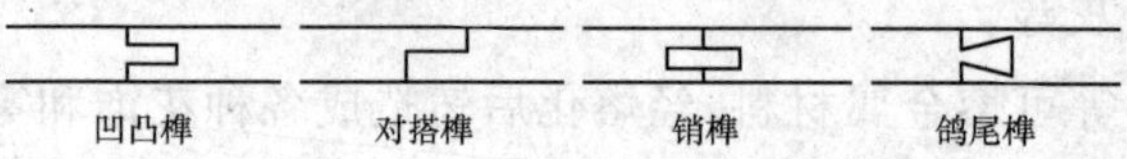 凹凸榫　对搭榫　销榫　鸽尾榫	榫接多用于木制品，但装修材料如塑料、碳化板、石膏板等也具有木材的可凿、可削、可锯、可钉的性能，也可适当采用
	转角顶接	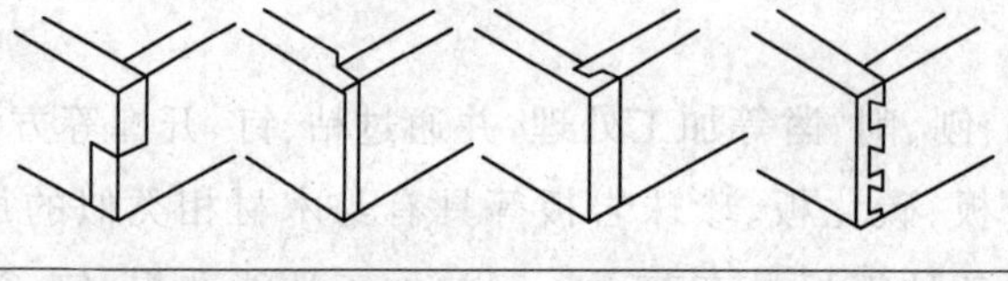	
其他	焊接	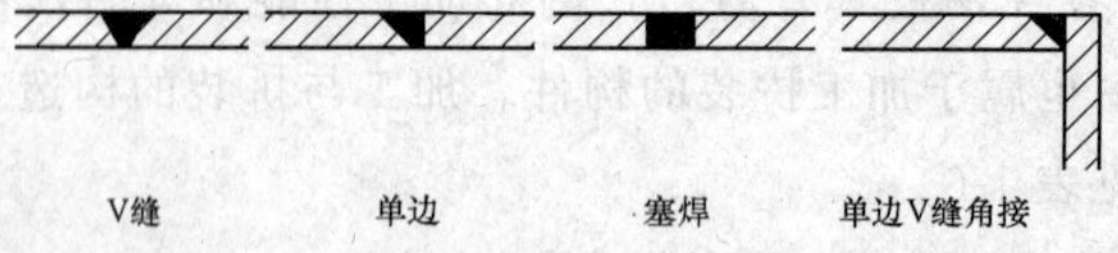 V缝　单边　塞焊　单边V缝角接	用于金属、塑料等可熔材料的结合
	卷口	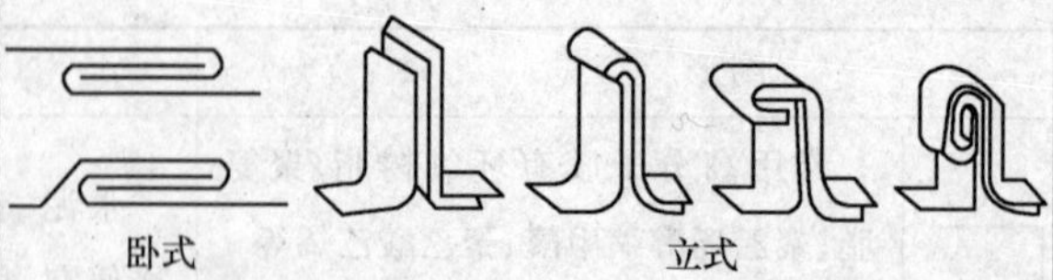 卧式　立式	用于薄钢板、铝皮、铜皮等的结合

(3)搁置与砌筑类

搁置、砌筑是将分散的块材通过一些黏结材料，相互叠置垒砌成各种图案。在建筑装饰上常用搁置与砌筑构造的配件主要有花格、隔断、隔板、窗套等。

三、设计要求

(1)满足使用功能

建筑物主要应该满足人们的使用要求,因此建筑装饰装修构造也要最大限度地满足人们对使用功能的要求。

1)建筑物主体结构构件是装饰构件的基础和依托,是建筑物的支撑骨架,这些建筑构件直接暴露在大气中,会受到大气中各种介质的侵蚀,建筑装饰工程中,通常采用油漆、抹灰等覆盖性的装饰构造措施进行处理。这样,一方面能提高建筑构件的防火、防水、防锈、防酸碱的抵抗能力,另一方面可以保护建筑构件免受机械外力的碰撞和磨损。

2)建筑构造设计的目标就是创造出一个既舒适又能满足人们各种生理要求,还能给人以美感的空间环境。对建筑物室外进行装饰,可保持建筑物整洁清新的外观,改善建筑物的热工、声学、光学等物理性能,从而为人们创造舒适良好的生活、生产工作环境。对特殊要求的建筑,应根据其特点进行装饰,不同的部位需采用不同的装饰材料及相应的构造措施。

3)现代化设备的建筑,尤其是一些有特殊要求的或大型的公共建筑,其结构空间大、设备数量多、功能要求复杂、各种设备错综布置,常利用装饰的各种构造方法将各种设施进行有机组织,如将通风口、窗帘盒、灯具、消防管道设施等与顶棚或墙面有机结合,不仅可减少设备占用空间,节省材料,而且可起到美化建筑物的作用。

(2)满足精神生活

1)不同性质和功能的建筑,通过不同的构造处理措施,能形成不同的环境和气氛,并以其强烈的艺术感染力影响着人们的精神生活。

2)建筑装饰构造设计从色彩、质感等美学角度合理选择装饰材料,通过准确的造型设计和细部处理,将艺术与工程技术加以融合,可以使建筑空间形成某种气氛,体现某种意境与风格,这种艺术表现力称为"建筑的精神功能"。

(3)确保耐久安全

1)装饰构件自身的强度、刚度和稳定性。它们的强度、刚度、稳定性一旦出现问题,不仅直接影响装饰效果,而且还可能造成人身伤害和财产损失。

2)主体结构的安全性。由于装饰所用的材料大多依附在主体结构上,主体结构构件必须承受由此传来的附加荷载,重新布置空间会导致荷载变化及结构受力性能变化等。因此,要正确验算装饰构件和主体结构构件的承载力,尤其是当需要拆改某些主体结构构件时,主体结构构件的验算就非常重要。建筑装饰工程中,切忌进行破坏性装修。不经计算校核和批准,不得随意拆除墙体,损坏原有建筑结构。另外,装饰构件与主体结构的连接也必须保证安全可靠。连接点承担外界各种荷载,并传递给主体结构,如果连接点强度不足,会导致装饰构件坠落,后果十分危险。

3)建筑装饰设计必须与建筑设计协调一致,满足建筑设计规范要求。不得在建筑装饰设计中对原有建筑设计中的交通疏散、消防处理进行随意改变,要考虑装饰处理后对建筑消防和交通的影响。例如，装饰构造会减少疏散通道或楼梯的宽度，增加隔墙会减少疏散口或延长疏散通道等。现代建筑装饰工程中经常采用木材、织物、不锈钢等易燃或易导热的材料，使建筑物受到火灾隐患的威胁，应根据消防规范要求采取调整和处理措施。

4)建筑装饰材料的选择和施工应符合国家《民用建筑工程室内环境污染控制规范》(2013版)(GB 50325—2010)的要求，避免选择含有毒性物质和放射性物质的建筑装饰材料，如挥发有毒气体的油漆、涂料和化纤制品、放射性指标超过国家标准的石材，防止对使用者造成身体伤害，确保为人们提供一个安全可靠、环境舒适、有益健康的工作生活空间环境。

(4)选择合理材料

1)建筑装饰材料是装饰工程效果的物质基础，在很大程度上决定着装饰工程的质量、造价和装饰效果，轻质高强、性能优良、易于加工、价格适中是理想装饰材料所具备的特点。

2)在材料选择时，首先应正确认识材料的物理性能和化学性能，如耐磨、防腐、保温、隔热、防潮、防火、隔声以及强度、硬度、耐久性、加工性能等，还应考虑装饰材料的纹理、色泽、形状、质感等外观特征；其次，应了解材料的价格、产地及运输情况。

3)在满足装饰效果和使用功能的前提下，就地取材是创造具有地方装饰特色和节省投资的好方法。

(5)施工方便可行

1)建筑装饰工程施工是整个建筑工程的最后一道主要工序，通过一系列施工，使装饰构造设计变为现实。一般装饰工程的施工工期占整个工程施工工期的30%～40%，高级建筑装饰工程的施工工期可达50%，甚至更长。因此，构造方法应便于施工操作，便于各工种之间的协调配合，便于施工机械化程度的提高。

2)构造设计还应考虑维修方便和检修方便。

(6)满足经济合理

1)建筑装饰工程费用在整个工程造价中占有很高的比例，一般民用建筑装饰工程费用占工程总造价的30%～40%及以上。因此，根据建筑性质和用途确定装饰标准、装饰材料和构造方案，控制工程造价，对于实现经济上的合理性有着非常重要的意义。

2)装饰并不意味着多花钱和多用贵重材料，节约也不是单纯地降低标准，重要的是在相同的经济和装饰材料条件下，通过不同的构造处理手法，创造出令人满意的空间环境。

第七节　玻璃幕墙与隔墙、隔断

一、玻璃幕墙

玻璃幕墙根据有无骨架体系，可分为有骨架体系与无骨架(无框式)体系两种形式。

有骨架体系主要受力构件是幕墙骨架，根据幕墙骨架与玻璃的连接构造方式，可分为明骨

架（明框式）体系与暗骨架（隐框式）体系两种。明骨架（明框式）体系的幕墙玻璃镶在金属骨架框格内，骨架外露，这种体系又分为竖框式、横框式及框格式等几种形式，如图 1-44（a）、（b）所示。明骨架（明框式）体系玻璃安装牢固、安全可靠。暗骨架（隐框式）体系的幕墙玻璃是用胶黏剂直接粘贴在骨架外侧的，幕墙的骨架不外露，装饰效果好，但玻璃与骨架的粘贴技术要求高，如图 1-44（c）所示。

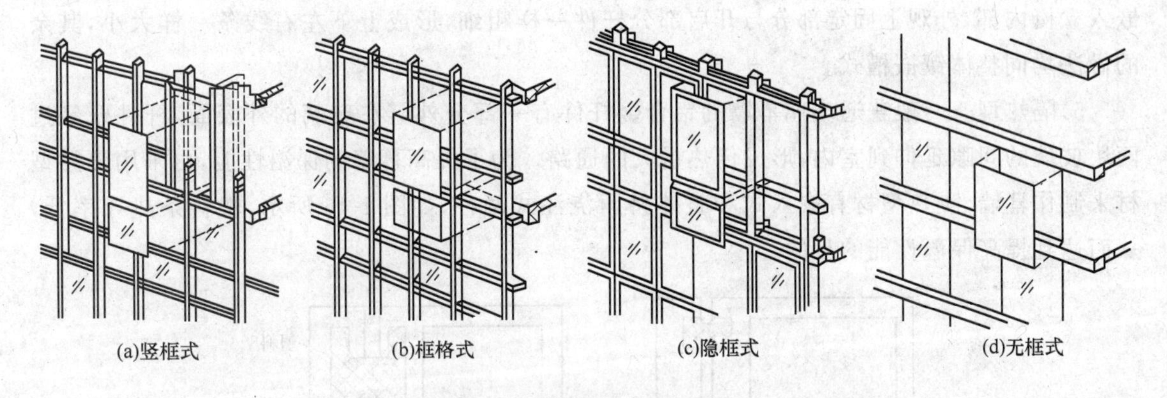

图 1-44　玻璃幕墙结构体系

无骨架（无框式）玻璃幕墙体系的主要受力构件就是该幕墙饰面构件本身——玻璃。该幕墙利用上下支架直接将玻璃固定在主体结构上，形成无遮挡的透明墙面，如图 1-44（d）所示。

玻璃镶嵌安装如图 1-45 所示。

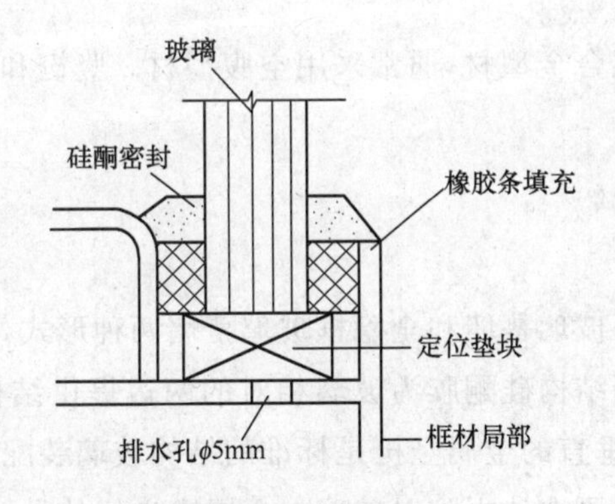

图 1-45　玻璃镶嵌安装

1. 明框式玻璃幕墙

明框式玻璃幕墙也称为普通玻璃幕墙，是采用镶嵌槽夹持方法安装玻璃的幕墙，有整体镶嵌槽式、组合镶嵌槽式、混合镶嵌槽式、隐窗型和隔热型。

1）摇体镶嵌槽式。镶嵌槽和杆件是一整体，镶嵌槽外侧槽板与构件是整体连接的，在挤压型材时就是一个整体，采用投入法安装玻璃，整体镶嵌槽式普通玻璃幕墙。定位后有干式装配、湿式装配和混合装配三种固定方法，混合装配又分为从内侧和从外侧安装玻璃两种做法。

2）组合镶嵌槽式。镶嵌槽的外侧槽板与构件是分离的，采用平推法安装玻璃，玻璃安装定位后压上压板，用螺栓将压板外侧扣上扣板装饰。

3)混合镶嵌槽式。一般是立梃用整体镶嵌槽、横梁用组合镶嵌槽，安装玻璃用左右投装法，玻璃定位后将压板用螺钉固定到横梁杆件上，扣上扣板形成横梁完整的镶嵌槽，可从外侧或内侧安装玻璃。

4)隐窗型。将立梃两侧镶嵌槽间隙采用不对称布置，使一侧间隙大到能容纳开启扇框斜嵌入立梃内部，外观上固定部分与开启部分杆件一样粗细，形成上下左右线条一样大小，其余的做法均同整体镶嵌槽式。

5)隔热型。一般普通玻璃幕墙的铝合金杆件有一部分外露在玻璃的外表面，杆件壁经过两块玻璃的间隙延伸到室内，形成传热量大的通路。为了提高幕墙的保温性能，可采用隔热型材来制作幕墙，隔热型材有嵌入式和整体挤压浇注式两种，如图 1-46 所示，塑料条热导率低，从而达到提高保温性能的目的。

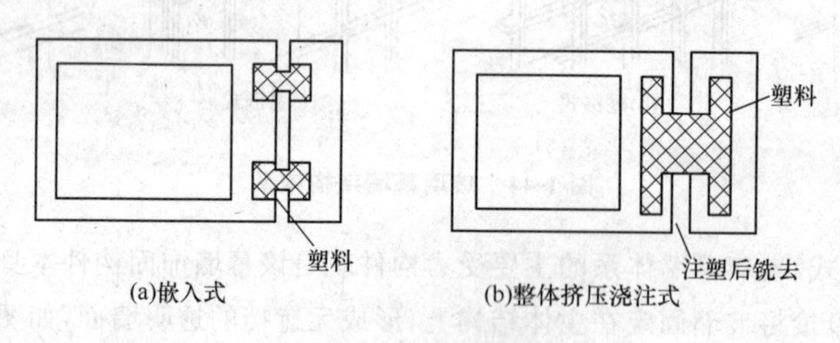

图 1-46　隔热型材

金属框料大多数采用铝合金型材，通常采用空腹型材。竖梃和横梁由于使用功能不同，其断面形状也不同。

2. 隐框式玻璃幕墙

(1)隐框玻璃幕墙形式

隐框玻璃幕墙有半隐框玻璃幕墙和全隐框玻璃幕墙两种形式。

1)半隐框玻璃幕墙利用结构硅酮胶为玻璃相对的两边提供结构的支持力，另两边则用框料和机械性扣件进行固定，垂直的金属竖梃是标准的结构玻璃装配，而上下两边是标准的镶嵌槽夹持玻璃。结构玻璃装配要求硅酮胶对玻璃与金属有良好的黏结力。这种体系看上去有一个方向的金属线条，不如全隐型玻璃幕墙简洁，且立面效果稍差，但安全度比较高。

2)全隐框玻璃幕墙玻璃四边都用硅酮密封胶将玻璃固定在金属框架的适当位置上，其四周用强力密封胶全封闭，玻璃产生的热胀冷缩变形应力全由密封胶给予吸收，而且玻璃面受的水平风压力和自重也更均匀地传给金属框架和主结构件。全隐型玻璃幕墙由于在建筑物的表面不显露金属框，而且玻璃上下左右结合部位尺寸也相当窄小，因而产生全玻璃的艺术感觉，受到目前旅馆和商业建筑的青睐。隐框玻璃幕墙从构造上有整体式和分离式两大类。

(2)隐框玻璃幕墙构造

1)整体式幕墙。整体式隐框玻璃幕墙(如图 1-47 所示)是用硅酮密封胶将玻璃直接固定

在主框格体系的竖梃和横梁上，安装玻璃时，要采用辅助固定装置，将玻璃定位固定后再涂胶，待密封胶固化到能承受玻璃的作用时，才能将辅助固定装置拆除。这种做法除局部小幕墙外，已很少采用。

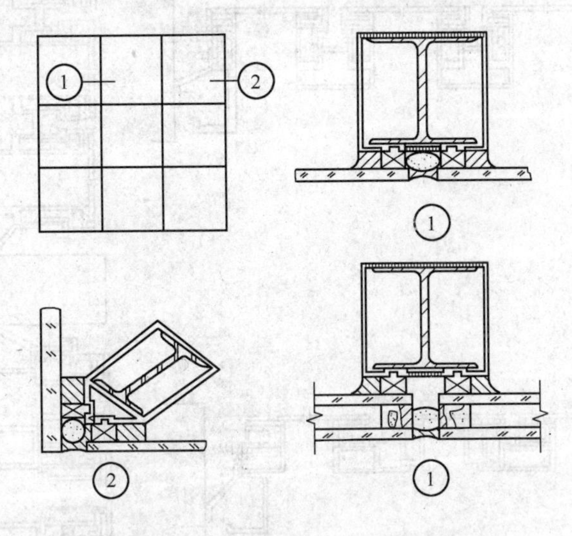

图 1-47 整体式隐框玻璃幕墙

2)分离式幕墙。分离式隐框玻璃幕墙是将玻璃用结构玻璃装配方法固定在副框上，组合成一个结构玻璃装配组件，再用机械夹持的方法，将结构玻璃装配组件固定到主框竖梃(横梁)上。

分离式幕墙有一次分离与二次分离两种做法。一次分离是利用结构玻璃装配组件的副框本身与主框相连，有内嵌式和外扣式两种形式；二次分离是用另外的固定件将结构玻璃装配件固定在主框上，有外挂内装固定式、外挂外装固定式、外礅外装固定式三种形式。

①内嵌式。是将结构玻璃装配组件副框的框脚嵌入主框凸脊一定深度，用螺栓将两者固定。玻璃内侧与建筑物的梁(柱)之间要有不小于 300mm 的操作间隙，保证将螺栓固定好，如图 1-48 所示。

②外扣式使用的型材与内嵌式类型相同，在安装方法上改为外扣，在主框凸脊的位置上(一般间距不大于 500mm)，用螺栓固定 18mm 的圆铝管，在副框框脚的相应位置上做一开口长圆形槽，安装时将结构玻璃装配组件推到主框凸脊内圆管的上方，将组件固定。

③外挂内装固定式在安装结构玻璃组件时，先将组件挂在横梁下方的横钩上，再在内侧将组件其余三面用固定片固定到主框上。

④外挂外装固定式是将组件挂在横梁的挂钩上，组件其余三面用固定片固定到主框上，安装固定片全部在外侧进行。

⑤外礅外装固定式是将组件下端放在横梁伸出的牛腿上，其余三面的固定方法和要求与外挂外装固定式相同。

3)隐框玻璃幕墙转角部位构造一般采用玻璃挑出框外的方式处理。

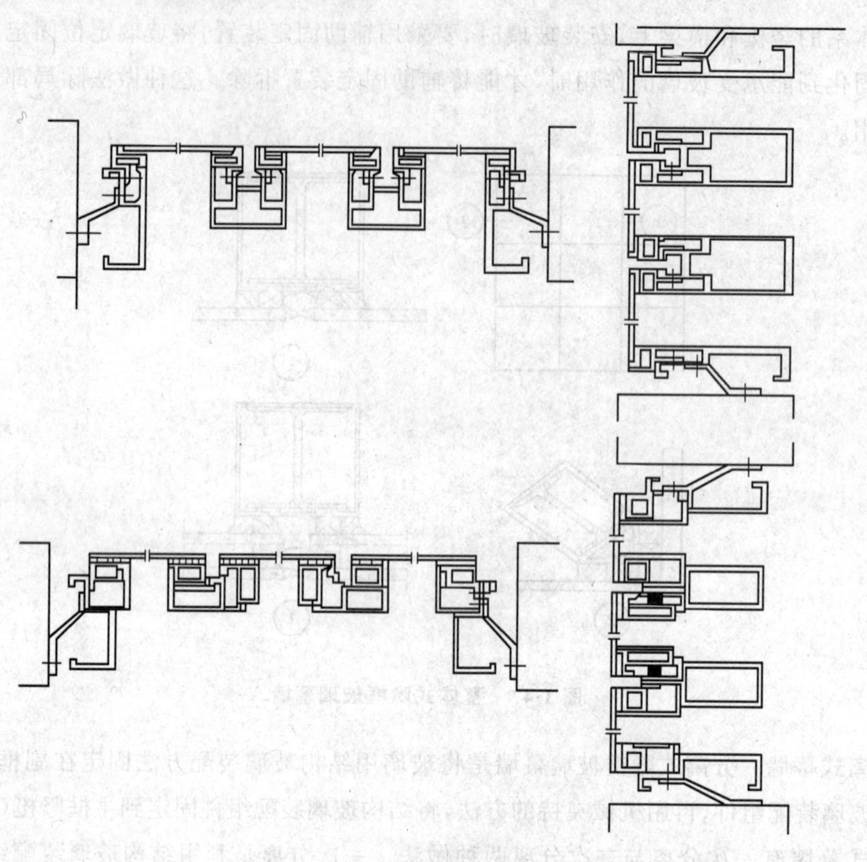

图 1-48　内嵌式

(3)无框式玻璃幕墙

无框式玻璃幕墙也称为全玻璃幕墙，是指在视线范围内不出现金属框料，形成在某一层范围内幅面比较大的无遮挡透明墙面。玻璃本身既是饰面材料，又是承重构件。

由于该类幕墙无支撑骨架，为此玻璃可以采用大块饰面，以便使幕墙的通透感更强，视线更加开阔，立面更为简洁生动。为了保证玻璃幕墙的牢固与安全，无骨架玻璃幕墙多采用强度较高的钢化玻璃或夹层玻璃，玻璃应有足够的厚度。因受到玻璃本身强度的限制，此类幕墙一般只用于首层。全玻璃幕墙的支撑系统分为悬挂式、支撑式和混合式三种，如图 1-49 所示。

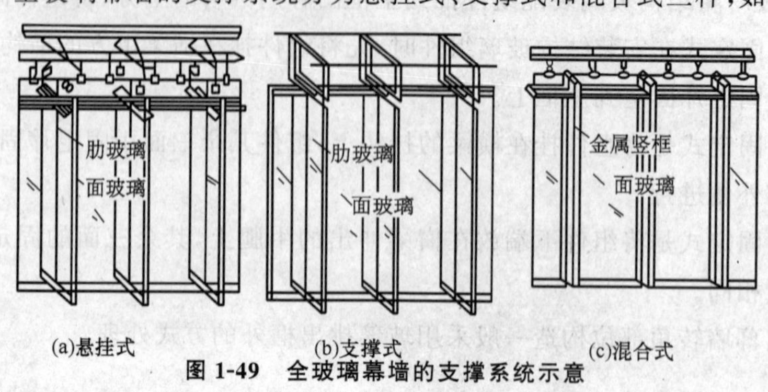

图 1-49　全玻璃幕墙的支撑系统示意

全玻璃幕墙中大片玻璃支撑在玻璃框架上的形式有后置式、骑缝式、平齐式、突出式四种。

1)后置式。玻璃翼(脊)置于大片玻璃的后部,用密封胶与大片玻璃黏接成一个整体,如图 1-50所示。

2)骑缝式。玻璃翼部位于大片玻璃的接缝处,用密封胶将三块玻璃连接在一起,并将两块大玻璃之间的缝隙密封,如图 1-51 所示。

3)平齐式。玻璃翼(脊)位于两块大玻璃之间,玻璃翼的一侧与大片玻璃表面平齐,玻璃翼与两块大玻璃之间用密封胶黏结并密封,如图 1-52 所示。

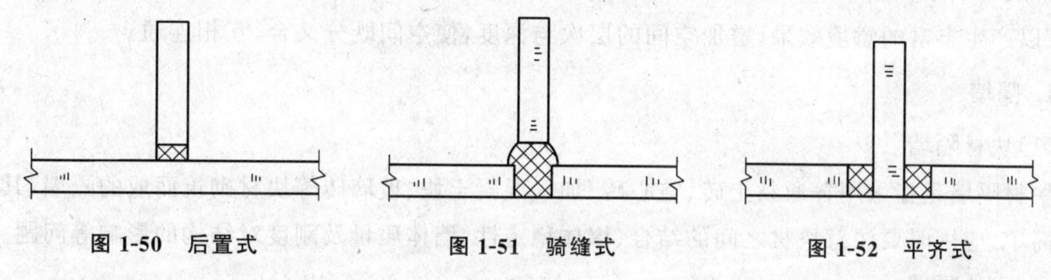

图 1-50　后置式　　图 1-51　骑缝式　　图 1-52　平齐式

4)突山式。玻璃翼(脊)位于两块大玻璃之间,两侧均突出大片玻璃表面,玻璃翼与大片玻璃之间用密封胶黏结并密封。

(4)全玻璃幕墙跨层使用时布置方式

全玻璃幕墙跨层时平面上有三种布置方法,即平齐墙面式、突出墙面式、内嵌墙体式。

1)平齐墙面式。大片玻璃的外表面与建筑物装饰面平齐,大片玻璃从玻璃翼挑出,盖住柱(墙),如图 1-53(a)所示;或在墙(柱)边与柱(墙)相交,如图 1-53(b)所示。交接处均需用密封胶填缝。垂直玻璃翼上下两片间设水平玻璃支撑,均用密封胶黏结密封。

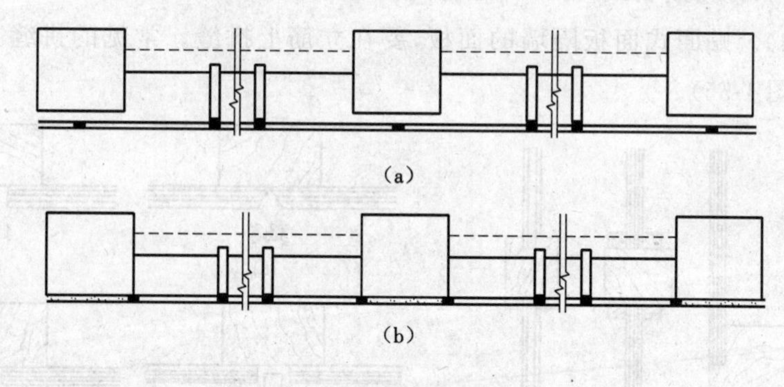

图 1-53　平齐墙面式

2)突出墙面式。建筑物的楼板(梁)与柱平齐时,玻璃翼挑出楼板(梁),大片玻璃离楼一定距离,玻璃与端柱之间出现的空隙用斜面玻璃封闭。

3)内嵌墙体式。大片玻璃的外表面在墙体中间,楼板(梁)要比柱(墙)外侧后退一段距离,在楼板(梁)上支撑垂直玻璃。垂直玻璃翼的上下两片间设水平玻璃翼,均用结构密封胶黏结固定并密封。

二、隔墙与隔断

隔墙与隔断是为了满足使用功能的需要，对建筑物内部空间做更深入、细致的划分，使得空间更丰富，功能更完善，更具装饰性。

隔墙和隔断的作用在于分割空间，均为非承重构件。隔墙和隔断的区别在于分隔空间的程度和特征上，一般隔墙是到顶的实墙，不仅能限制空间的范围，还能在很大程度上满足隔声、阻隔视线等要求；而隔断不到顶，是镂空的或活动的，它限定空间的程度比较小，但是在空间上，可以产生丰富的意境效果，增加空间的层次与深度，使空间既分又合，互相连通。

1. 隔墙

(1)块材隔墙

块材隔墙是指采用普通黏土砖、空心砖、加气混凝土块、玻璃砖等块材砌筑而成的隔墙，其构造简单，应用时要注意块材之间的结合、墙体稳定性、墙体质量及刚度对结构的影响等问题。

(2)立筋隔墙

立筋隔墙是由木骨架或金属骨架及墙面材料组成的。

1)木筋面板隔墙。木墙筋由上槛、下槛、立筋、斜撑或横档构成，立筋靠上下槛固定。木墙筋与墙体和楼板应牢固连接，为了防水、防潮和保证抹水泥砂浆踢脚的质量，隔墙下面可先砌2～3层普通黏土砖，同时对木墙筋应做防火、防腐处理。

隔墙饰面是在木墙筋上(一面或两面)铺钉纸面石膏板、水泥刨花板、钙塑板、装饰吸声板及各种胶合板、纤维板等。有两种装钉方式：一种是将面板镶嵌在骨架内，或者将面板用木压条固定于骨架中间，称为嵌装式；另一种是将面板铺钉于木骨架之外，并将木骨架全部掩盖，称为贴面式(图1-54)。贴面式面板隔墙的面板，要在立筋上拼缝。常见的拼缝方式有坡缝、凹缝、嵌缝和压缝(图1-55)。

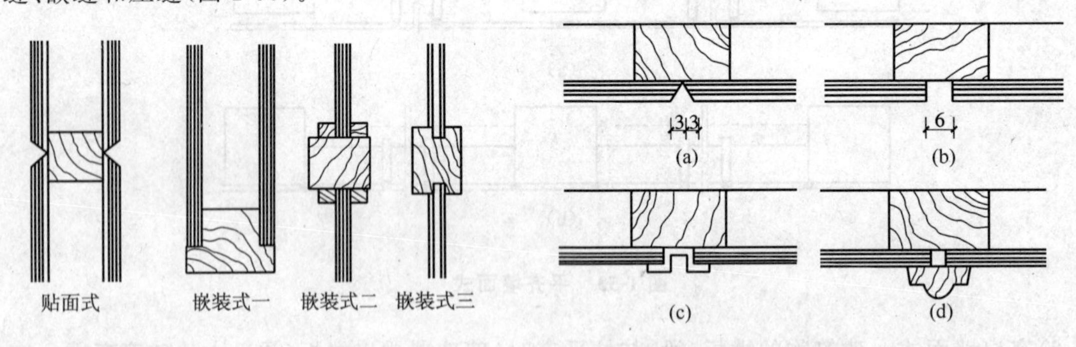

图1-54 面板固定方式　　**图1-55 面板拼缝方式**(单位:mm)

2)金属墙筋面板隔墙。金属墙筋隔墙是在金属墙筋外铺钉面板而制成的隔墙，金属墙筋一般采用薄壁型钢、铝合金或拉眼钢板制作，如图1-56所示。

金属墙筋面板隔墙的骨架一般由沿顶龙骨、沿地龙骨、竖向龙骨、横撑龙骨和加强龙骨及

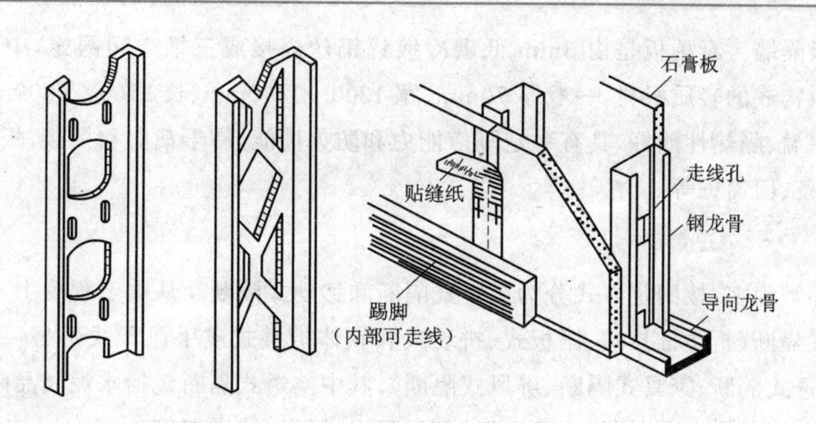

图 1-56 金属墙筋

各种配件组成。构造做法是用沿顶、沿地龙骨与沿墙（柱）龙骨构成隔墙边框，中间设竖龙骨，如需要还可加横撑龙骨和加强龙骨，龙骨间距一般为 400～600mm，具体间距根据面板尺寸而定。安装固定沿地、沿顶龙骨有两种构造方式：一种是在楼地面施工时上下设置预埋件；另一种是采用膨胀螺栓或射钉来固定，墙筋、横档之间则靠各种配件或抽心拉铆钉相互连接。面板与骨架的固定方式有钉、粘、卡三种（图 1-57）。

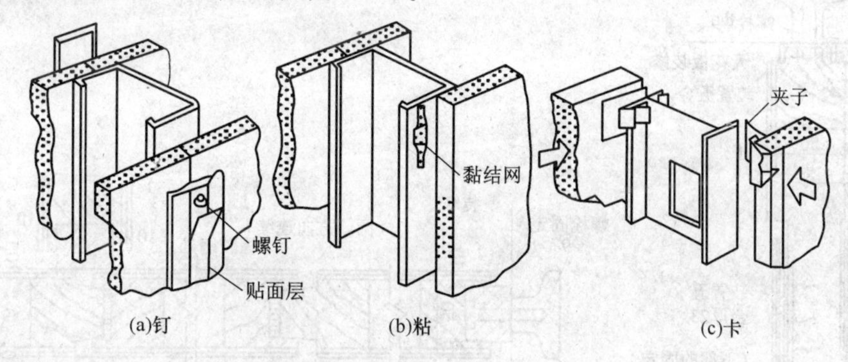

图 1-57 面板与骨架的固定方式

(3)条板隔墙

条板隔墙是不用骨架，而用厚度比较厚、高度相当于房间净高的板材拼装而成的隔墙（在必要时可按一定间距设置一些竖向龙骨，以增加其稳定性）。目前条板隔墙采用各种材料的条板（如加气混凝土条板、石膏条板、碳化石灰板、泰柏板等），以及各种复合板（如纸面蜂窝板、纸面草板等）。

1)加气混凝土条板隔墙。加气混凝土条板是由水泥、石灰、砂、矿渣、粉煤灰等加发气剂铝粉，经原料处理、配料、浇筑、切割及蒸压养护等工序制成。

加气混凝土隔墙的两端板与建筑墙体的连接，可采用预埋插筋做法；条板顶端与楼面或梁下用黏结砂浆做刚性连接，下端用一对对口木楔在板底将板楔紧，再用细石混凝土将木楔空隙填实；隔墙板之间用水玻璃砂浆或 108 胶砂浆黏结。

2)泰柏板隔墙。泰柏板是由 3mm 低碳冷镀锌钢丝焊接成三维空间网笼,中间填充聚苯乙烯泡沫塑料构成的轻质板材,一般厚 70mm、宽 1200～1400mm、长 2100～4000mm。它自重轻,强度高,保温、隔热性能好,具有一定隔声能力和防火性能,易于裁剪和拼接,板内还可预设管道、电器设备、门窗框等。

2. 隔断

隔断的种类很多,按固定方式分为固定式隔断和移动式隔断。从限定程度上分为两类:一类是全分隔式隔断(折叠推拉式、镶板式、拼装式和软体折叠式或手风琴式);另一类是半分隔式隔断(如空透式隔断、家具式隔断、屏风式隔断),其中空透式隔断包括水泥制品隔断、竹木花格空透隔断、金属花格空透隔断、玻璃空透隔断、隔扇、屏风、博古架等。

(1)镶板式隔断

镶板式隔断是一种半固定式的活动隔断,墙板有木质组合板或金属组合板,其构造如图 1-58所示,预先在顶棚、地面、承重墙等处预埋螺栓,再固定特制的五金件,然后将组合隔断板固定在五金件上。

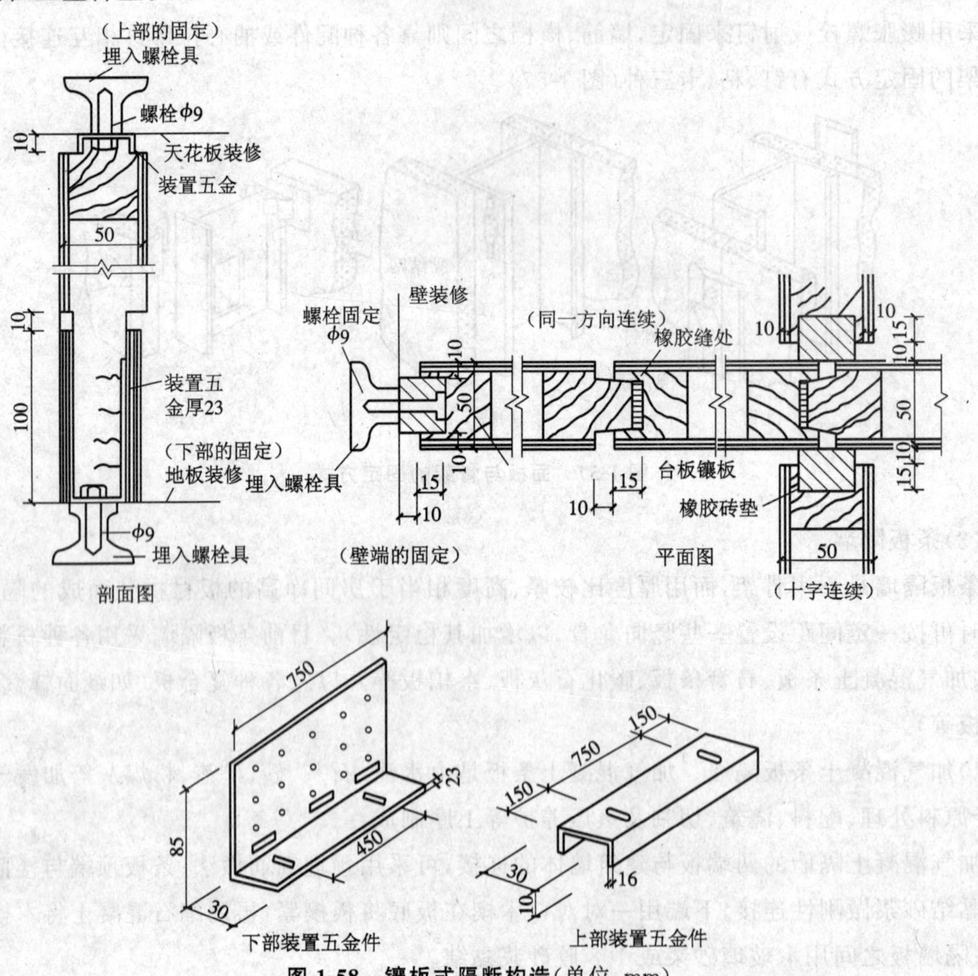

图 1-58 镶板式隔断构造(单位:mm)

(2)折叠推拉式隔断

折叠推拉式隔断属于一种硬质隔断,由木隔扇或金属隔扇构成,通常适用于较大的房间。硬质隔断的隔扇是由木框或金属框架,两面各贴一层木质纤维板或其他轻质板材,在两层板的中间加隔声层组成。

(3)拼装式隔断

拼装式隔断由若干独立的隔扇拼成,不设导轨和滑轮。其拼装方法是将四个方向都有卡口的铝合金竖框用上槛和下槛固定。

(4)直滑式隔断

直滑式隔断也有若干扇,这些扇可以各自独立,也可用铰链连接到一起。独立的隔扇可以沿各自的轨道滑动,但在滑动中始终不改变自身的角度,沿着直线开启与关闭。

(5)软体折叠式(手风琴式)隔断

软体的折叠式隔断的轨道可以任意弯曲,适合于层高不是很高的空间,其构造比一般隔断复杂,它的每一折叠单元是由一根长螺杆来串联若干组“X”形的弹簧钢片铰链与相邻的单元相连形成的骨架,骨架的两边包软质的织物或人造皮革,可以像手风琴一样拉伸和折叠。软体折叠式隔断一般是在开口部的两边各装一半,关闭时,在交合处用磁铁吸引。

软体折叠式隔断主要是由轨道、滑轮和隔扇三个部分组成。软质折叠移动式隔断的面层可为帆布或人造革,面层的里面加设内衬。软质隔断的内部一般设有框架,采用木立柱或金属杆,木立柱或金属杆之间设置伸缩架,面层固定于立柱或立杆上,如图1-59所示。

软体折叠式隔断根据滑轮和导轨的不同设置,又可分为悬吊导向式、支撑导向式和二维移动式三种不同的固定方式。悬吊导向式和支撑导向构造方式同直滑式隔断的做法。二维移动式固定构造如图1-60所示。

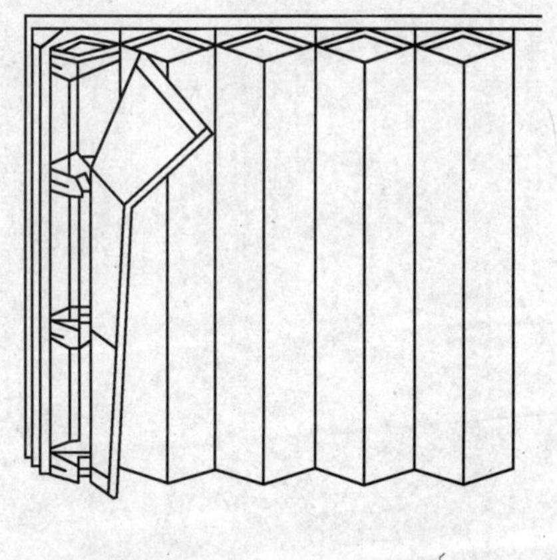

图1-59 软体折叠式隔断

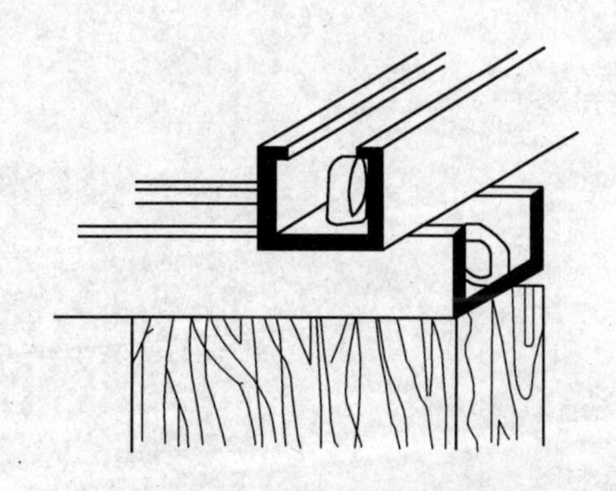

图1-60 二维移动式固定构造

(6)屏风式隔断

屏风式隔断通常是不到顶的,因而空间通透性强,在一定程度上起着分隔空间和遮挡视线的作用,常用于办公楼、餐厅、展览馆及医院的诊室等公共建筑中。厕所、淋浴间等也多采用这种形式。屏风式隔断可分为固定式、独立式和联立式三种。

(7)隔扇、罩、博古架

隔扇一般是用硬木精工制作的隔框，隔心可以裱糊纱、纸，群板可雕刻成各种图案，它最大的特点是开闭方便，自重轻，而且有装饰性。

罩是梁、柱的附着物，用罩分隔空间，能够增加空间的层次，构成一种有分有合、似分似合的空间环境。

博古架是一种陈放各种古玩和器皿的架子，其分格形式和精巧的做工又使其具有装饰价值。

第二章

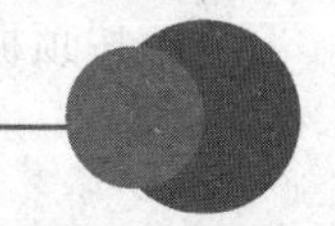

装饰装修顶棚施工图识读

棚装饰工程是建筑装饰工程的重要组成部分，顶棚的构造与选择应从建筑功能、建筑声学、建筑照明、建筑热工、设备安装、管线敷设、维护检修、防火安全等多方面综合考虑。本章主要介绍常见顶棚的功能、类型及特点，直接式顶棚、悬挂式顶棚的基本构造，并对顶棚特殊部位的构造处理和几种特殊的顶棚构造做出介绍。

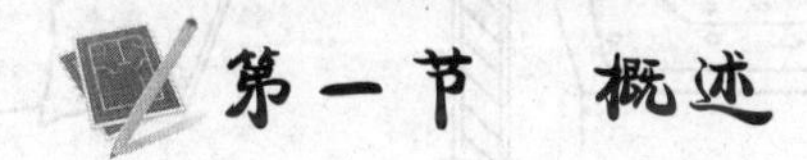

第一节　概述

一、顶棚装饰构造

1)基层。基层为建筑物结构件，主要为混凝土楼(顶)板或屋架。

2)悬吊件。悬吊件是悬吊式顶棚与基层连接的构件，一般埋在基层内，属于悬吊式顶棚的支承部分，其材料可以根据顶棚不同的类型选用镀锌铁丝、钢筋、型钢吊杆(包括伸缩式吊杆)等。

3)龙骨。龙骨是固定顶棚面层的构件，并将承受面层的质量传递给支承部分。

4)面层。面层是顶棚的装饰层，使顶棚达到既具有吸声、隔热、保温、防火等功能，又具有美化环境的效果。

二、顶棚装饰构造的特点

顶棚是位于承重结构下部的装饰构件，位于房间的上方，而且其上布置有照明灯光、音响设备、空调及其他管线等，因此顶棚构造与承重结构的连接要求牢固、安全、稳定。

顶棚的构造设计涉及到声学、热工、光学、空气调节、防火安全等方面，顶棚装饰是技术要求比较复杂的装饰工程项目，应结合装饰效果的要求、经济条件、设备安装情况、建筑功能和技术要求以及安全问题等各方面来综合考虑。

三、顶棚装饰的分类

1)按顶棚面层与结构位置的关系分为直接式顶棚和悬吊式顶棚。

2)按顶棚外观的不同有平滑式顶棚、井格式顶棚、分层式顶棚、悬浮式顶棚等,如图 2-1 所示。

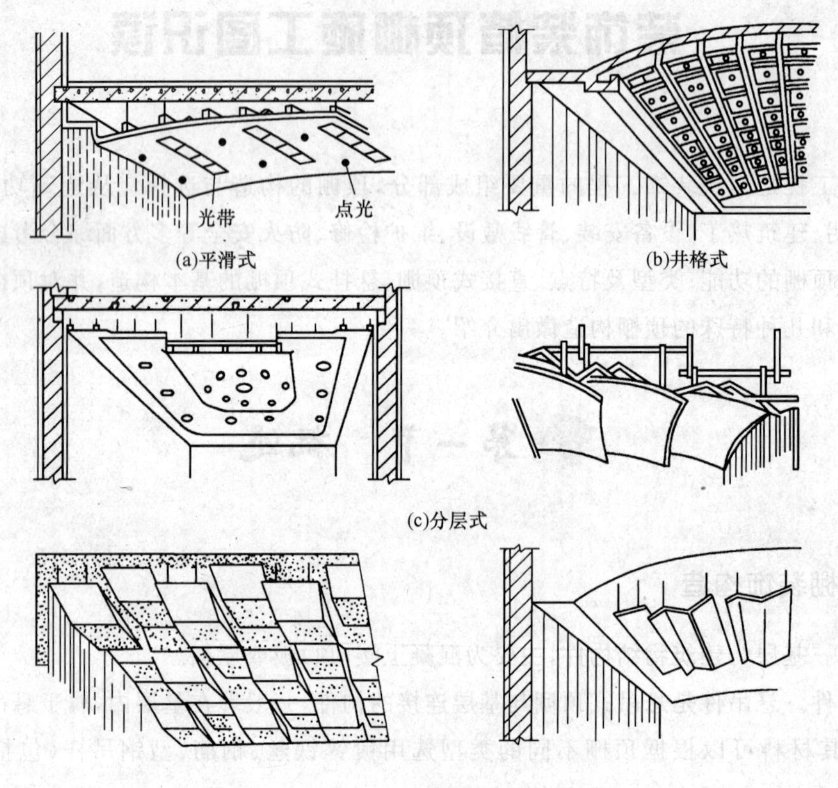

图 2-1 顶棚的形式

3)按其面层的施工方法分为抹灰式顶棚、喷涂式顶棚、粘贴式顶棚、装配式板材顶棚等。

4)按顶棚的基本构造的不同分为无筋类顶棚、有筋类顶棚。

5)按顶棚构造层的显露状况的不同分为开敞式顶棚、隐蔽式顶棚等。

6)按面层饰面材料与龙骨的关系不同分为活动装配式顶棚、固定式顶棚等。

7)按其面层材料的不同分为木质顶棚、石膏板顶棚、各种金属薄板顶棚、玻璃镜顶棚等。

8)按顶棚承受荷载能力的不同分为上人顶棚和不上人顶棚。

第二节　顶棚的类型

一、直接式顶棚

直接式顶棚是直接在楼板之下做抹灰、粉刷、粘贴装饰面材的装修,包括一般楼板板底、屋面板板底直接喷刷、抹灰、贴面,如图 2-2 所示。

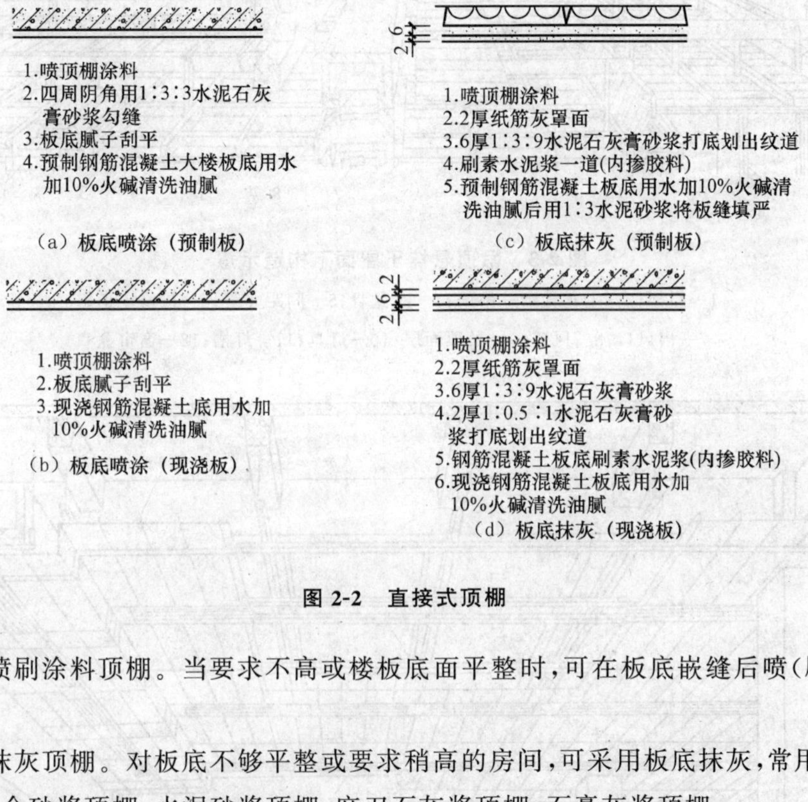

1.喷顶棚涂料
2.四周阴角用1∶3∶3水泥石灰膏砂浆勾缝
3.板底腻子刮平
4.预制钢筋混凝土大楼板底用水加10%火碱清洗油腻

(a) 板底喷涂(预制板)

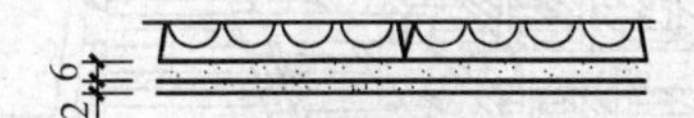

1.喷顶棚涂料
2.2厚纸筋灰罩面
3.6厚1∶3∶9水泥石灰膏砂浆打底划出纹道
4.刷素水泥浆一道(内掺胶料)
5.预制钢筋混凝土板底用水加10%火碱清洗油腻后用1∶3水泥砂浆将板缝填严

(c) 板底抹灰(预制板)

1.喷顶棚涂料
2.板底腻子刮平
3.现浇钢筋混凝土底用水加10%火碱清洗油腻

(b) 板底喷涂(现浇板)

1.喷顶棚涂料
2.2厚纸筋灰罩面
3.6厚1∶3∶9水泥石灰膏砂浆
4.2厚1∶0.5∶1水泥石灰膏砂浆打底划出纹道
5.钢筋混凝土板底刷素水泥浆(内掺胶料)
6.现浇钢筋混凝土板底用水加10%火碱清洗油腻

(d) 板底抹灰(现浇板)

图 2-2　直接式顶棚

1)直接喷刷涂料顶棚。当要求不高或楼板底面平整时,可在板底嵌缝后喷(刷)石灰浆或涂料二道。

2)直接抹灰顶棚。对板底不够平整或要求稍高的房间,可采用板底抹灰,常用的有纸筋石灰浆顶棚、混合砂浆顶棚、水泥砂浆顶棚、麻刀石灰浆顶棚、石膏灰浆顶棚。

3)直接贴面顶棚。对某些装修标准较高或有保温吸声要求的房间,可在板底直接粘贴装饰吸声板、石膏板、塑胶板等。

二、悬挂式顶棚

在较大空间和装饰要求较高的房间中,因建筑声学、保温隔热、清洁卫生、管道敷设、室内美观等特殊要求,常用顶棚把屋架、梁板等结构构件及设备遮盖起来,形成一个完整的表面。由于顶棚是采用悬吊方式支承于屋顶结构层或楼板层的梁板之下,所以称之为悬吊式顶棚(简称吊顶),一般由吊杆(吊筋)、龙骨和吊顶面层组成,如图 2-3 和图 2-4 所示。

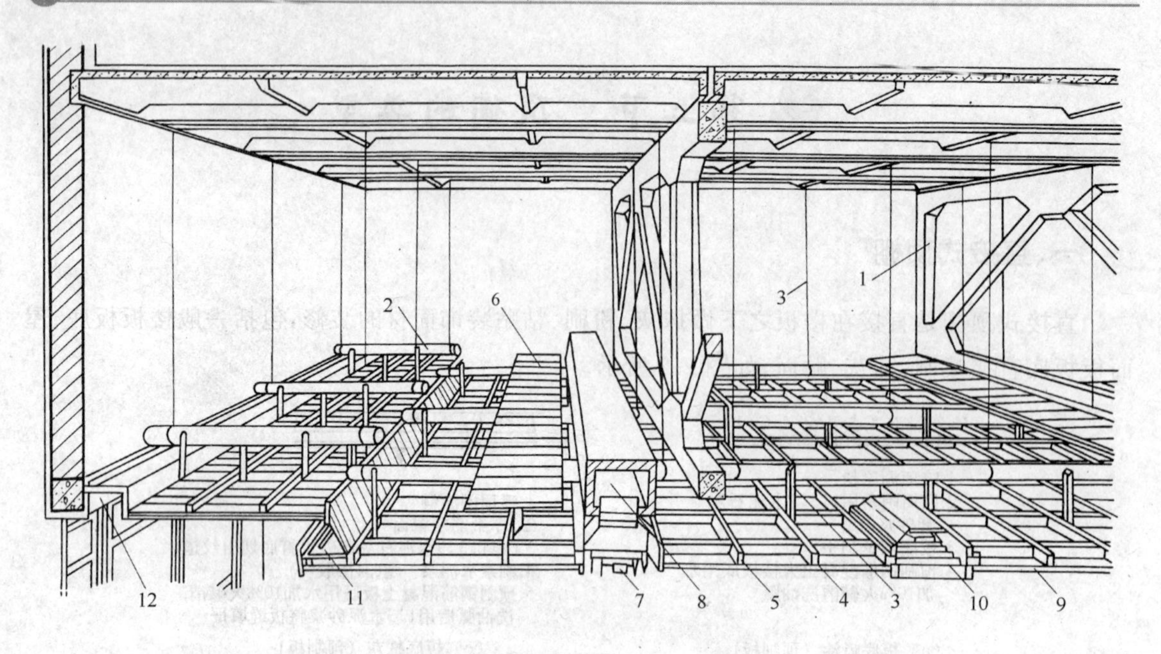

图 2-3　吊顶悬挂于屋面下构造示意

1—屋架；2—主龙骨；3—吊筋；4—次龙骨；5—间距龙骨；6—检修走道；

7—出风口；8—风道；9—吊顶面层；10—灯具；11—灯槽；12—窗帘盒

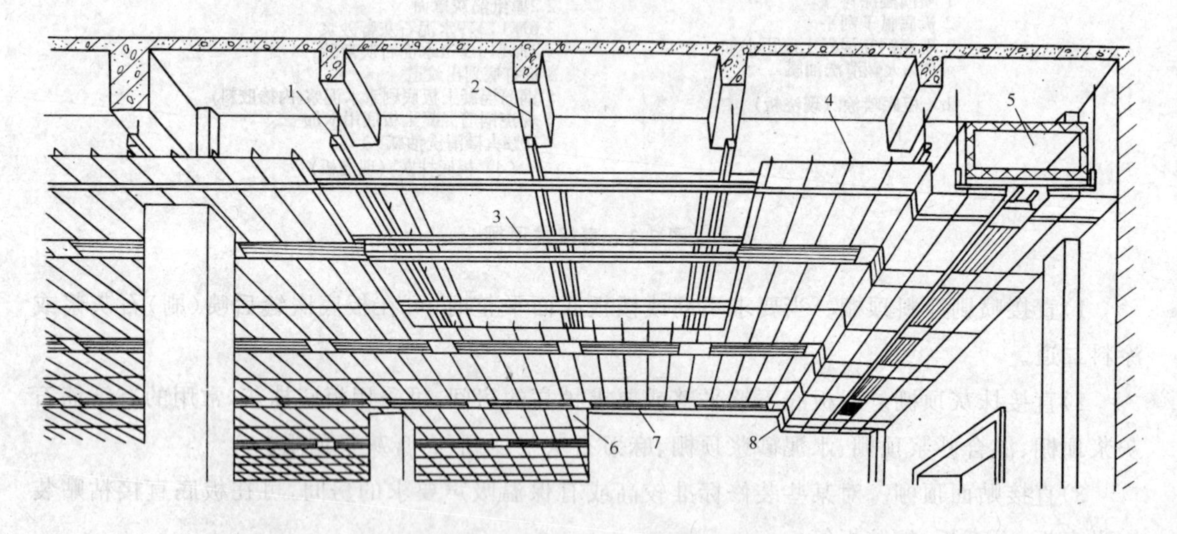

图 2-4　吊顶悬挂于楼板底构造示意

1—主龙骨；2—吊筋；3—次龙骨；4—间距龙骨；5—风道；6—吊顶面层；7—灯具；8—出风口

三、顶棚的平面图

顶棚平面图的形成：以镜像投影法画出的反映顶棚平面形状、灯具位置、材料选用、尺寸标高及构造做法等内容的水平镜像投影图，或者是假想以一个水平剖切平面沿顶棚下方门窗洞口位置进行剖切，移去下面部分对上面的墙体、顶棚所作的镜像投影图。

顶棚平面图包含综合顶棚图、顶棚造型及尺寸定位图、顶棚照明及电气设备定位图。顶棚平面图一般都采用镜像投影法绘制。顶棚平面图的作用主要是用来表明顶棚装饰的平面形式、尺寸和材料，以及灯具和其他各种室内顶部设施的位置和大小等。

如图 2-5 所示，把镜面放在物体的下面，代替水平投影面，在镜面中反射得到的图像，即为镜像投影图。由图可知，它与通常投影法绘制的平面图是不相同的。在室内设计中，镜像投影用来反映室内顶棚平面图的内容。

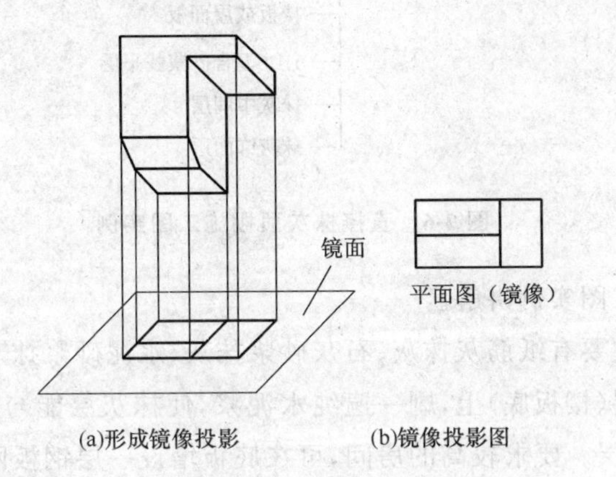

图 2-5　镜像投影

顶棚（天花）平面图的比例一般与平面布置图一致（常用比例为 1:50、1:100、1:150）。顶棚（天花）平面图应包括所有楼层的顶棚总平面图、顶棚布置图等。所有顶棚平面图应共同包括以下内容：

1）建筑平面及门窗洞口，门画出门洞边线即可，不画门扇及开启线。

2）顶棚的造型、尺寸、做法和说明。

3）标明柱网和承重墙、主要轴线和编号、轴线间尺寸和总尺寸。

4）顶棚灯具符号及具体位置（灯具的规格、型号、安装方法由电气施工图反映）。

5）标明装饰设计调整过后的所有室内外墙体、管井、电梯和自动扶梯、楼梯和疏散楼梯、雨篷和天窗等的位置，标注全名称。

6）与棚顶相接的家具、设备的位置及尺寸。

7）标注顶棚（天花）设计标高。

8）窗帘及窗帘盒、窗帘帷幕板等。

9）空调送风、回风口位置、消防自动报警系统及与吊顶有关的音频设施的平面布置形式及安装位置。

10）图外标注开间、进深、总长、总宽等尺寸。

11）标注索引符号和编号、图样名称和制图比例。

四、顶棚施工图实例识读

(1)直接抹灰顶棚施工图实例(图 2-6)。

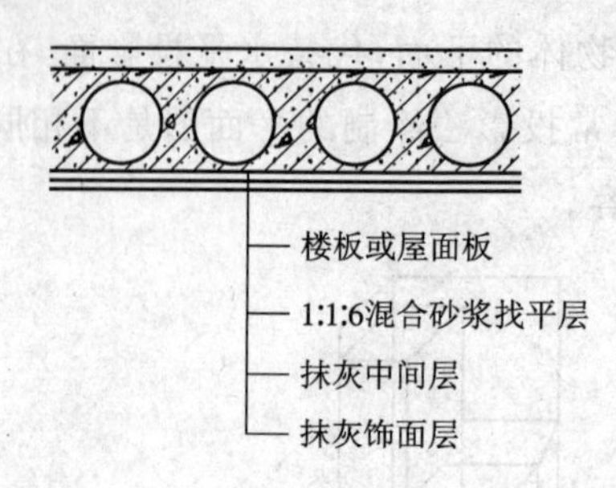

图 2-6 直接抹灰顶棚施工图实例

直接抹灰顶棚施工图实例讲解。

1)直接抹灰顶棚主要有纸筋灰抹灰、石灰砂浆抹灰、水泥砂浆抹灰等。

2)先在顶棚的基层(楼板底)上,刷一遍纯水泥浆,使抹灰层能与基层很好地粘合;然后用混合砂浆打底,再做面层。要求较高的房间,可在底板增设一层钢板网,在钢板网上再做抹灰,这种做法强度高、结合牢,不易开裂脱落。

(2)直接铺设龙骨顶棚施工图实例(图 2-7)。

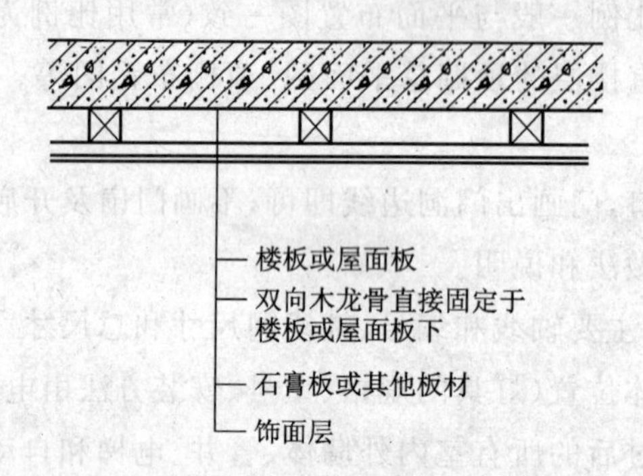

图 2-7 直接铺设龙骨顶棚施工图实例

直接铺设龙骨顶棚施工图实例讲解。

1)直接铺设龙骨固定装饰板顶棚的构造做法与镶板类装饰墙面的构造相似,即在楼板底下直接铺设固定龙骨(龙骨间距根据装饰板规格确定),然后固定装饰板。

2)常用的装饰板材有胶合板、石膏板等,主要用于装饰要求较高的建筑。

(3)结构式顶棚施工图实例(图 2-8)。

结构式顶棚施工图实例讲解。

1)将屋盖或楼盖结构暴露在外,利用结构本身的韵律做装饰,不再另做顶棚,称为结构式顶棚。

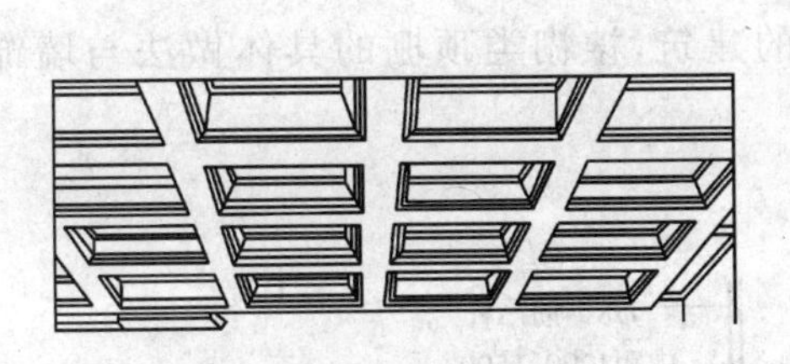
(a)井格结构式顶棚

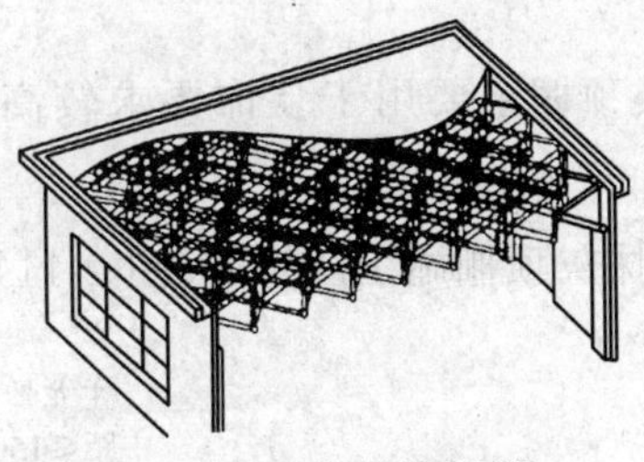
(b)网架结构式顶棚

图 2-8 结构式顶棚施工图实例

2)结构式顶棚充分利用屋顶结构构件，并巧妙地组合照明、通风、防火、吸声等设备，形成和谐统一的空间景观。

(4)喷刷类顶棚施工图实例(图 2-9)。

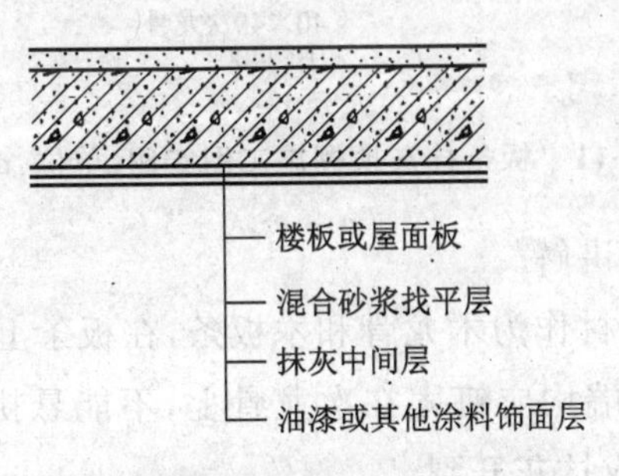

图 2-9 喷刷类顶棚施工图实例

喷刷类顶棚施工图实例讲解。

1)喷刷类装饰顶棚是在上部屋面或楼板的底面上直接用浆料喷刷而成的。

2)对于楼板底较平整又没有特殊要求的房间，可在楼板底嵌缝后，直接喷刷浆料。

(5)裱糊类顶棚施工图实例(图 2-10)。

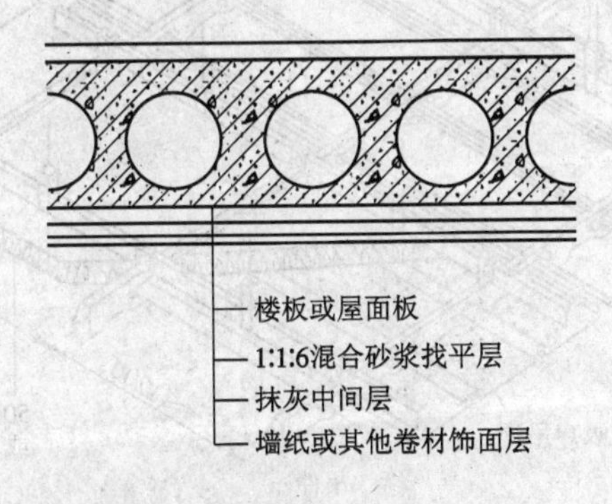

图 2-10 裱糊类顶棚施工图实例

裱糊类顶棚施工图实例讲解。

1)有些要求较高、面积较小的房间顶棚面，也可采用直接贴壁纸、贴壁布及其他织物等饰面方法。

2）裱糊类顶棚主要用于装饰要求较高的建筑，裱糊类顶棚的具体做法与墙饰面的实例相同。

（6）板条抹灰顶棚施工图实例（图 2-11）。

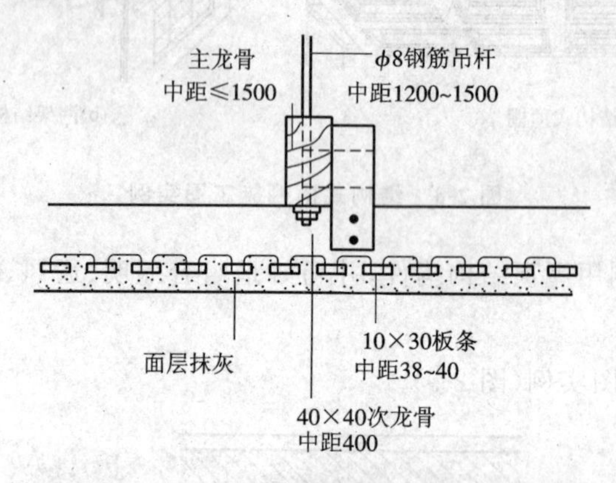

图 2-11　板条抹灰顶棚施工图实例（单位：mm）

板条抹灰顶棚施工图实例讲解。

1）板条抹灰顶棚是采用木材作为木龙骨和木板条，在板条上抹灰。

2）板条间隙 8～10mm，两端均应钉固在次龙骨上，不能悬挑，板条头宜错开排列，以免因板条变形、石灰干缩等原因造成抹灰开裂。

3）板条抹灰一般采用纸筋灰或麻刀灰，抹灰后再粉刷。

（7）金属板顶棚施工图实例（图 2-12）。

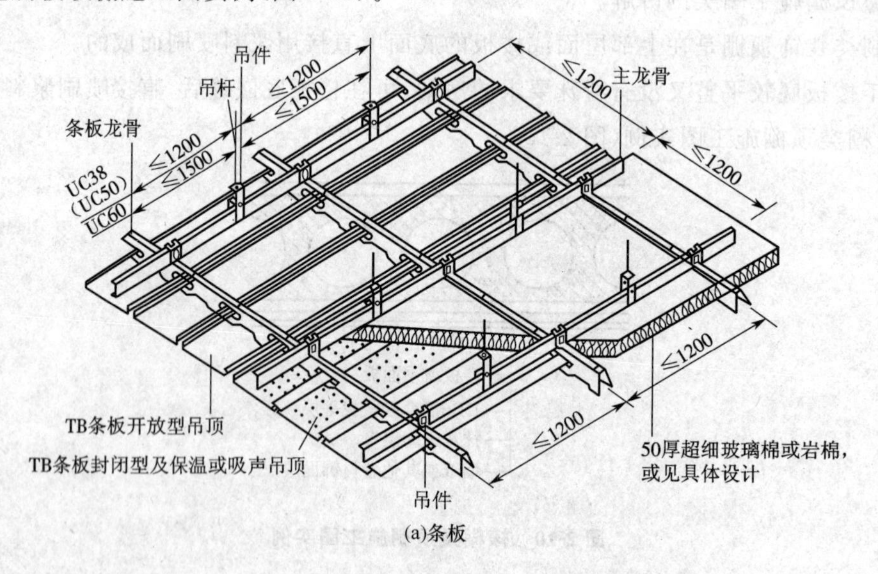

图 2-12　金属板顶棚施工图实例（单位：mm）

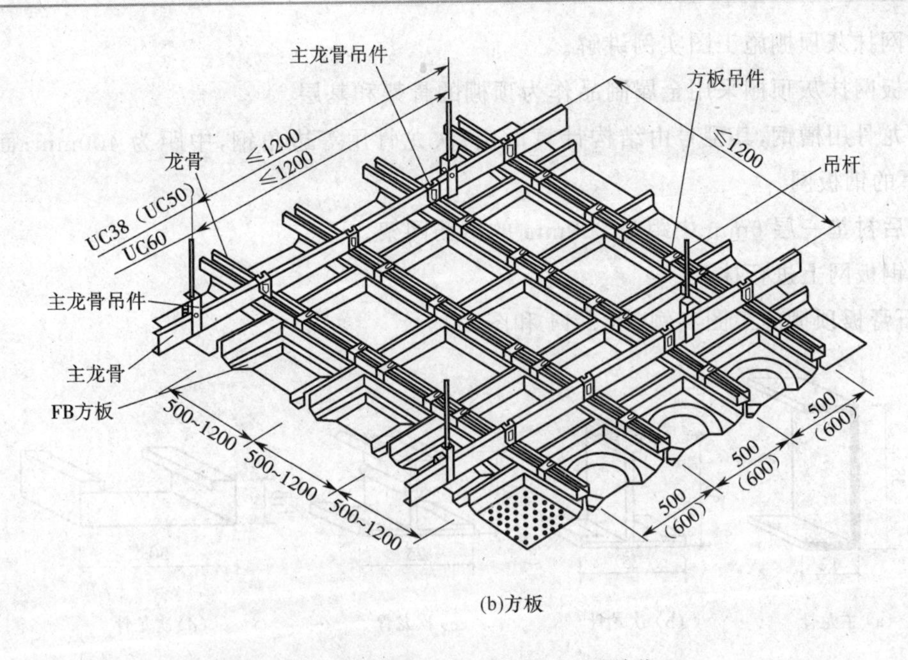

(b)方板

图 2-12　金属板顶棚施工图实例(续)(单位:mm)

金属板顶棚施工图实例讲解。

1)金属条板顶棚是以各种造型不同的条形板及一套特殊的专用龙骨系统构造而成的。金属条板一般用卡口方式与龙骨相连,或采用螺钉固定。金属条板顶棚属于轻型不上人的顶棚,当顶棚上承受重物或上人检修时,一般采用以角钢(或圆钢)代替轻便吊筋,并增加一层 U 形(或 C 形)主龙骨(双层主龙骨)的方法。

2)金属方板顶棚以各种造型不同的方形板及一套特殊的专用龙骨系统构造而成。金属方板安装的构造有龙骨式和卡入式两种。龙骨式多为 T 形龙骨、方板四边带翼缘,搁置后形成格子形离缝。卡入式的金属方板卷边向上,形同有缺口的盒子形式,一般边上扎出凸出的卡口,卡入有夹翼的龙骨中。

(8)钢板网抹灰顶棚施工图实例(图 2-13)。

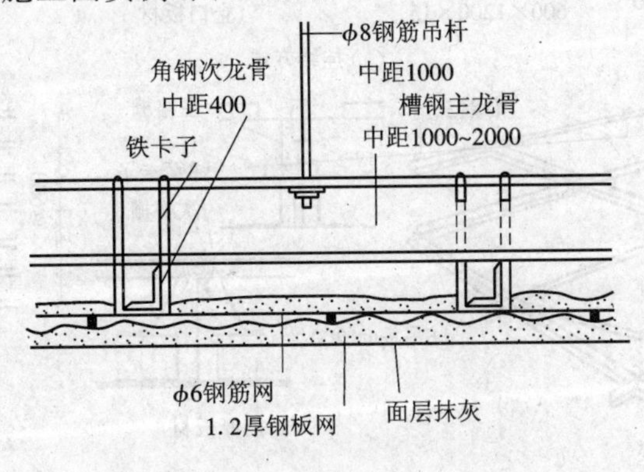

图 2-13　钢板网抹灰顶棚施工图实例(单位:mm)

钢板网抹灰顶棚施工图实例讲解。

1)钢板网抹灰顶棚采用金属制品作为顶棚的骨架和基层。

2)主龙骨用槽钢,其型号由结构计算而定;次龙骨用等边角钢,中距为 400mm;面层选用 1.2mm 厚的钢板网。

3)网后衬垫一层 6mm 中距为 200mm 的钢筋网架。

4)在钢板网上进行抹灰。

(9)石膏板顶棚施工图实例(图 2-14 和图 2-15)。

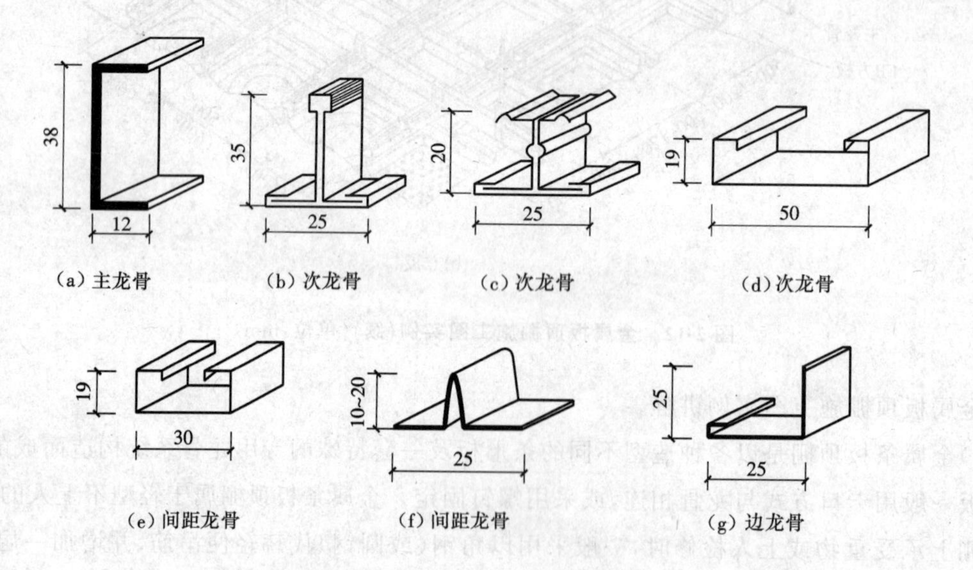

图 2-14　各种龙骨断面形式(单位:mm)

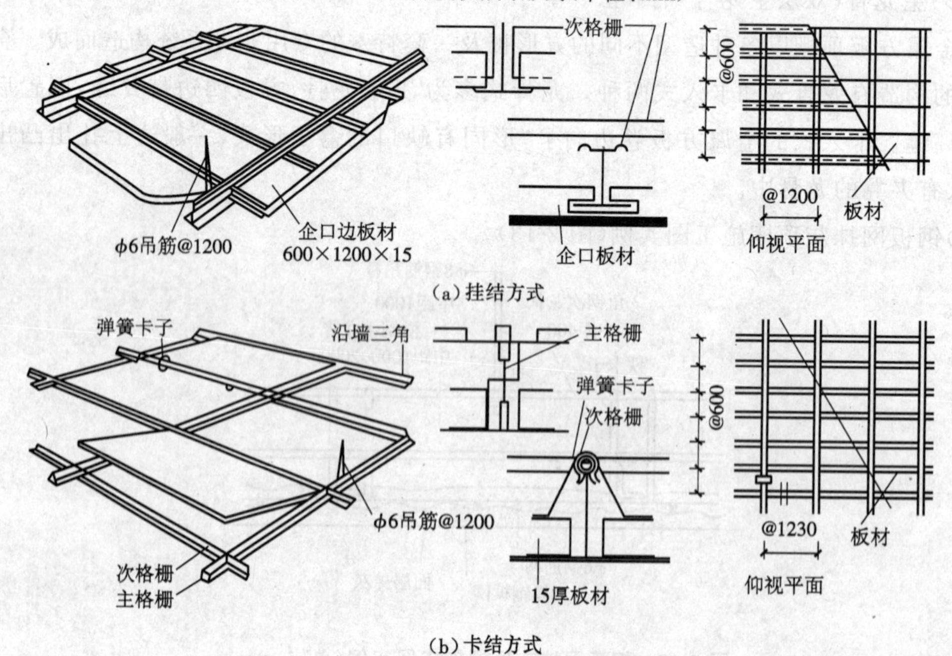

图 2-15　次龙骨石膏板材顶棚施工图实例(单位:mm)

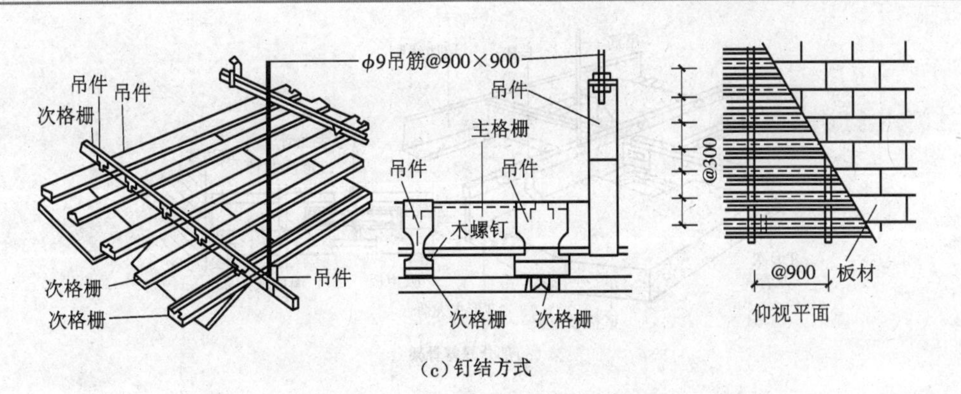

(c)钉结方式

图 2-15　次龙骨石膏板材顶棚施工图实例(续)(单位:mm)

石膏板顶棚施工图实例讲解。

1)常用的纸面石膏板是纸面石膏装饰吸声板,又分有孔和无孔两大类,并有各种花色图案。

2)常用的无纸面石膏板有石膏装饰吸声板和防水石膏装饰吸声板等,又有平板、花纹浮雕板、穿孔或半穿孔吸声板等品种。

3)石膏板吊顶常采用薄壁轻钢做龙骨,常见各种龙骨断面形式如图 2-14 所示。

4)板材固定在次龙骨上的方式有挂结方式、卡结方式和钉结方式三种,板材安装固定后,要对石膏板进行刷色、裱糊壁纸或加贴面层等处理。

(10)矿棉纤维板和玻璃纤维板顶棚施工图实例(图 2-16)。

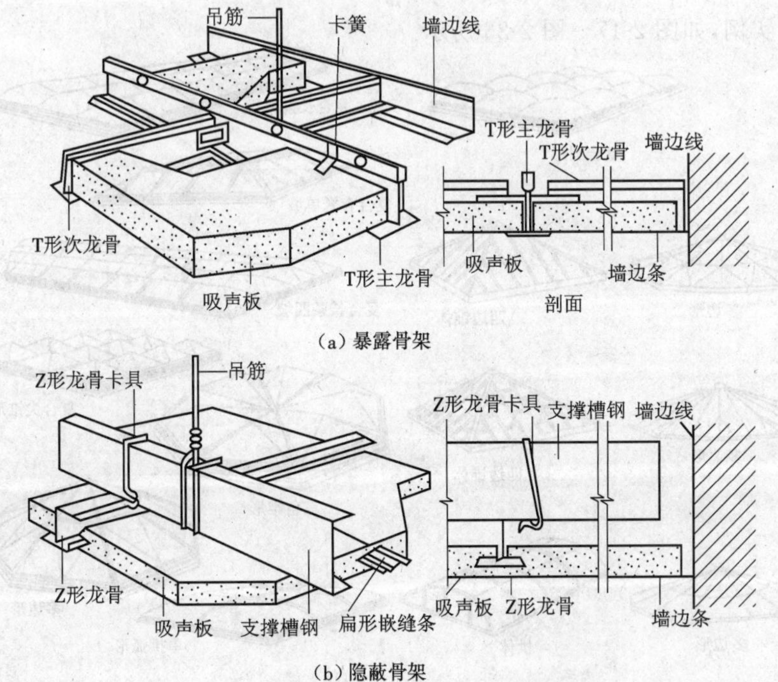

图 2-16　矿棉纤维板和玻璃纤维板顶棚施工

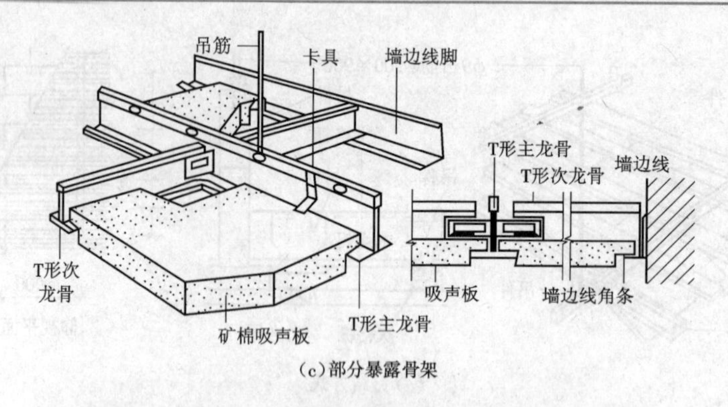

(c)部分暴露骨架

图 2-16 矿棉纤维板和玻璃纤维板顶棚施工图(续)

矿棉纤维板和玻璃纤维板顶棚施工图实例讲解。

1)矿棉纤维板和玻璃纤维板规格为方形和矩形。

2)一般采用轻型钢或铝合金 T 形龙骨,有平放搁置(暴露骨架)、复合黏结(隐蔽骨架)和企口嵌缝(部分暴露骨架)三种实例方法。

第三节 采光和花格屋顶施工图识读

一、采光屋顶实例

采光屋顶实例,如图 2-17～图 2-26 所示。

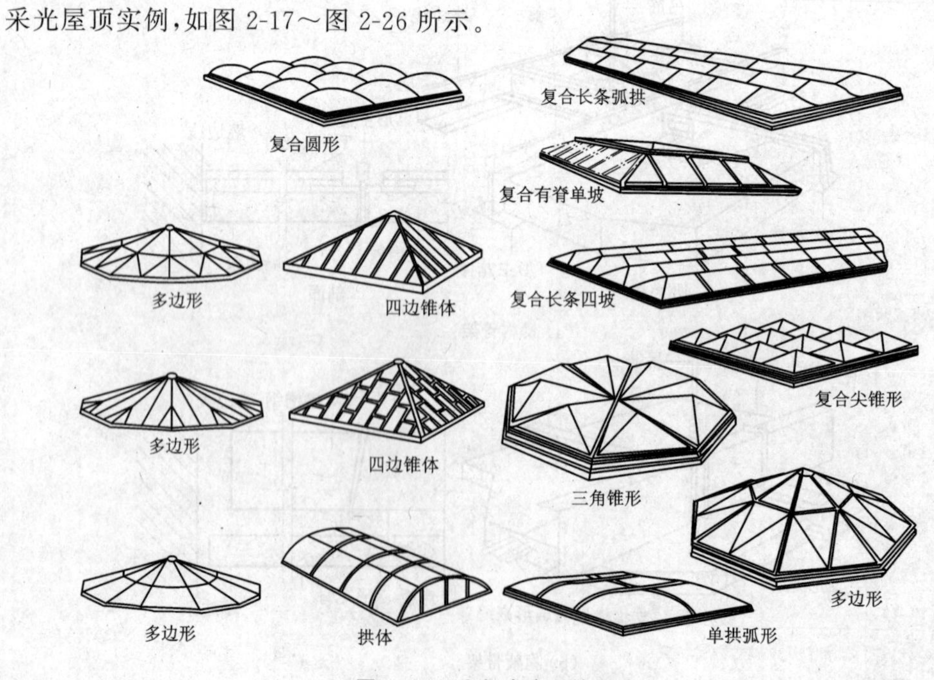

图 2-17 采光玻璃顶的形式

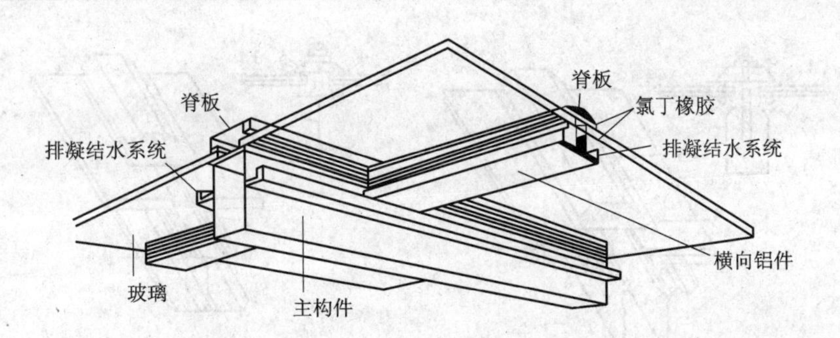

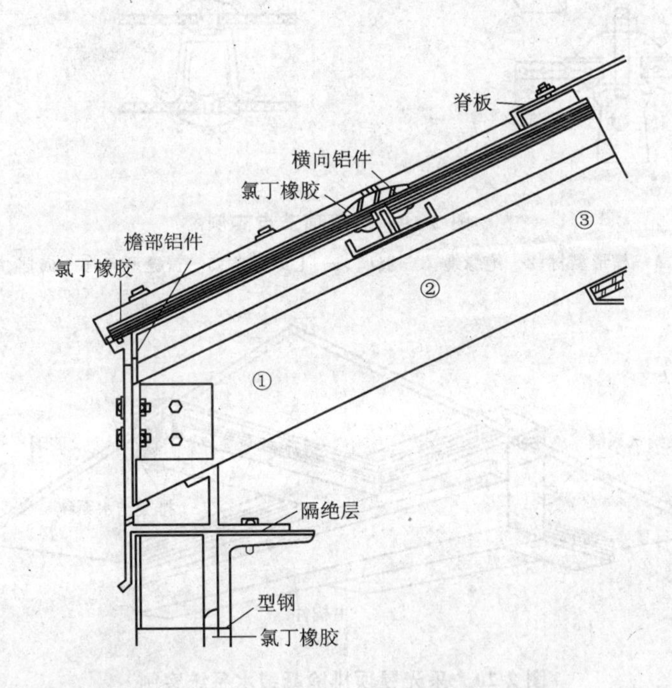

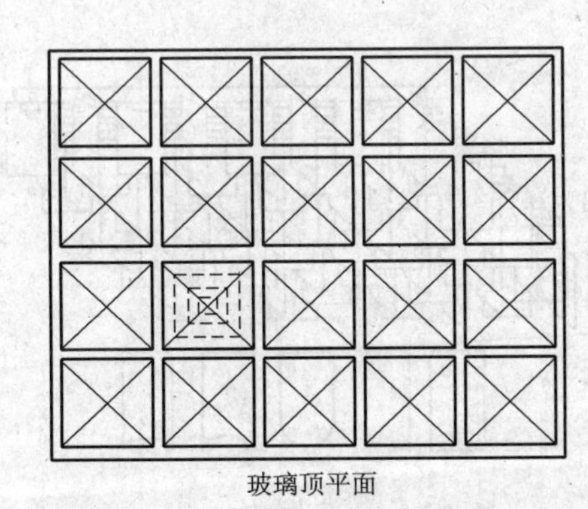

玻璃顶平面

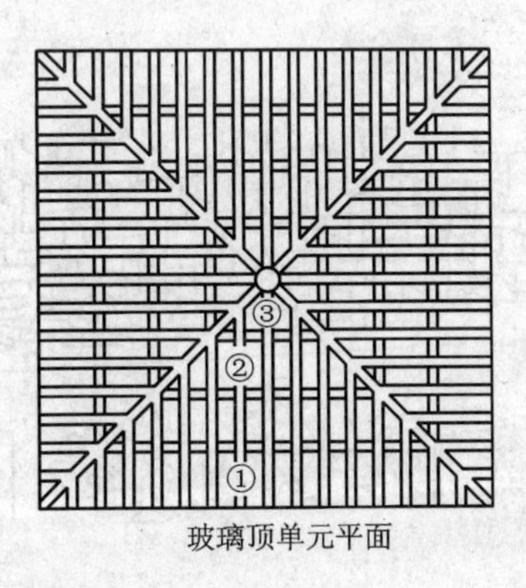

玻璃顶单元平面

图 2-18 大型玻璃顶及排水系统实例

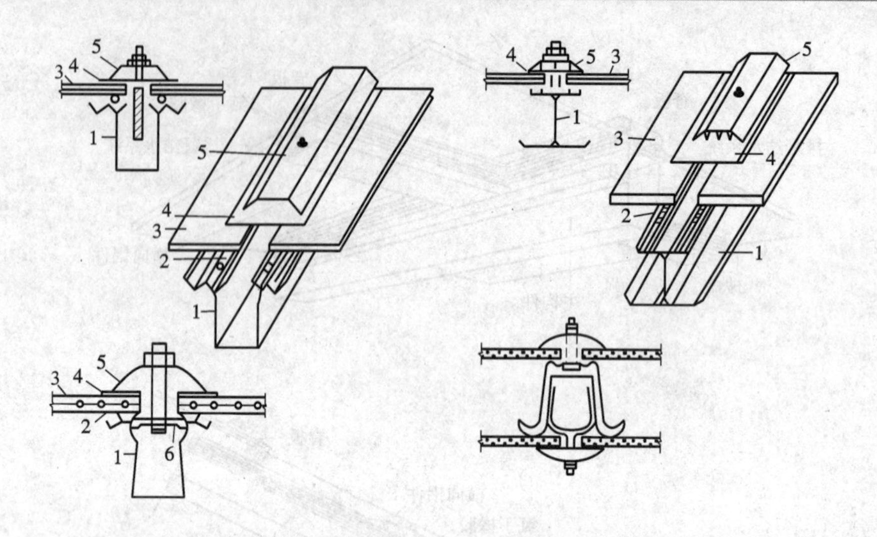

图 2-19　玻璃顶节点实例

1—槽形型材；2—绝缘绳；3—玻璃；4—上绝缘条；5—盖缝型条；6—横挡

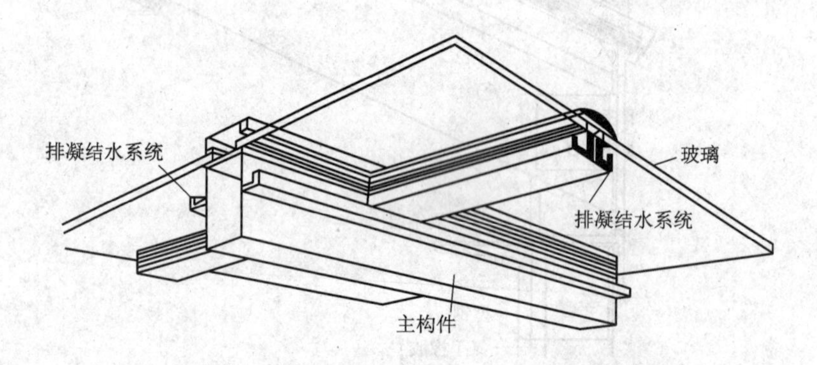

图 2-20　采光屋顶排除凝结水系统实例

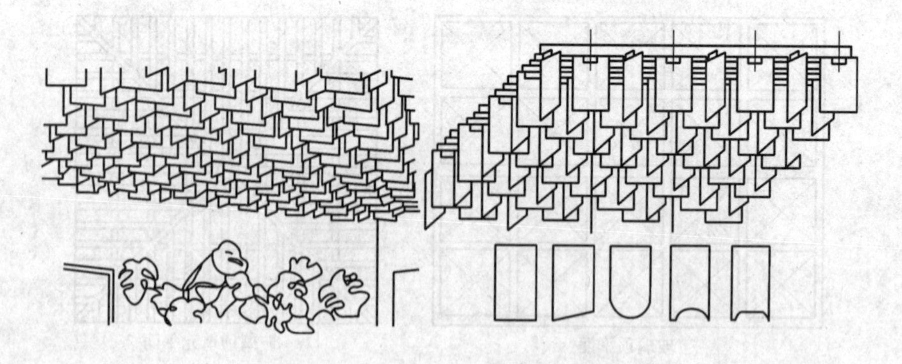

图 2-21　格栅折光片吊顶实例

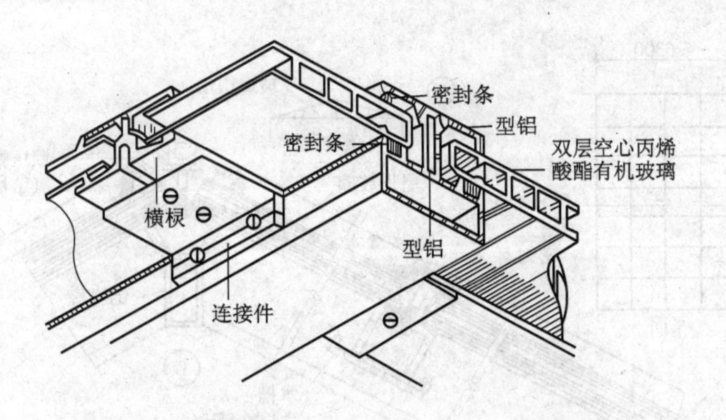

图 2-22　双层空心丙烯酸酯有机玻璃顶实例

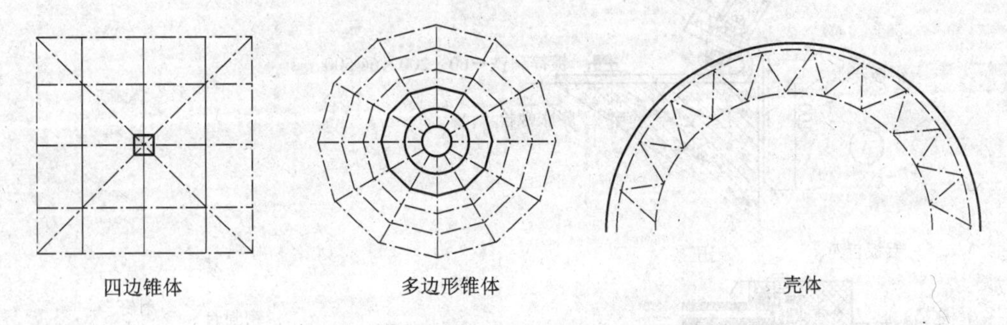

图 2-23　采光屋顶的骨架布置形式实例

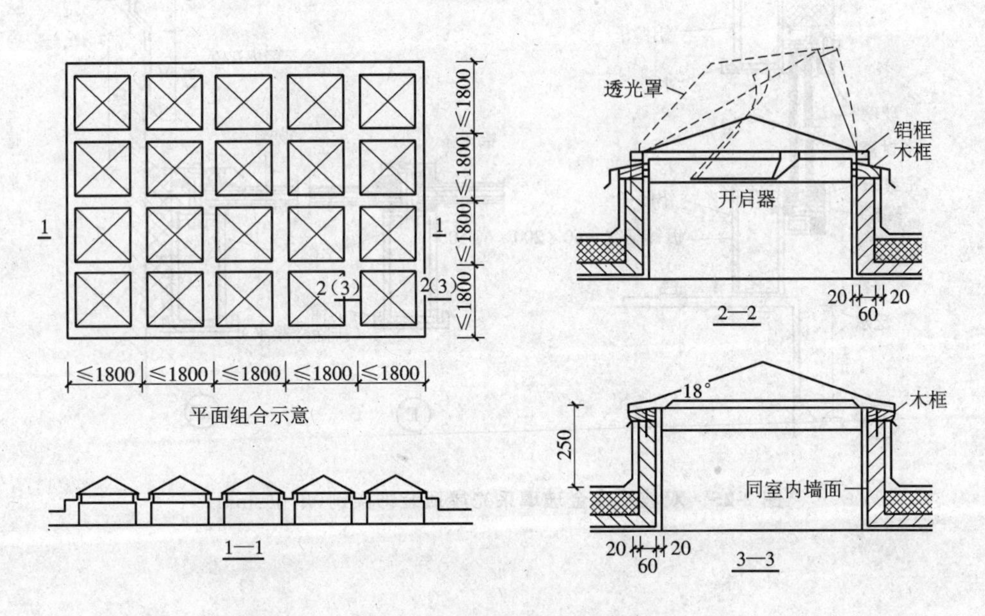

图 2-24　四角锥形采光罩装饰实例(单位:mm)

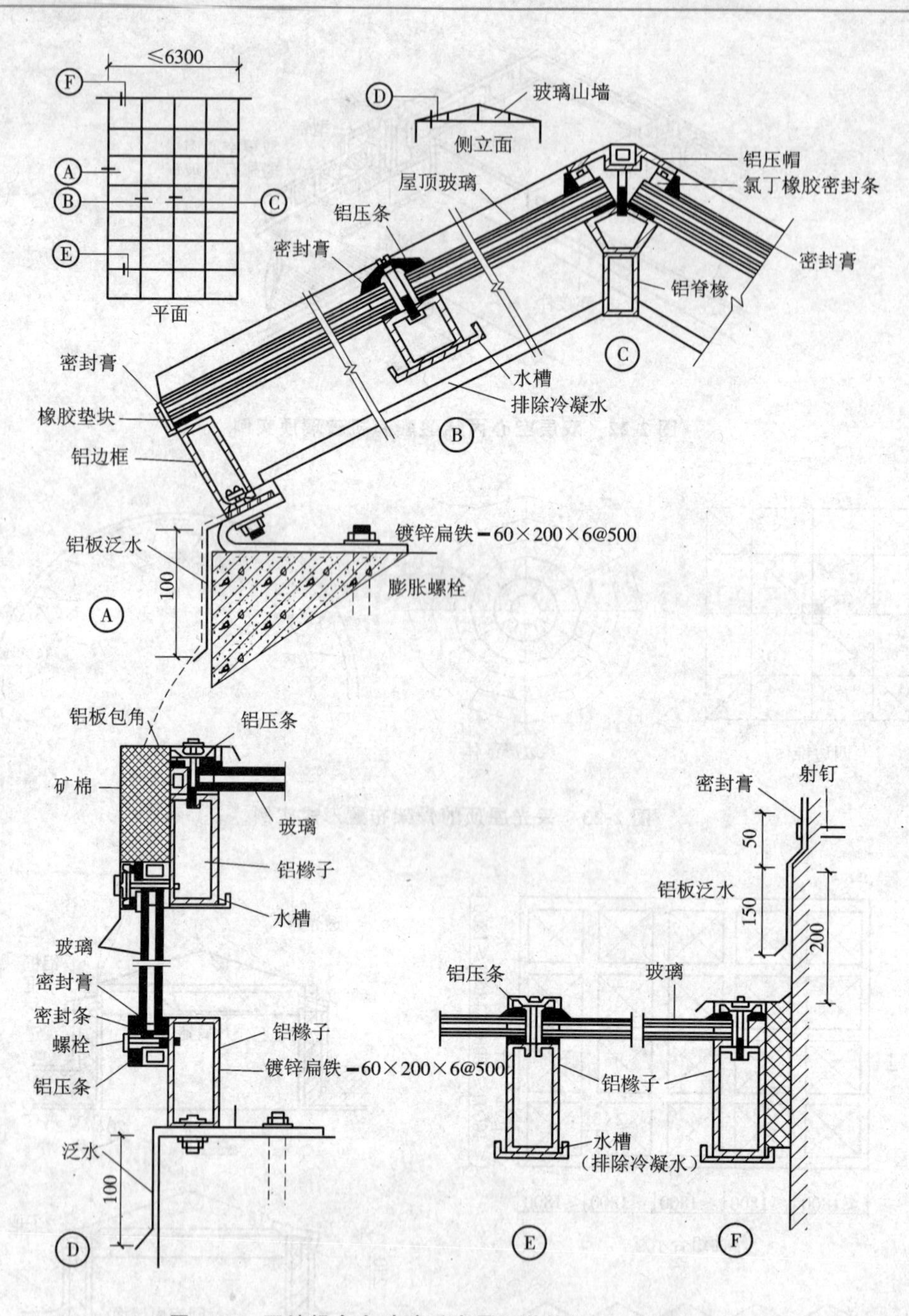

图 2-25　双坡铝合金玻璃采光屋顶装饰实例(单位:mm)

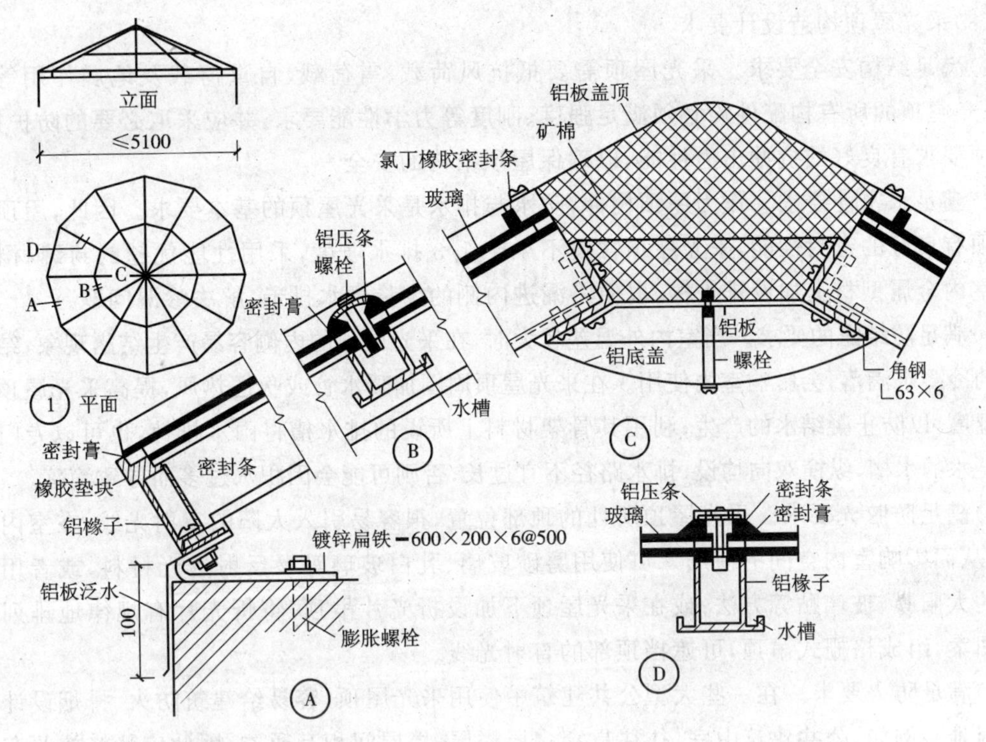

图 2-26 多边形铝合金型材玻璃采光屋顶装饰实例(单位:mm)

采光屋顶实例讲解。

(1)采光屋顶的特点

1)使建筑室内同时兼有内外空间的双重环境特征。采光屋顶既可以提供遮风避雨的室内环境,同时又可将室外的自然光线和天空景色引入室内,使人们身在室内,却有一种接近大自然的感觉。

2)充分利用自然光,减少室内照明的费用,通过温室效应,也降低采暖费用,节约能源。经测量,玻璃顶的采光率是同样面积侧窗照度的 5 倍以上,一个设计得好的玻璃顶,由于降低照明负荷而带来的节约,会超过因加大热耗而增加的费用。

3)具有较强的装饰性。丰富多彩的屋顶造型和变化无穷的自然景观,增强了建筑室内空间环境的艺术感染力。同时,其特殊的外观也为室外建筑形象增添了光彩。

(2)采光玻璃顶的形式

1)单元式。单元式采光顶又称采光罩,形状有弯形、拱形和多角锥形。它是由透光罩体和各种防水围框、紧固件、开启体等组成的。透光罩体可采用单层或双层形式。单元式采光罩可以单独使用,还可以按设计要求组合成大型采光屋顶,其特点是设计灵活,不易破碎,且有良好的密封、防水、保温、隔热等性能,自重轻,施工也比较方便

2)复合式。复合式采光屋顶是一种较大型的组合式屋顶采光构件。它是由骨架、透光材料及密封材料等组成的。这种采光屋顶尺度较大并可做成各种形状,如三角带、四坡顶、多边形及大型穹顶等,其特点是设计灵活、采光面积大、室内自然气氛较浓、装饰性也较好,但由于其安装节点多,安全密封、防结露等构造设计较为复杂,安装技术要求较高,维修也有一定困难。

(3)采光屋顶构造设计要求

1)满足结构安全要求。采光屋顶需要抵抗风荷载、雪荷载、自重荷载及地震作用等。因此,采光屋顶的所有构配件均必须满足强度、刚度等力学性能要求,并应采取必要的防护措施,玻璃顶要求有良好的抗冲击力性能,以确保屋顶结构的安全

2)满足水密性要求。作为屋顶构件,防水与排水是采光屋顶的基本要求。因此,屋顶构配件必须有良好的密封性能,采光屋顶常设不小于 1/3 排水坡度,采用性能优越的封缝材料,通常在室内金属型材上加设排水槽,以便将漏进内侧的少量雨水排走,解决渗漏问题。

3)满足防结露的要求。当室内外温差较大时,在采光屋顶的内侧容易产生结露现象,结露所形成的冷凝水滴落,会影响室内使用。在采光屋顶周围加暖水管或吹送热风,提高采光屋顶内侧表面温度,以防止凝结水的产生;利用其骨架材料上所设的排水槽将雨水排掉,也可以专门设置排冷凝水的水槽,纵横双向均设,排水路径不宜过长,否则可能会因积水过多而导致滴落。

4)满足防眩光要求。采光屋顶所处的顶部位置,很容易引入太阳的直射光线,在室内形成眩光,从而影响室内空间的使用。可使用磨砂玻璃、乳白玻璃等漫反射透光材料,或者用粘贴柔光的太阳膜、玻璃贴等方法;或在采光屋顶下加设折光片吊顶,将折光片有规律地排列成为各种图案,组成格栅式吊顶,可遮挡顶部的直射光线。

5)满足防火要求。在一些大型公共建筑中使用采光屋顶,容易给建筑防火、排烟设计造成一定困难。例如,公共建筑中庭,往往贯穿多层楼层,楼层间相互通透,因此应严格按照有关建筑设计防火规范的要求进行室内外空间防火安全设计,对采光屋顶的金属骨架采用自动灭火设备或喷涂防火涂料等措施加以保护,并在屋顶设计中考虑排烟构造措施等。

6)满足防雷要求。采光屋顶骨架构件多采用金属制造,防雷问题也非常突出。采光屋顶防雷主要措施是将采光屋顶部分设置在建筑物防雷装置的45°线范围以内,并保证该防雷系统的接地电阻小于4Ω。

7)满足屋顶的保温隔热要求。可通过采用中空安全的屋顶玻璃或者采用双层玻璃顶来解决。

(4)采光屋顶装饰构造

采光屋顶透光材料的选择,主要是从安全方面考虑,应有良好的抗冲击性,同时也应具有较好的保温、防水等性能。常用的透光材料有以下类型:

1)夹层安全玻璃是将两片或两片以上的平板玻璃用聚乙烯塑料粘合在一起制成的,其强度很高,且能碎而不落,并有良好的吸热性能,透光系数为28%~55%。

2)钢化玻璃又称强化玻璃,是利用加热到一定温度后又迅速冷却的方法,或者是用化学方法进行特殊钢化处理的玻璃,它强度高、耐磨损,且破碎后不形成具有锐利棱角的碎块,较为安全。钢化玻璃透光率较高,可达87%。

3)有机玻璃,又称增塑丙烯酸甲酯聚合物,耐冲击性能和保温性能良好,透光率也较高,可达90%以上,并能加工成各种曲面形状,是单元式采光罩的主要制作材料。

4)聚碳酸酯片,又称透明塑料片,它与玻璃有相似的透光性能,透光率通常在82%~89%,耐冲击性能是玻璃的250倍左右,保温性能优于玻璃,且能冷弯成型;缺点是耐磨性差,

易老化，线膨胀系数是玻璃的 7 倍左右。

5)玻璃钢，强度大、耐磨损，光线柔和，装饰性较好。

(5)采光屋顶装饰构造

1)骨架材料。

采光屋顶的骨架主要有金属型材和钢筋混凝土梁架等结构体系。金属型材骨架体系是采用钢型材或铝合金型材做成的采光屋顶结构，用以支撑玻璃饰面。钢筋混凝土梁架体系是采用钢筋混凝土梁架做成的网格型结构，可用来支撑复合式采光屋顶构件，也可以在每个网格上直接安装单元式的采光罩，形成组合采光罩屋顶，有很强的装饰性。

骨架材料的截面形状和尺度不但要适合玻璃的安装固定，还必须经过结构计算，以保证采光屋顶的结构安全。

2)封缝材制。骨架与玻璃之间应设置缓冲材料，常用的是氯丁橡胶衬垫，各接缝处应以密封膏密封，铝合金骨架用硅酮密封膏，型钢骨架可用氯磺化聚乙烯或丙烯酸密封膏等。

(6)采光罩单元组合式采光屋顶

采用钢筋混凝土井字梁架作为屋顶结构支撑体系，梁的上端加宽翼缘，并在梁架组成的方格四周的翼缘上做成井壁，即可形成采光罩的结构基层。

采光罩的安装构造是先在井壁上安装木框，用螺栓固定，然后在木框的表面或侧面做橡胶衬垫，安装采光罩。如需安装开启式采光罩，则需加设铝框及相应配件作为开合构件。

采光罩与相邻采光罩之间所形成的沟槽可作为排水沟，铺设防水及保温材料并找坡，排除屋面积水。

(7)双坡铝合金玻璃采光屋顶

双坡铝合金型材玻璃采光屋顶是一种常见的采光屋顶形式，其骨架为铝合金型材，外观整洁、装饰性较好。该屋顶的构造要点是骨架与主体结构、骨架与骨架之间及骨架与透光材料的连接固定方法。

(8)多边形铝合金型材玻璃采光屋顶

多边形铝合金型材玻璃采光屋顶的构造做法与双坡采光屋顶基本相同，只是其骨架布置成放射形式，玻璃为梯形或三角形。

二、花格装饰实例

花格装饰实例，如图 2-27～图 2-35 所示。

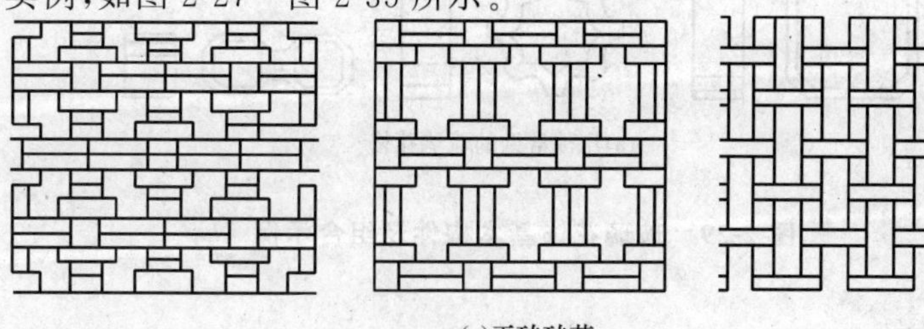

(a)平砖砖花

图 2-27　砖花格

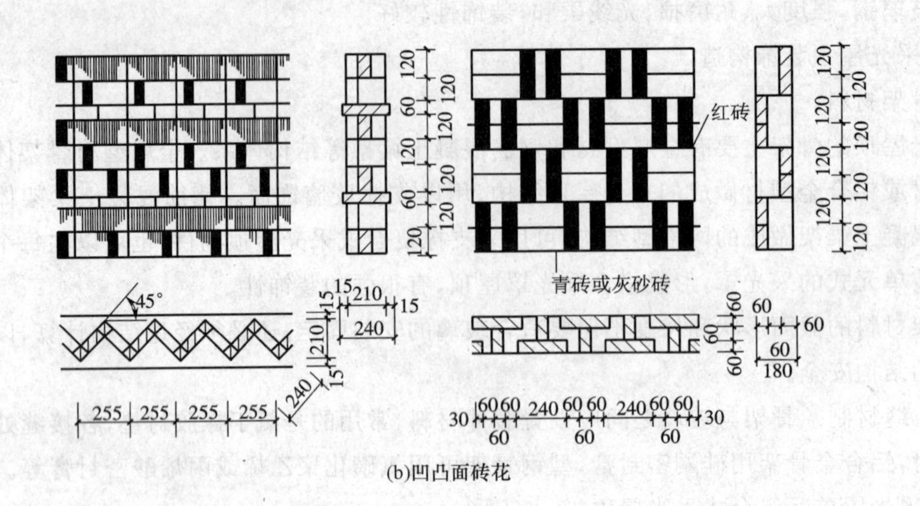

(b)凹凸面砖花

图 2-27 砖花格(续)(单位:mm)

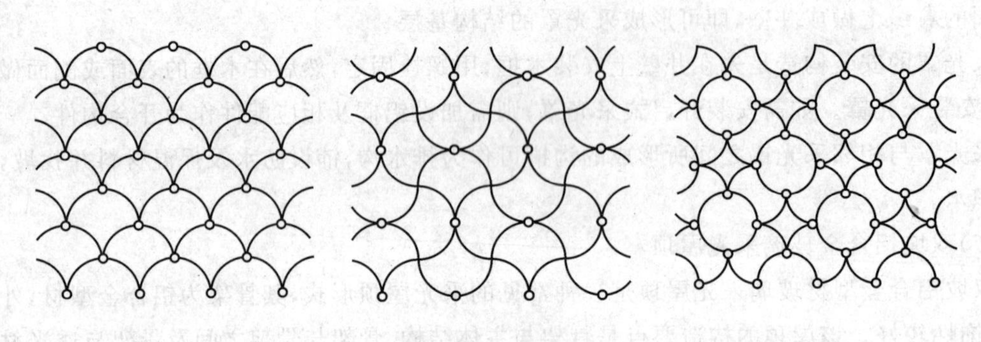

图 2-28 瓦花格

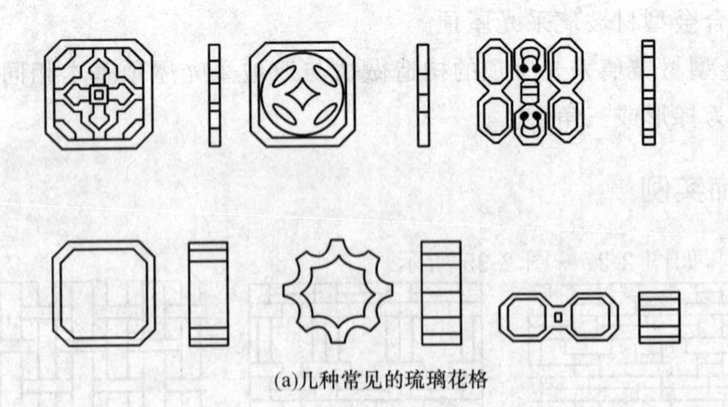

(a)几种常见的琉璃花格

图 2-29 玻璃花饰基本构件及组合示例

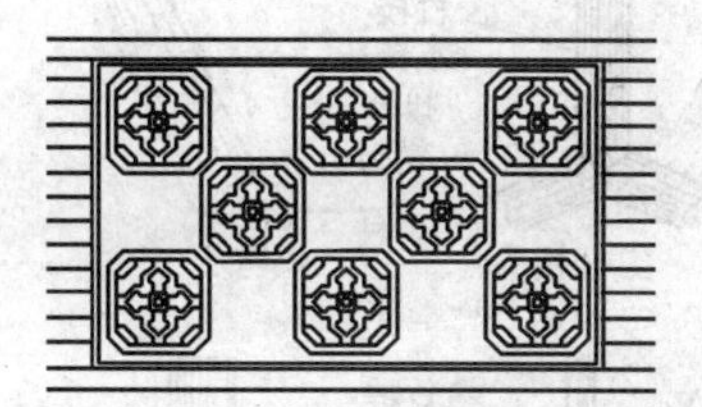

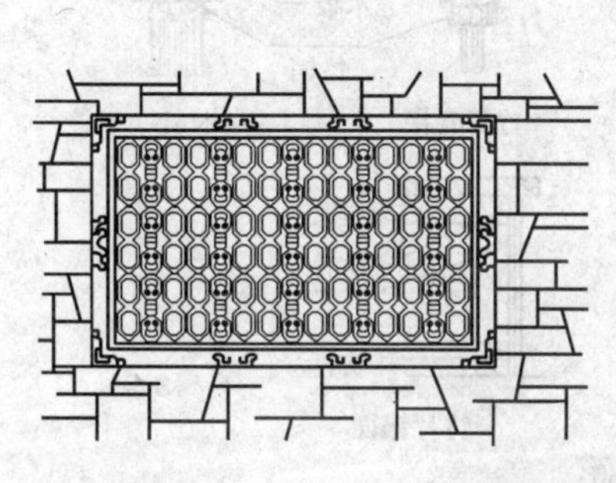

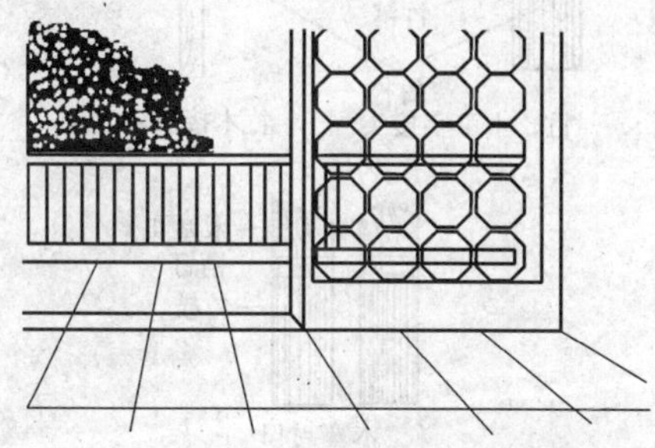

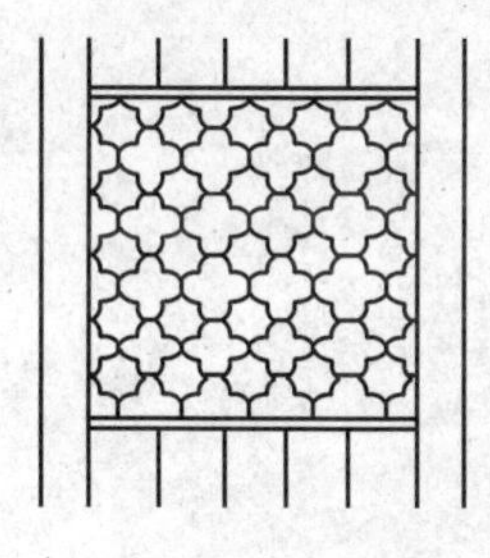

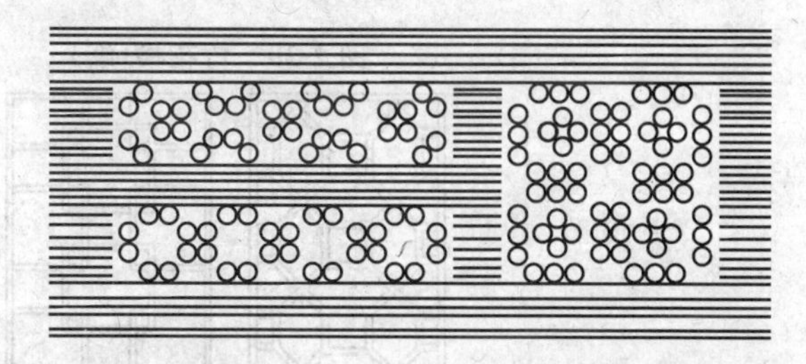

(b)构件组合方式

图 2-29　玻璃花饰基本构件及组合示例(续)

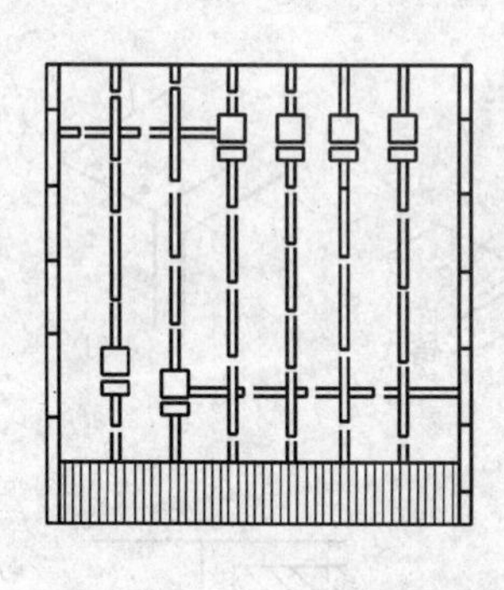

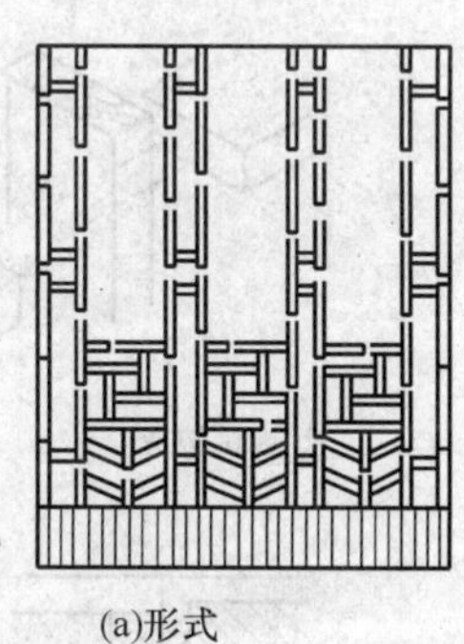

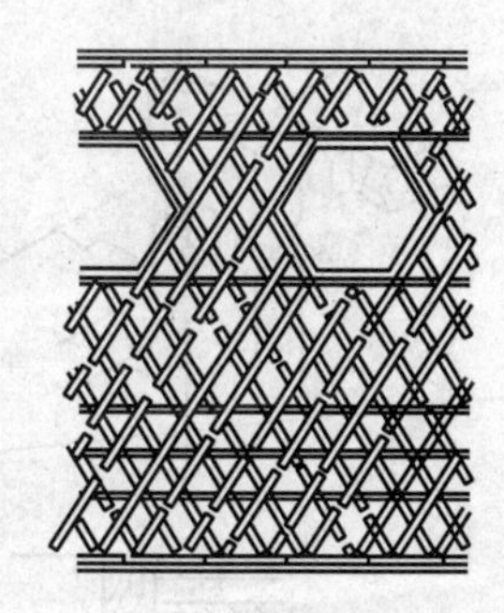

(a)形式

图 2-30　竹花格

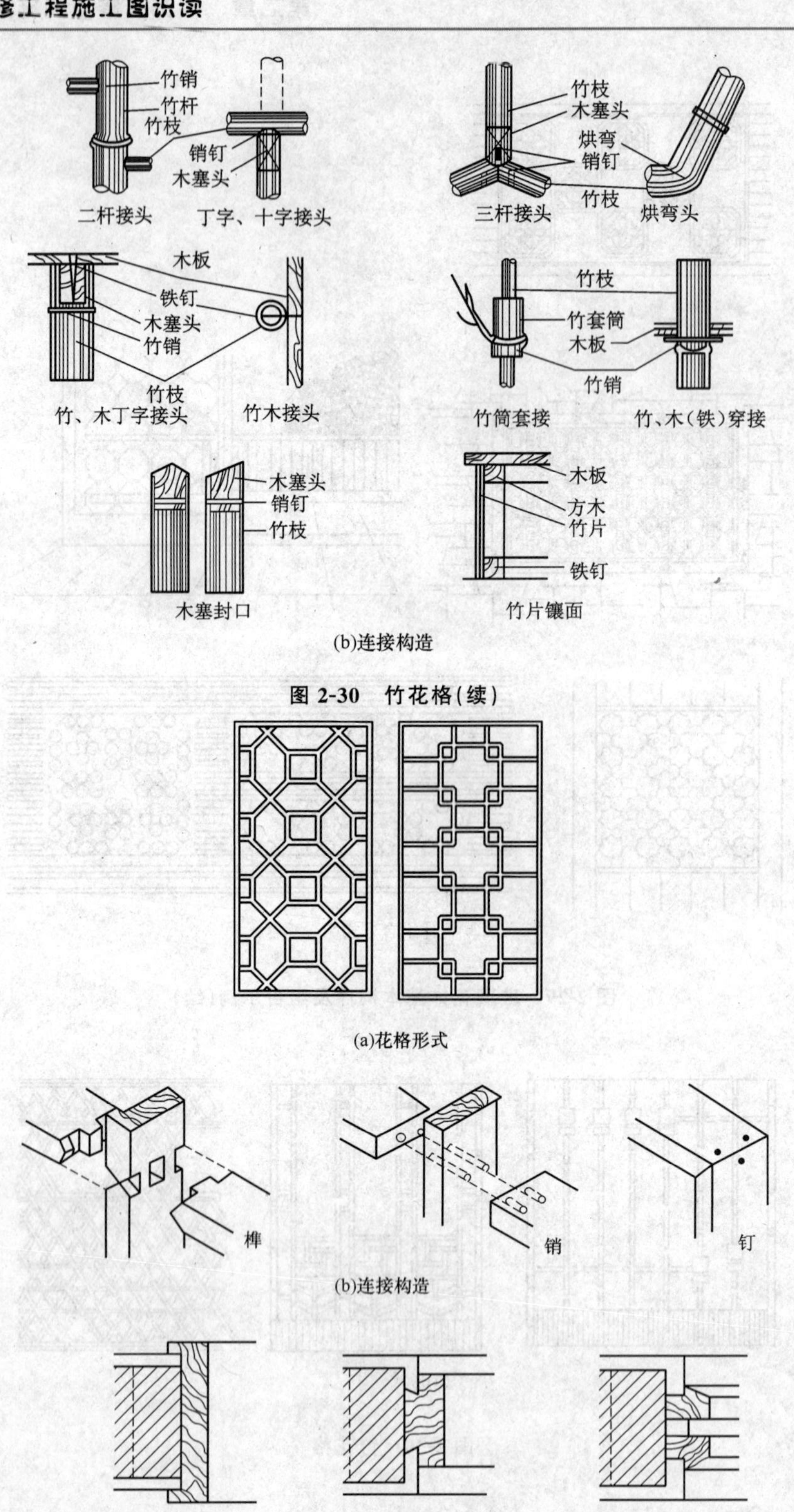

(b)连接构造

图 2-30　竹花格(续)

(a)花格形式

(b)连接构造

(c)与墙结合构造

图 2-31　木花格

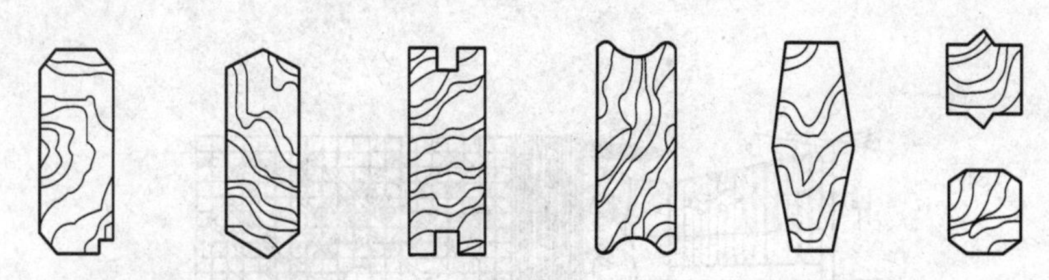

(d)木格断面形式

图 2-31　木花格(续)

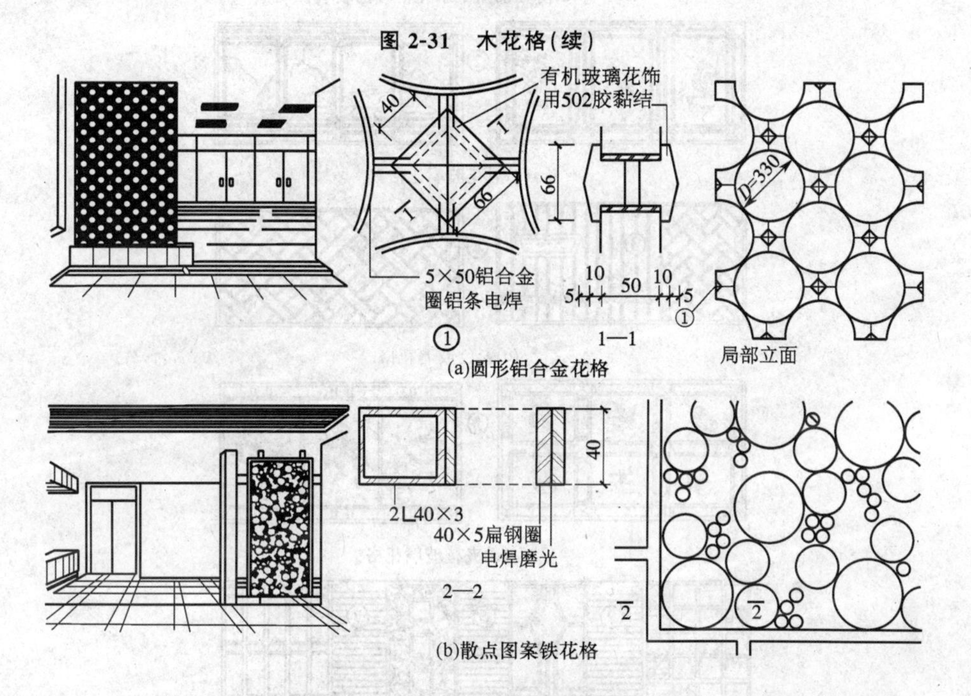

图 2-32　金属花格(单位:mm)

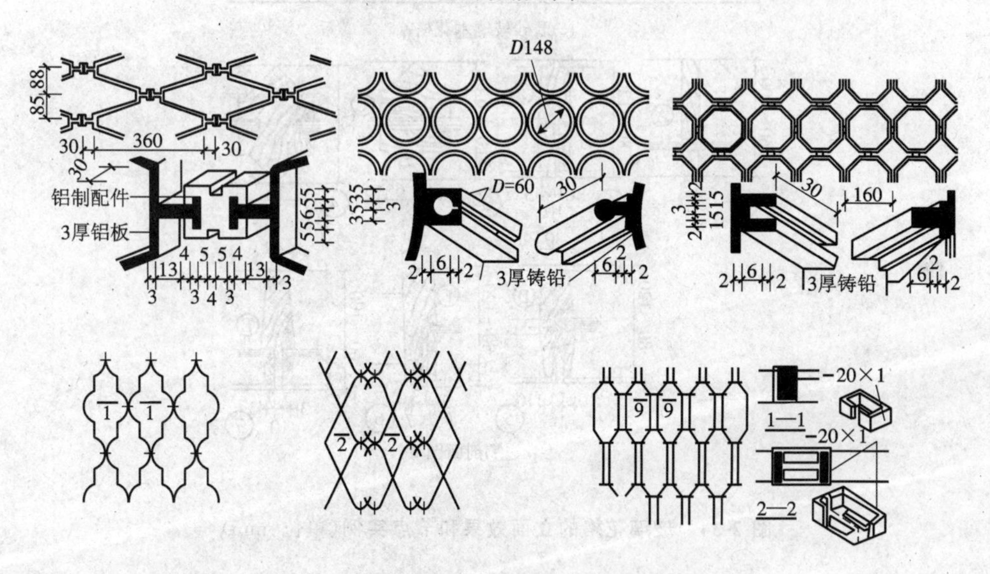

图 2-33　几种花格的连接方法(单位:mm)

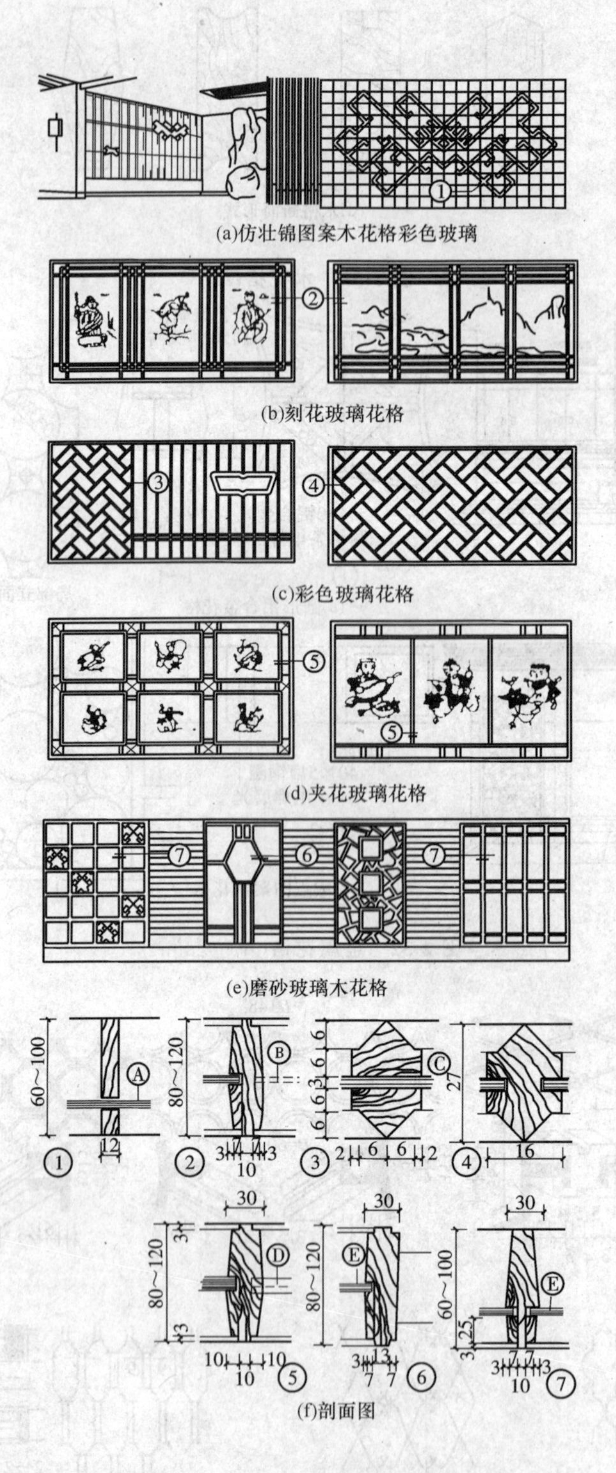

图 2-34 玻璃花格的立面效果和节点实例(单位:mm)

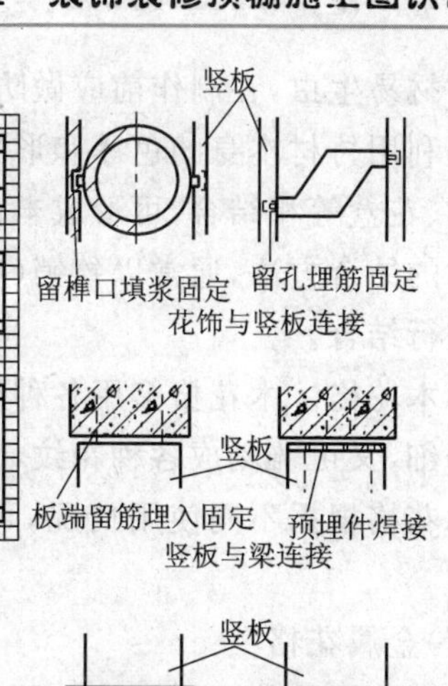

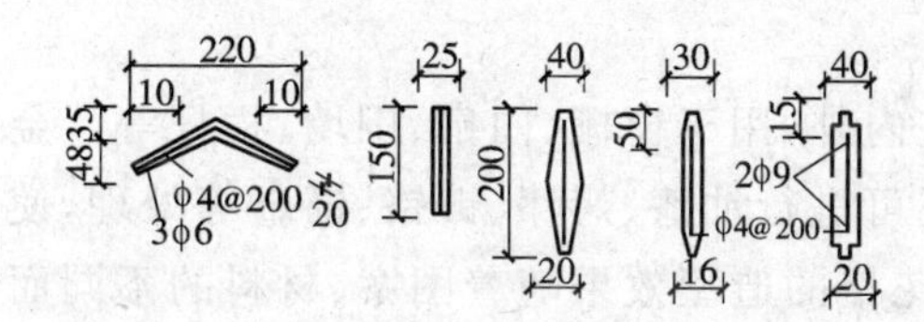

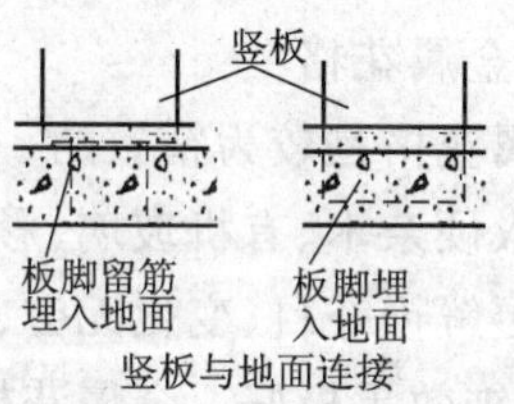

图 2-35 花饰、竖板及连接节点实例(单位:mm)

花格装饰实例讲解。

(1)砖瓦花格

1)砖花格。砖花格就是用砌块、实心砖、空心砖等砌筑的花格墙。砌块、砖要求质地坚固、大小一致、平直方正。一般多用 1∶3水泥砂浆砌筑,其表面可做成清水勾缝或做抹灰饰面处理。根据立面效果可分为平砌砖花、凹凸面砖花。

砖花格的厚度有 120mm 和 240mm 两种。前者的高度和宽度宜控制在 1500mm×3000mm 范围内,后者的可达 2000mm×3500mm。砖花格必须与实墙、柱连接牢固。砖花格用于围墙、隔墙、栏板等处,具有朴素大方的风格。

2)瓦花格。瓦花格是用蝴蝶瓦砌筑的花格,在我国具有悠久的历史。它生动、雅致、变化多样,且尺寸较小,多用于小型庭院。瓦花格常与建筑的不同部位结合而形成传统式样建筑中的花墙、漏窗、屋脊等,能够丰富建筑形象,使建筑平添活泼的情趣。

瓦花格一般以白灰麻刀或青灰砌筑结合,高度不宜过大,顶部应加钢筋砖带或混凝土压顶进行固定。

(2)琉璃花格

琉璃花格是我国传统装饰配件之一,它色泽丰富多彩,经久耐用。近年来经过改进和创新,其应用范围和领域不断扩大。琉璃构件和花式可按设计进行浇制,成品古朴高雅,但造价较高,且易受撞破损。琉璃花格一般用 1∶2.5 水泥砂浆砌筑结合,在必要的位置宜采用镀锌钢丝或钢筋锚固,然后用 1∶2.5 水泥砂浆填实。

(3)竹木花格

1)竹花格。竹木花格格调清新,玲珑剔透,与传统图案相结合,具有浓郁的地方特色,多用于室内的隔断、隔墙以及小型庭院中的围墙、花窗、隔断等。竹木花格很适于与绿化相配合,从而满足人们迫切希望“回归自然”的心理。

竹材易生虫,在制作前应做防蛀处理。竹材表面可涂清漆,烧成斑纹、斑点,还可刻花、刻字等。利用竹材本身的色泽和形象特点,可获得清新自然、生动典雅的装饰效果。竹花格如果与木材、花盒等相结合,可形成丰富的立面造型及空间的层次感。

竹的结合方法,通常以竹销(或钢销)为主,还可用套、塞、穿等方法,或者将竹材烘弯,或者用胶进行结合。

2)木花格。木花格多用各种硬木或杉木制作。由于木材加工方便、制作简单,构件断面可做得纤细,又可雕刻成各种花纹,自重小,方便装卸,常用于室内的活动隔断、博古架、门罩等。

木花格根据不同使用情况,可采用榫接、胶结或榫接与胶结并用,也可加钉或螺栓连接固定。

(4)金属花格

金属花格是较为精致的一种花格,适用于室内外,用于窗棚、门扇、围墙、栏杆等。金属花格可嵌入硬杂木、有机玻璃、彩色玻璃,其表面还可进行油漆、烤漆、镀铬、镏金等处理,使其装饰效果更鲜艳夺目、变化无穷、富丽堂皇。金属花格的造型效果随着图案、材料的不同而情调各异,装饰效果极好。金属花格的成型方法有以下两种。

1)浇铸成型。对于铸铁、铜、铝合金等,可借助模型,浇铸成整幅的花式,多用于大型复杂的花格。

2)弯曲成型。采用型钢、扁钢、钢管、钢筋等做构件,可预先弯成小花格,再将其拼装而成,或直接弯曲形成花格。

(5)玻璃花格

玻璃花格是建筑室内装饰最常用的一种形式。玻璃花格具有一定的透光性,表面清洁而光滑,色彩鲜艳明亮,多用于室内隔断、门窗扇等部位。玻璃花格可采用平板玻璃进行各种加工,如磨砂、银光刻花、夹花、喷漆等,也可采用玻璃厂生产的玻璃砖、玻璃管、压花玻璃、彩色玻璃等,或者采用具有一定的透光和遮挡视线性能的玻璃。

玻璃花格多以木或金属作为框架,根据结合方式不同形成丰富的造型效果。

玻璃砖即特厚玻璃,有凹形和空心两大类。玻璃砖侧面有凹槽,以便嵌入白色水泥砂浆或灰白色水泥石子浆,把单块玻璃砖砌筑在一起。当面积较大时,玻璃砖的凹槽中应另加通长钢筋或扁钢,并将钢筋或扁钢同周围的建筑构件连接起来,以增强稳定性。

(6)混凝土及水磨石花格

混凝土及水磨石花格均为水泥制品,因此又可称为“水泥制品花格”,它是一种经济美观、适用普遍的建筑装饰配件,可浇捣成各种不同造型的单体,如将三角形、方形、长方形等构件进行组合。拼接灵活,坚固耐久,适用于室外大片围墙、遮阳、栏杆等。

混凝土花格浇捣时用1∶2水泥砂浆一次浇成。若花格厚度大于25mm时,可用C20细石混凝土。

花格用1∶2.5的水泥砂浆拼砌,但拼装最大高度与宽度均不应超过3m,否则需加梁柱固定。混凝土花格表面可用白色胶灰水刷面、水泥色刷面、无光油涂面等进行上色处理。

要求较光洁的花格可用水磨石制作。水磨石花格用1∶1.25白水泥或配色水泥大理石屑一次浇筑。初凝后可进行粗磨,拼装后用乙酸加适量清水进行细磨至光滑并用白蜡罩面。

第三章

装饰装修门窗施工图识读

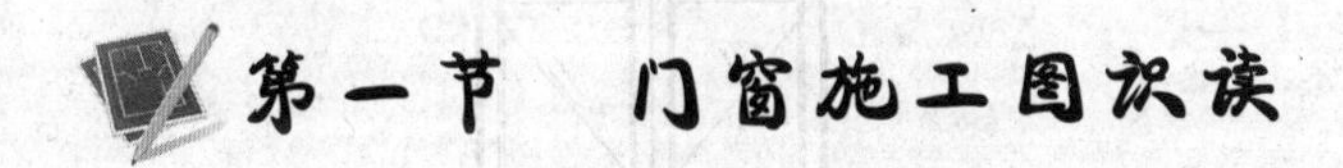

一、门窗的概述

1. 门窗的作用

门和窗是建筑物的重要组成部分,也是主要围护构件之一,对保护建筑物能够正常、安全、舒适地使用具有很大的影响。

门是人们进出房间和室内外的通行口,同时也兼有采光和通风的作用;门的形式对建筑立面装饰也起着一定的作用。

窗的主要作用是采光、通风、观看风景等。自然采光是节能的最好措施,一般民用建筑主要依靠窗进行自然采光,依靠开窗进行通风,除此之外窗对建筑立面装饰也起着一定的作用。

门和窗位于外墙上时,作为建筑物外墙的组成部分,对于建筑立面装饰和造型起着非常重要的作用。

窗的散热量约为围护结构散热量的 2~3 倍。所以窗口面积越大,散热量也就越大。为减少散热量和节能,窗的选材以及采用单层窗或是双层窗都很重要。

门窗的图样如图 3-1 所示。

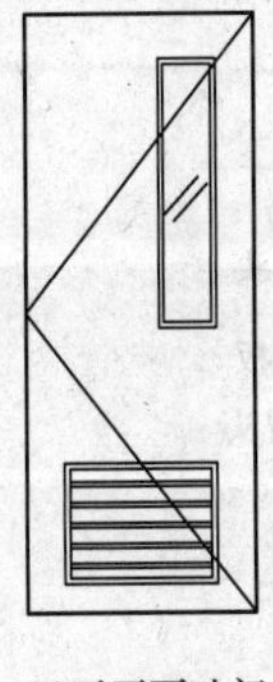

(a)平开百叶门

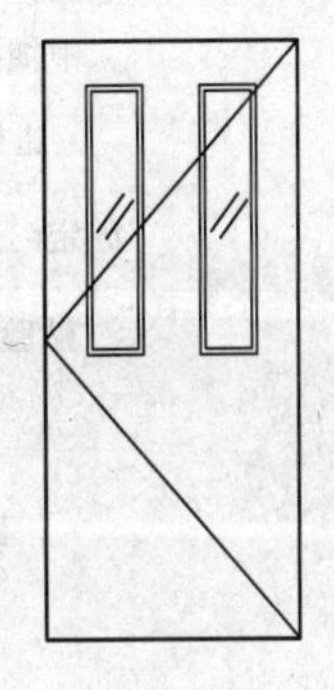

(b)平开门

图 3-1 各种门窗图样

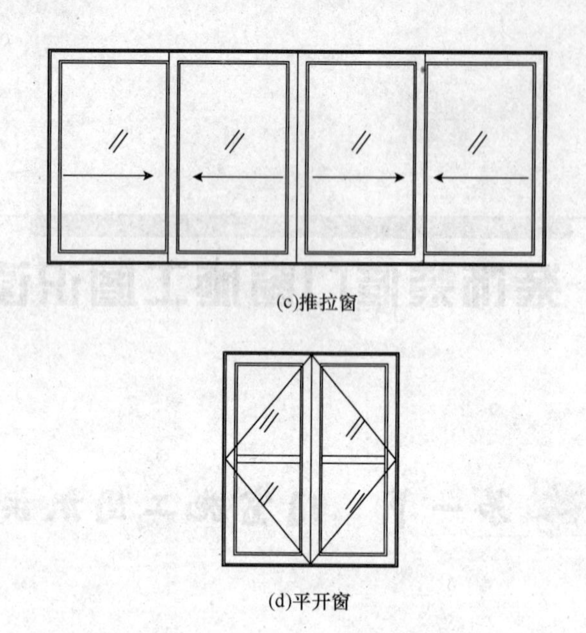

(c)推拉窗

(d)平开窗

图 3-1 各种门窗图样(续)

2. 门窗的构造

1)门因材料不同可分为木门、钢门、铝合金门和塑料门等，按开启方式分为平开门、弹簧门、推拉门、折叠门、旋转门、翻板门和卷帘门。门的构造，如图 3-2 所示。

2)窗因材料不同可分为木窗、钢窗、铝合金窗和 PVC 塑料窗等；如以开启方式的不同来分，则有固定窗、平开窗、上悬窗、中悬窗、下悬窗及推拉窗等多种形式；如按用途的不同，还分有天窗、老虎窗、双层窗、百叶窗和眺望窗等。窗的构造，如图 3-3 所示。

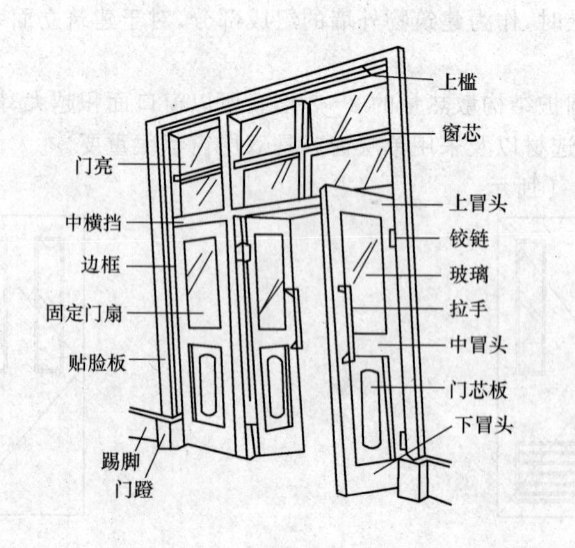

图 3-2 门的组成

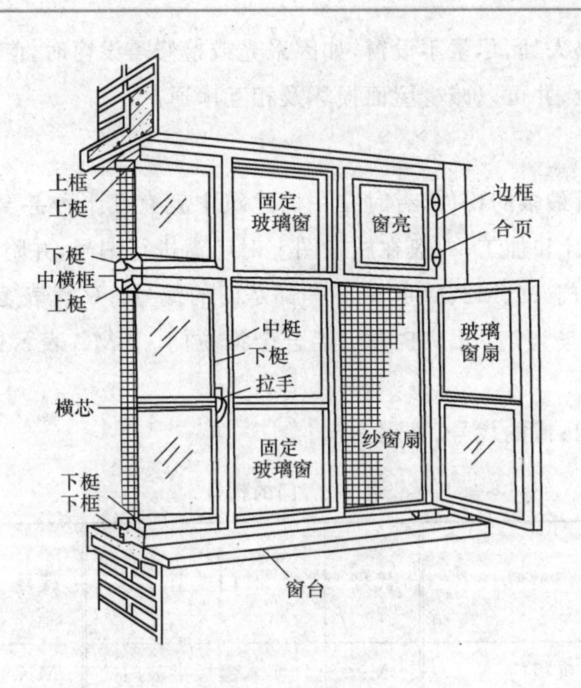

图 3-3　窗的组成

3. 门窗的布置

(1)门的布置

两个相邻并经常开启的门,应避免开启时相互碰撞。

门开向不宜朝西或朝北,以减少冷风对室内环境的影响。住宅内门的位置和开启方向,应结合家具的布置来考虑。

向外开启的平开外门,应采取防止风吹碰撞的措施,如将门退进墙洞,或设门挡风钩等固定措施,并应避免开足时与墙垛腰线等突出物碰撞。

经常出入的外门宜设雨篷或雨罩,楼梯间外门雨篷下如设吸顶灯,应防止被门扉碰碎。

门框立口宜立墙里口(内开门)、墙外口(外开门),也可立中口(墙中),以适应装修、连接的要求。

凡无间接采光通风要求的套间内门,不需设上亮子,也不需设纱扇。

变形缝处不得利用门框来盖缝,门扇开启时不得跨缝。

(2)窗的布置

楼梯间外窗应考虑各层圈梁走向,避免冲突。作内开扇时,开启后不得在人的高度以内突出墙面。

窗台高度由工作面需要而定,一般不宜低于工作面(900mm)。如窗台过高或上部开启时,应考虑开启方便,必要时加设开闭设施。当高度低于 800mm 时,需有防护措施。窗前有阳台或大平台时可以除外。

需做暖气片时,窗台板下净高、净宽需满足暖气片及阀门操作空间的需要。

错层住宅屋顶不上人处，尽量不设窗，如因采光或检修需设窗时，应有可锁启的铁栅栏，以免儿童上屋顶发生事故，并可以减少屋面损坏及相互串通。

4. 门窗的代号

门窗是建筑物用量最多的构件，有时在一栋建筑中就有几十种甚至上百种形状和大小不同的门窗，为了便于统计和加工，一般在施工图上对门窗进行编号，并附有详细的门窗统计表。

一般而言，M 代表门，M、M2、M-1、M-2 等都是门的编号。C 代表窗，C、C2、C-1、C-2 等都是窗的编号。MF 表示防盗门。LMT 表示铝合金推拉门。LMC 表示铝合金门连窗。LC 表示铝合金窗。

门的代号，见表 3-1；窗的代号，见表 3-2。

表 3-1　门的代号

代号		门类型	代号	门类型	代号	门类型
木门	钢框木门					
M1	GM1	夹板门	M9	实木镶板半玻门	M17	夹板吊柜、壁柜门
M2	GM2	夹板带小玻门	M10	实木整玻门	TM	推拉木门
M3	GM3	夹板带百叶门	M11	实木小格全玻门	JM	夹板装饰门
M4	GM4	夹板带小玻百叶门	M12	实木镶板小格半玻门	SM	实木装饰门
M5	GM5	夹板侧条玻璃门	M13	实木拼板门	BM	实木玻璃装饰门
M6	GM6	夹板中条玻璃门	M14	实木拼板小玻门	XM	实木镶板装饰门
M7	GM7	夹板半玻门	M15	实木镶板半玻弹簧门	FM	木质防火门
M8	GM8	夹板带观察孔门	M16	实木整玻弹簧门		

表 3-2　窗的代号

代　号	类　　型	备　　注
TC	推拉窗	中空玻璃、带纱扇
WC	外开窗	中空玻璃、带纱扇(宜用于多层及低层建筑)
NC	内开下悬翻转窗	中空玻璃、带纱扇(可调节开启大小，可作为室内换气用)
DC	内开叠合窗	中空玻璃、带纱扇(内开扇叠向固定扇，不占空间)
H	异型固定窗	中空玻璃、带纱扇
TH	异型推拉窗	中空玻璃、带纱扇

（续表）

代号	类型	备注
WH	异型外开窗	中空玻璃、带纱扇
NH	异型内开窗	中空玻璃、带纱扇
TY	推拉窗外开门连窗	中空玻璃(如用在封闭阳台,阳台门和门连窗也可以不设纱扇,工程设计中如增设纱扇或需改为单玻时可加注说明)
Y	外开窗外开门连窗	

二、门

1. 门的分类

(1)按门在建筑物中所处的位置分为内门和外门。内门位于内墙上,应满足分隔要求,如隔声、隔视线等;外门位于外墙上,应满足围护要求,如保温、隔热、防风沙、耐腐蚀等。

(2)按门的使用功能分为一般门和特殊门。特殊门具有特殊的功能,构造复杂,这种门的种类很多,如用于通风、遮阳的百叶门,用于保温、隔热的保温门,用于隔声的隔声门,以及防火门、防爆门等多种特殊要求的门。近期,一些生产厂家研制了一种把防盗、防火、防尘、隔热集中于一体的综合门,这种门称为"四防门",体现了门正在向综合性能的方向发展。

(3)按门的框料材质分为木门、铝合金门、塑钢门、彩板门、玻璃钢门、钢门等。

1)木门:具有开启方便、隔声效果好、外观精美、加工方便等优点,目前在民用建筑中大量采用。但由于质量较大,有时容易下沉。门扇的做法很多,如拼板门、镶板门、胶合板门、半截玻璃门等。

2)钢门:采用钢框和钢扇的门,使用较少。有时仅用于大型公共建筑、工业厂房大门或纪念性建筑中。但钢框木门目前已广泛应用于工业厂房和民用住宅等建筑中。

3)钢筋混凝土门:这种门较多用于人防地下室的密闭门。缺点是自重大,必须妥善解决连接问题。

4)铝合金门:这种门主要用于商业建筑和大型公共建筑的主要出入口等。表面呈银白色或深青钢色,它给人以轻松、舒适的感觉。

(4)按门的开启方式分为平开门、弹簧门、推拉门、转门、折叠门、卷帘门和翻板门等。

1)平开门:平开门可以向内开启也可以向外开启,作为安全疏散门时应向外开启。在寒冷地区,为满足保温要求,可以做成内、外开启的双层门。需要安装纱门的建筑,纱门与玻璃门为内、外开。

2)弹簧门:又称为自由门。分为单面弹簧门和双面弹簧门两种。弹簧门主要用于人流出入频繁的地方,但托儿所、幼儿园等类型建筑中儿童经常出入的门,不可采用弹簧门,以免碰伤小孩。由于弹簧门有较大的缝隙,所以不利于保温。

3)推拉门:这种门悬挂在门洞口上部的支承铁件上,然后左右推拉,其特点是不占室内空间，但因封闭不严，所以在民用建筑中较少采用，而电梯门则大多使用推拉门。

4)转门：转门成十字形，安装于圆形的门框上，人进出时推门缓缓行进。转门的隔绝能力强，保温、卫生条件好，常用于大型公共建筑物的主要出入口。

5)卷帘门：多用于商店橱窗或商店出入口外侧的封闭门，还有带有车库的民用住宅等。

6)折门：又称折叠门。当门打开时，几个门扇靠拢，可以少占有效面积。

门的外观形式如图 3-4 所示，其开启方向规定如图 3-5 所示。

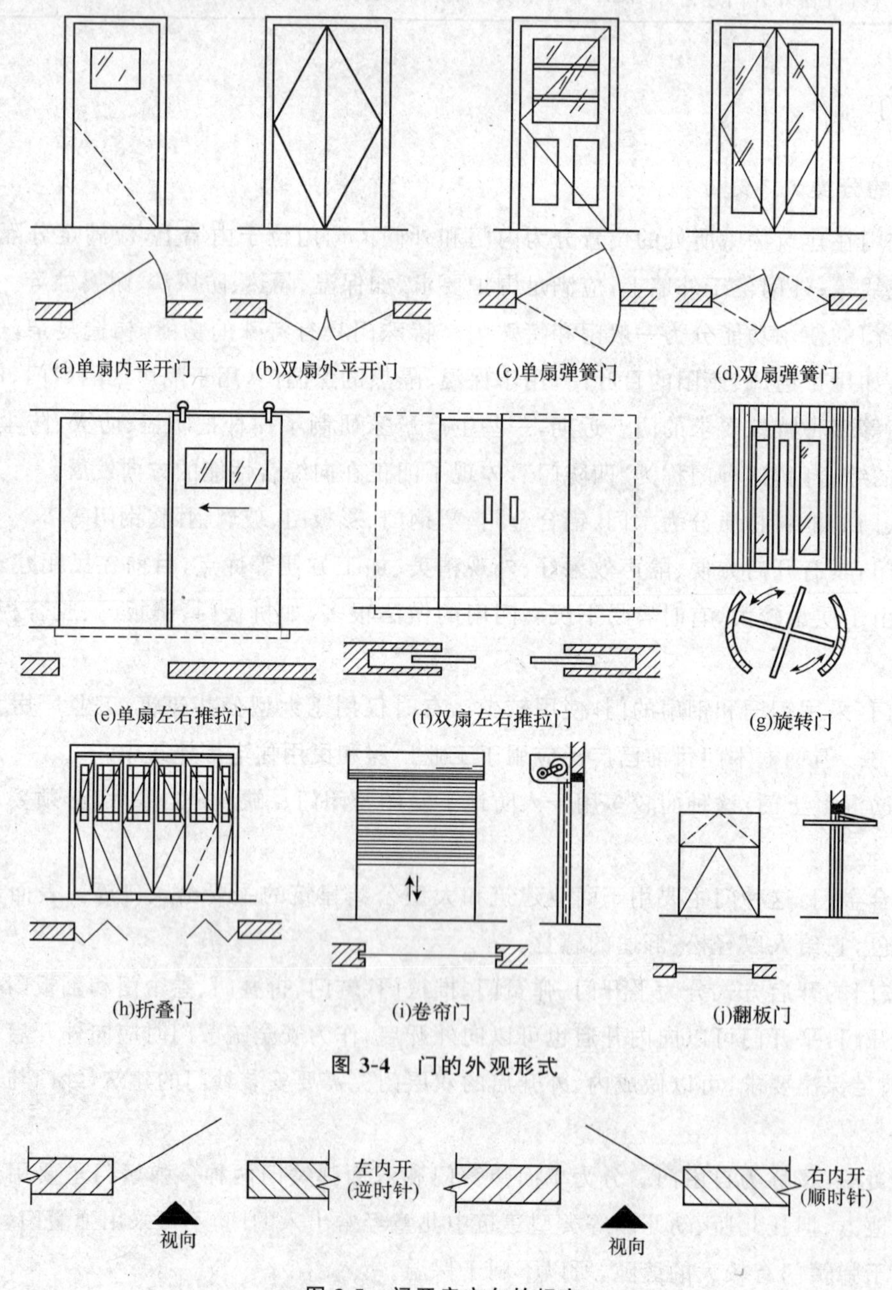

图 3-4　门的外观形式

图 3-5　门开启方向的规定

2. 门的选用

1)一般在公共建筑经常出入的向西或向北的门,均应设置双道门或门斗,以避免冷风直接袭人。外面一道门采用外开门,里面的一道门宜采用双面弹簧门或电动推拉门,如图 3-6 所示。

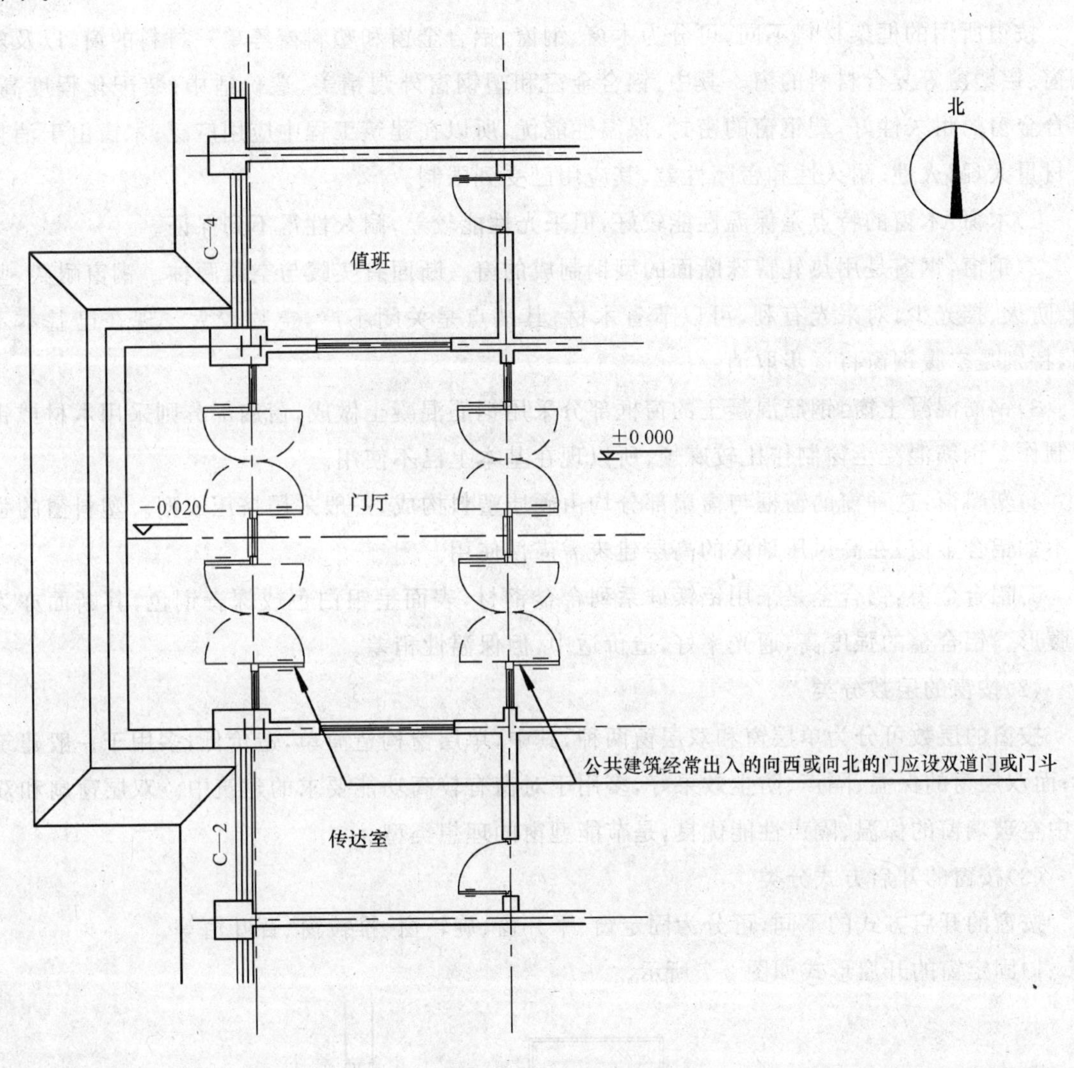

图 3-6 设置双道门图

2)湿度大的地区不宜选用纤维板门或胶合板门、木制门。

3)大型营业性餐厅至备餐间的门,宜做成双扇上下行的单面弹簧门,带小玻璃。

4)体育馆内运动员经常出入的门,门扇净高不得低于 2200mm。

5)托幼建筑的儿童用门,不得选用弹簧门,以免挤手碰伤。

6)所有的门若无隔间要求,不得设门槛。

三、窗

1. 窗的分类

(1)按窗的框料材质分类

按窗所用的框架材料不同,可分为木窗、钢窗、铝合金窗和塑料窗等单一材料的窗,以及塑钢窗、铝塑窗等复合材料的窗。其中,铝合金窗和塑钢窗外观精美、造价适中、装配化程度高,铝合金窗的耐久性好,塑钢窗的密封、保温性能优,所以在建筑工程中应用广泛;木窗由于消耗木材量大,耐火性、耐久性和密闭性差,其应用已受到限制。

1)木窗:木窗的特点是保温性能较好,但采光性能较差,耐久性得不到保证。

2)钢窗:钢窗是用热轧特殊断面的型钢制成的窗。断面有实腹与空腹两种。钢窗耐久、坚固、防火、挡光少,对采光有利,可以节省木材,其缺点是关闭不严,空隙较大。现在已基本不用,特别是空腹钢窗将逐步取消。

3)钢筋混凝土窗:钢筋混凝土的窗框部分采用钢筋混凝土做成,窗扇部分则采用木材或钢材制作。钢筋混凝土窗制作比较麻烦,所以现在基本上已不使用。

4)塑料窗:这种窗的窗框与窗扇部分均由硬质塑料构成,一般采用挤压成型。塑料窗的强度不如铝合金窗,在高风压地区的高层建筑需谨慎使用。

5)铝合金窗:铝合金是采用铝镁硅系列合金钢材,表面呈银白色或深青铜色,其断面亦为空腹形。铝合金的强度高,通光率好,造价适中,但保温性稍差。

(2)按窗的层数分类

按窗的层数可分为单层窗和双层窗两种,其中,单层窗构造简单,造价低,多用于一般建筑中;而双层窗的保温、隔声、防尘效果好,多用于对窗有较高功能要求的建筑中。双层窗扇和双层中空玻璃窗的保温、隔声性能优良,是节能型窗的理想类型。

(3)按窗的开启方式分类

按窗的开启方式的不同,可分为固定窗、平开窗、旋转窗、推拉窗、百叶窗等。

1)固定窗的开启形式如图 3-7 所示。

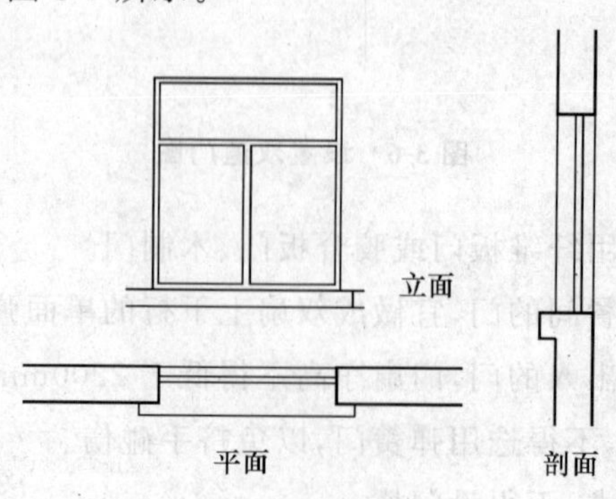

图 3-7 固定窗开启形式

2)平开窗的开启形式如图 3-8 所示。

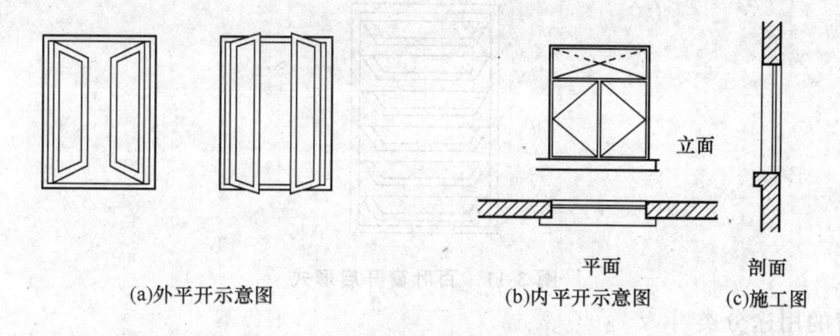

图 3-8　平开窗开启形式

3)旋转窗的开启形式如图 3-9 所示。

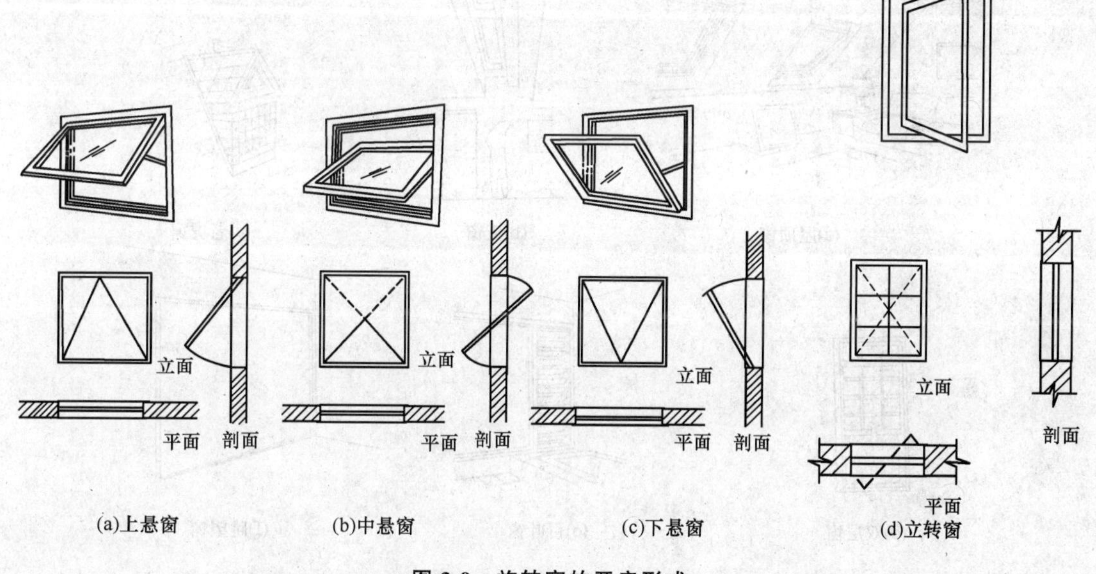

图 3-9　旋转窗的开启形式

4)推拉窗的开启形式如图 3-10 所示。

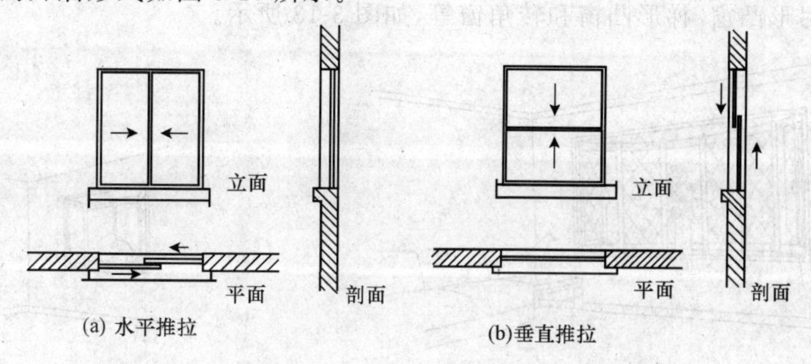

图 3-10　推拉窗的开启形式

5)百叶窗的开启形式如图 3-11 所示。

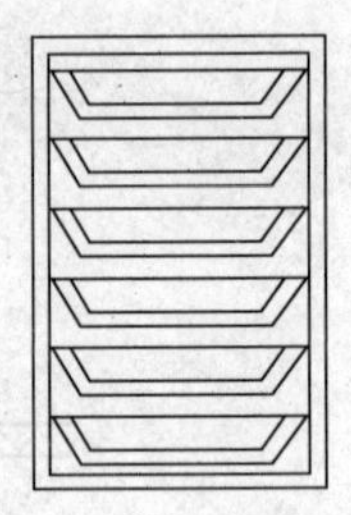

图 3-11　百叶窗开启形式

(4)按窗的用途分类

按用途的不同来分,还有屋顶窗、天窗、老虎窗、双层窗、百叶窗和眺望窗等,如图 3-12 所示。

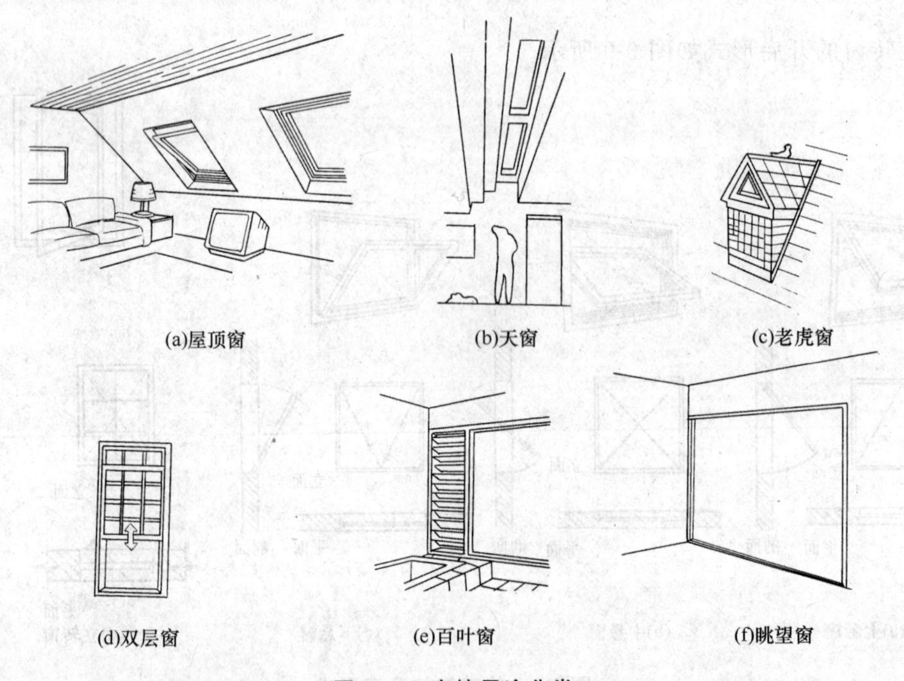

(a)屋顶窗　(b)天窗　(c)老虎窗

(d)双层窗　(e)百叶窗　(f)眺望窗

图 3-12　窗按用途分类

(5)按窗造型分类

常见的有弓形凸窗、梯形凸窗和转角窗等,如图 3-13 所示。

(a)弓形凸窗　(b)梯形凸窗

图 3-13　窗按造型分类

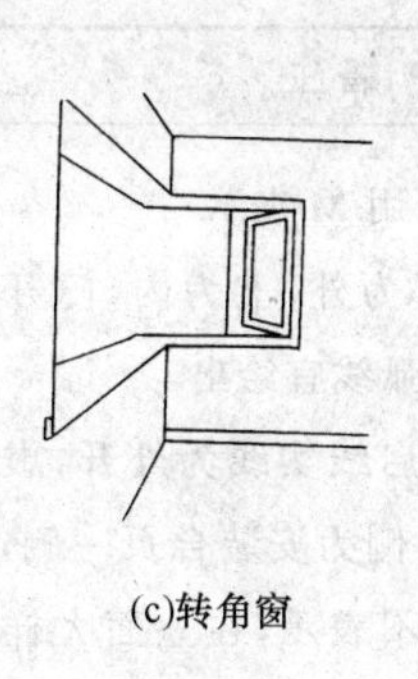

(c)转角窗

(d)屏壁窗

图 3-13　窗按造型分类(续)

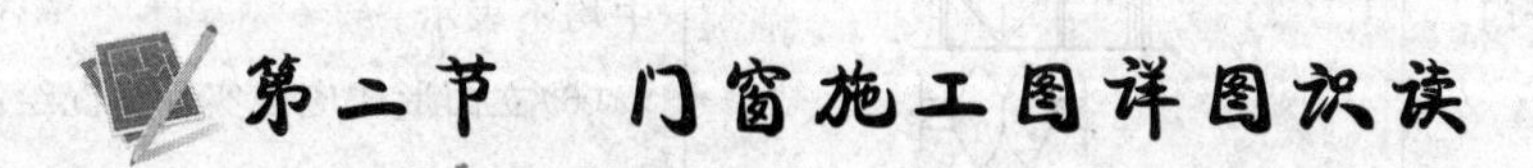

第二节　门窗施工图详图识读

一、常用图例

门窗详图识读常用图例见表 3-3 及表 3-4。

表 3-3　常用门的图例

名称	图例	备注
空门洞		h 为门洞高度
单面开启单扇门(包括平开或单面弹簧)		(1)门的名称代号用 M 表示 (2)平面图中，下为外，上为内，门开启线为 90°，60°或 45°，开启弧线宜绘出 (3)立面图中，开启线实线为外开，虚线为内开，开启线交角的一侧为安装合页一侧，开启线在建筑立面图中可不表示，在立面大样图中可根据需要绘出 (4)剖面图中，左为外，右为内 (5)附加纱扇应以文字说明，在平、立、剖面图中均不表示 (6)立面形式应按实际情况绘制
双面开启单扇门(包括双面平开或双面弹簧)		
双层单扇平开门		

（续表）

名称	图例	备注
单面开启双扇门（包括平开或单面弹簧）	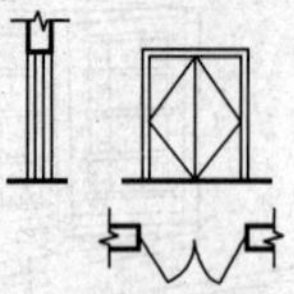	(1)门的名称代号用M表示 (2)平面图中，下为外，上为内，门开启线为90°,60°或45°,开启弧线宜绘出 (3)立面图中，开启线实线为外开，虚线为内开，开启线交角的一侧为安装合页一侧，开启线在建筑立面图中可不表示，在立面大样图中可根据需要绘出 (4)剖面图中，左为外，右为内 (5)附加纱扇应以文字说明，在平、立、剖面图中均不表示 (6)立面形式应按实际情况绘制
双面开启双扇门（包括双面平开或双面弹簧）	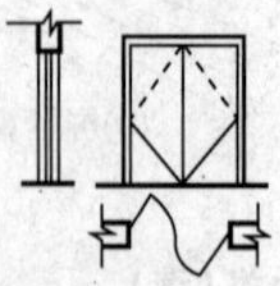	
双层双扇平开门	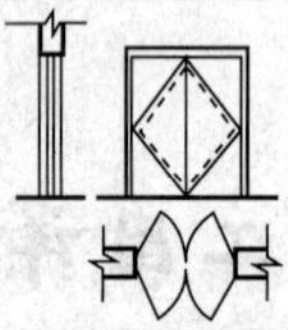	
折叠门	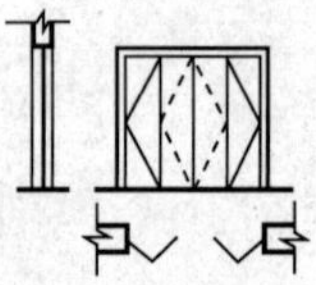	(1)门的名称代号用M表示 (2)平面图中，下为外，上为内 (3)立面图中，开启线实线为外开，虚线为内开，开启线交角的一侧为安装合页一侧 (4)剖面图中，左为外，右为内 (5)立面形式应按实际情况绘制
推拉折叠门	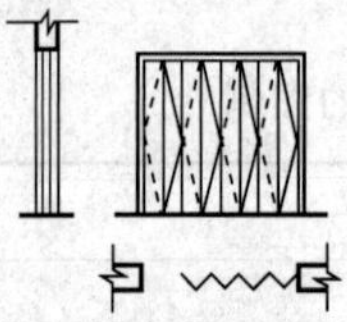	
墙洞外单扇推拉门	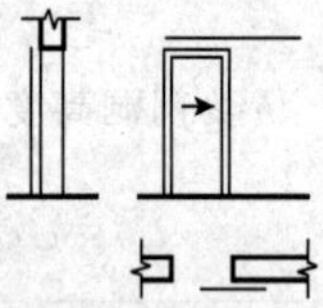	(1)门的名称代号用M表示 (2)平面图中，下为外，上为内 (3)剖面图中，左为外，右为内 (4)立面形式应按实际情况绘制
墙洞外双扇推拉门	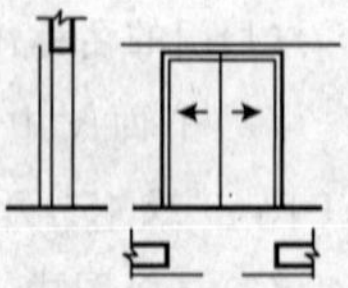	
墙中单扇推拉门	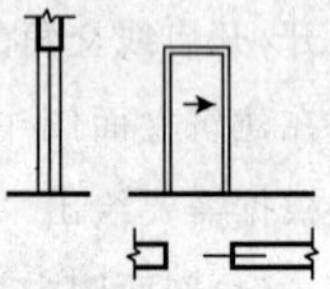	(1)门的名称代号用M表示 (2)立面形式应按实际情况绘制
墙中双扇推拉门	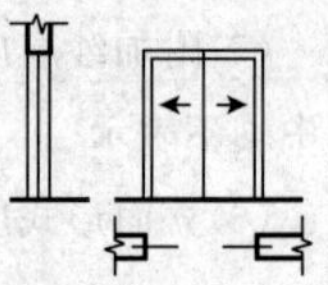	

（续表）

<table>
<tr><th>名称</th><th>图例</th><th>备注</th></tr>
<tr><td>推杠门</td><td></td><td rowspan="2">(1)门的名称代号用 M 表示
(2)平面图中，下为外，上为内，门开启线为 90°，60°或 45°
(3)立面图中，开启线实线为外开，虚线为内开，开启线交角的一侧为安装合页一侧，开启线在建筑立面图中可不表示，在室内设计门窗立面大样图中需绘出
(4)剖面图中，左为外，右为内
(5)立面形式应按实际情况绘制</td></tr>
<tr><td>门连窗</td><td></td></tr>
<tr><td>旋转门</td><td></td><td rowspan="2">(1)门的名称代号用 M 表示
(2)立面形式应按实际情况绘制</td></tr>
<tr><td>两翼智能旋转门</td><td></td></tr>
<tr><td>自动门</td><td></td><td>(1)门的名称代号用 M 表示
(2)立面形式应按实际情况绘制</td></tr>
<tr><td>折叠上翻门</td><td></td><td>(1)门的名称代号用 M 表示
(2)平面图中，下为外，上为内
(3)剖面图中，左为外，右为内
(4)立面形式应按实际情况绘制</td></tr>
<tr><td>提升门</td><td></td><td rowspan="2">(1)门的名称代号用 M 表示
(2)立面形式应按实际情况绘制</td></tr>
<tr><td>分节提升门</td><td></td></tr>
</table>

(续表)

名称	图例	备注
人防单扇防护密闭门	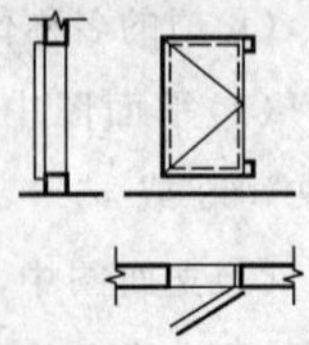	(1)门的名称代号用 M 表示 (2)立面形式应按实际情况绘制
人防单扇密闭门	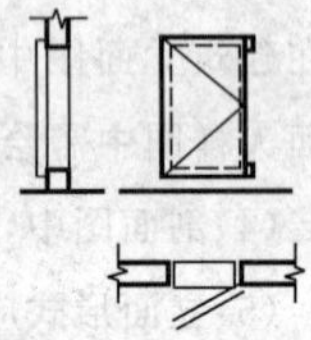	
人防双扇防护密闭门	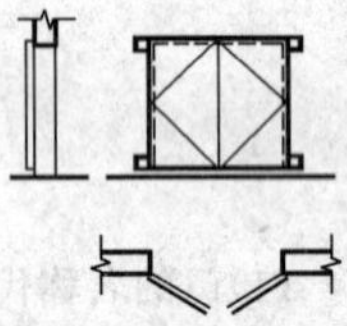	(1)门的名称代号按人防要求表示 (2)立面形式应按实际情况绘制
人防双扇密闭门	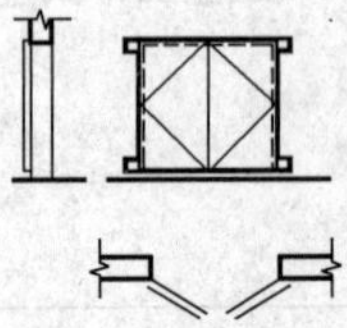	
横向卷帘门	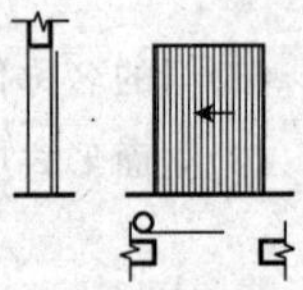	
竖向卷帘门	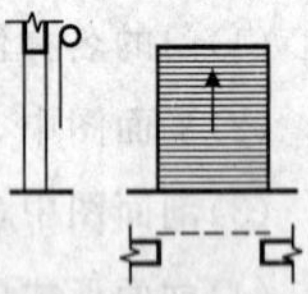	
单侧双层卷帘门	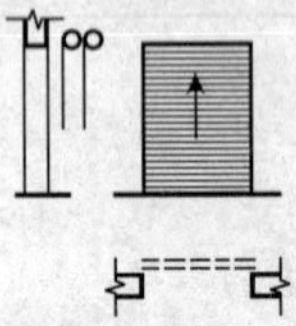	
双侧单层卷帘门	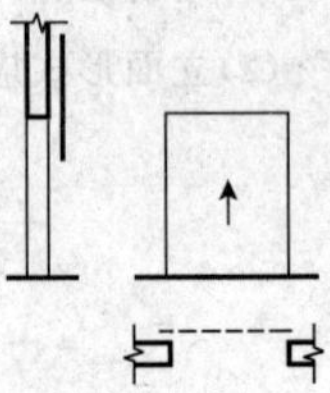	

表 3-4 常用窗的图例

名称	图例	备注
固定窗		(1)窗的名称代号用 C 表示 (2)平面图中,下为外,上为内 (3)立面图中,开启线实线为外开,虚线为内开,开启线交角的一侧为安装合页一侧。开启线在建筑立面图中可不表示,在门窗立面大样图中需绘出 (4)剖面图中,左为外,右为内,虚线仅表示开启方向,项目设计不表示 (5)附加纱窗应以文字说明,在平、立、剖面图中均不表示 (6)立面形式应按实际情况绘制
上悬窗		
中悬窗		
下悬窗		
立转窗		(1)窗的名称代号用 C 表示 (2)平面图中,下为外,上为内 (3)立面图中,开启线实线为外开,虚线为内开,开启线交角的一侧为安装合页一侧。开启线在建筑立面图中可不表示,在门窗立面大样图中需绘出 (4)剖面图中,左为外,右为内,虚线仅表示开启方向,项目设计不表示 (5)附加纱窗应以文字说明,在平、立、剖面图中均不表示 (6)立面形式应按实际情况绘制
内开平开内倾窗		
单层外开平开窗		
单层内开平开窗		
双层内外开平开窗		

（续表）

名称	图例	备注
单层推拉窗	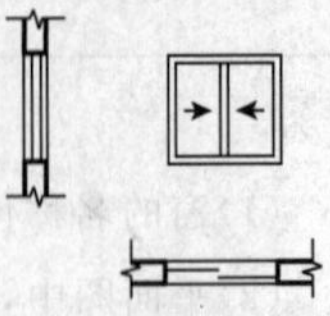	(1)窗的名称代号用C表示 (2)立面形式应按实际情况绘制
双层推拉窗	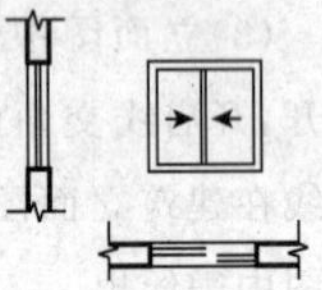	
上推窗	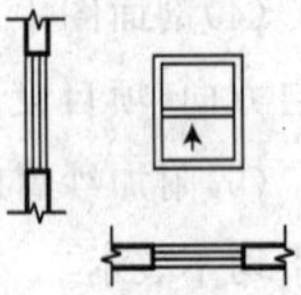	(1)窗的名称代号用C表示 (2)立面形式应按实际情况绘制
百叶窗	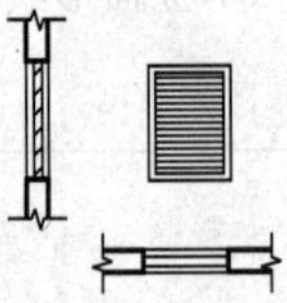	(1)窗的名称代号用C表示 (2)立面形式应按实际情况绘制
高窗	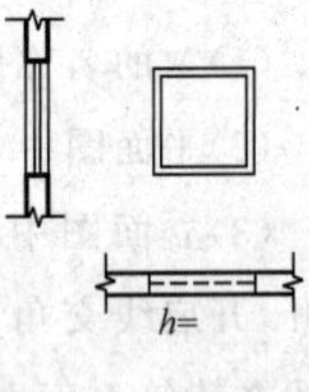 h=	(1)窗的名称代号用C表示 (2)立面图中，开启线实线为外开，虚线为内开，开启线交角的一侧为安装合页一侧。开启线在建筑立面图中可不表示，在门窗立面大样图中需绘出 (3)剖面图中，左为外，右为内 (4)立面形式应按实际情况绘制 (5)h表示高窗距本层地面高度 (6)高窗开启方式参考其他窗型
平推窗	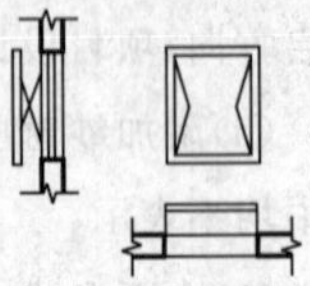	(1)窗的名称代号用C表示 (2)立面形式应按实际情况绘制

二、装饰门剖面图

1. 剖面图基础

在画形体的投影时，形体上不可见的轮廓线在投影图上需要用虚线画出。这样，对于内形复杂的形体必然虚实线交错，混淆不清，给读图带来不便。长期的生产实践证明，解决这个问题的最好方法，是将假想形体剖开，让它的内部显露出来，使形体的看不见部分变成看得见的部分，然后用实线画出这些形体内部的投影图。

假想用一个（或几个）剖切平面（或曲面）沿形体的某一部分切开，移走剖切面与观察者之间的部分，将剩余部分向投影面投影，所得到的视图叫剖面图，简称剖面。如图 3-14 所示物体为一杯形基础，其主视图和左视图中孔洞因被外形遮住而用虚线表示。现假想用一个剖切面 P（正平面）剖切后，移走剖切平面与观察者之间的那部分基础，将剩余的部分基础重新向投影面进行投影，所得投影图叫剖面图，简称剖面，如图 3-14(b)所示的 1—1 剖面。由于将形体假想切开，形体内部结构显露出来。在剖面图上，原来不可见的线变成了可见线，而原外轮廓可见的线有部分变成不可见了，此时的不可见线不必画出。

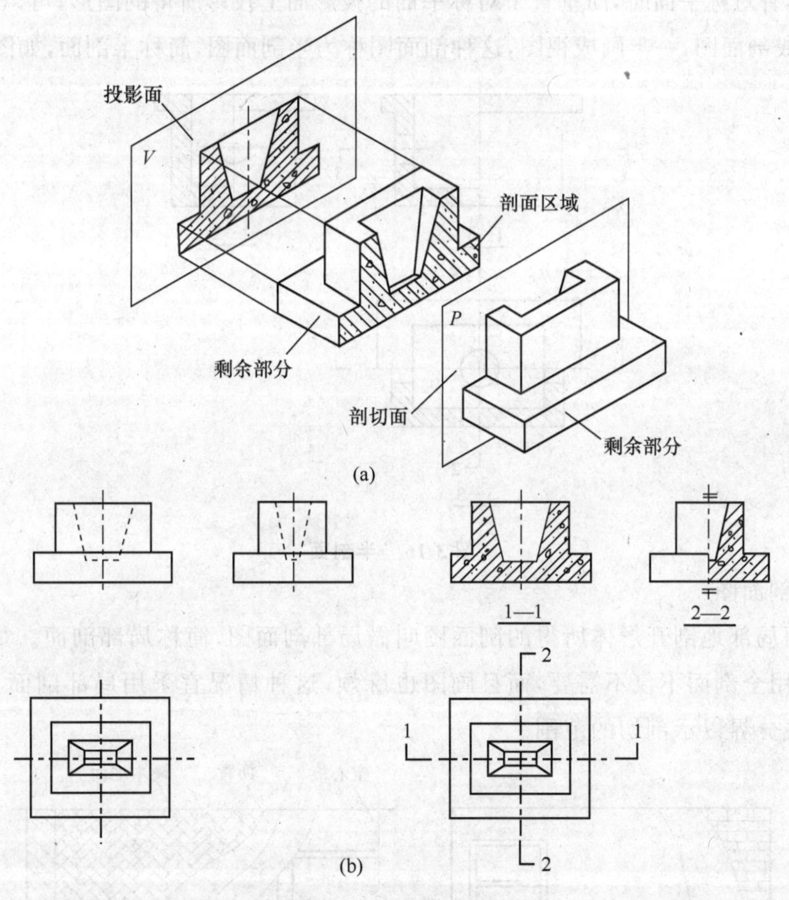

图 3-14　剖面图的形成

一般情况下剖切面应平行某一投影面，并通过内部结构的主要轴线或对称中心线。必要时也可以用投影面垂直面作剖切面。剖面图的种类包括以下几类。

(1)全剖面图

用剖切面完全剖开形体的剖面图称为全剖面图，简称全剖面，如图 3-15 所示。

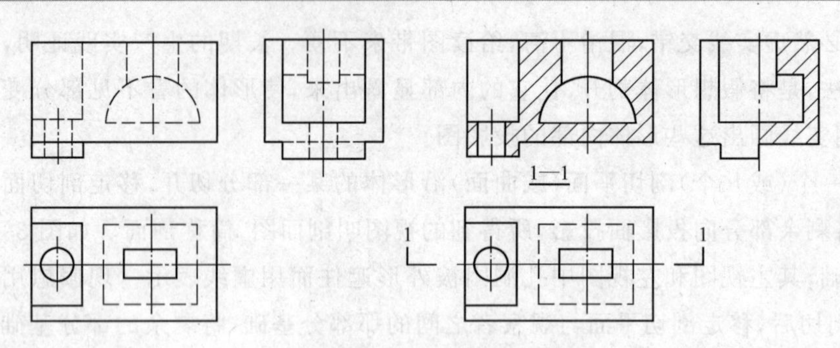

图 3-15 全剖面

(2)半剖面图

当形体具有对称平面时,向垂直于对称平面的投影面上投影所得的图形,可以以对称中心线为界,一半画成剖面图,一半画成视图,这种剖面图称为半剖面图,简称半剖面,如图 3-16 所示。

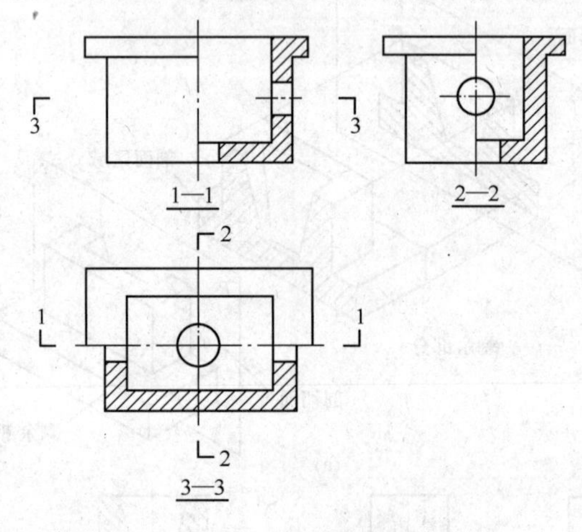

图 3-16 半剖面

(3)局部剖面图

用剖切面局部地剖开形体所得的剖面图叫做局部剖面图,简称局部剖面。如图 3-17 所示的结构,若采用全剖面不仅不需要,而且画图也麻烦,这种情况宜采用局部剖面。剖切后其断裂处用波浪线分界以示剖切的范围。

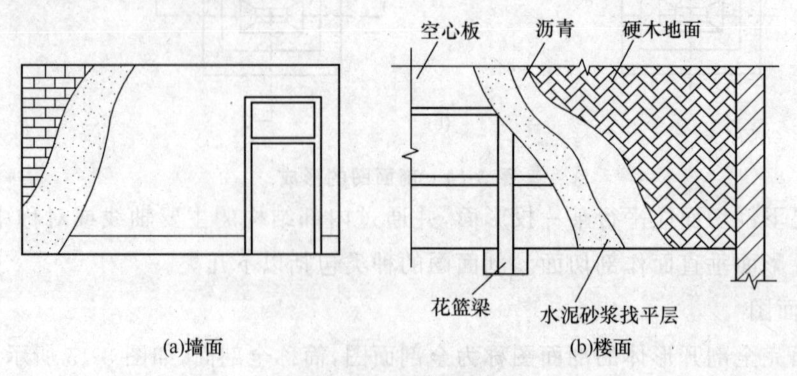

图 3-17 局部剖面

(4)斜剖面图

当形体上倾斜的部分的内形和外形在基本视图上都不能反映其实形时，可以用平行于倾斜部分且垂直于某一基本投影面的剖切面剖切，剖切后再投射到与剖切面平行的辅助投影面上，以表达其内形和外形。这种不用平行于任何基本投影面的剖切面剖开形体所得到的剖面图称为斜剖面图，简称斜剖面，如图 3-18 所示。

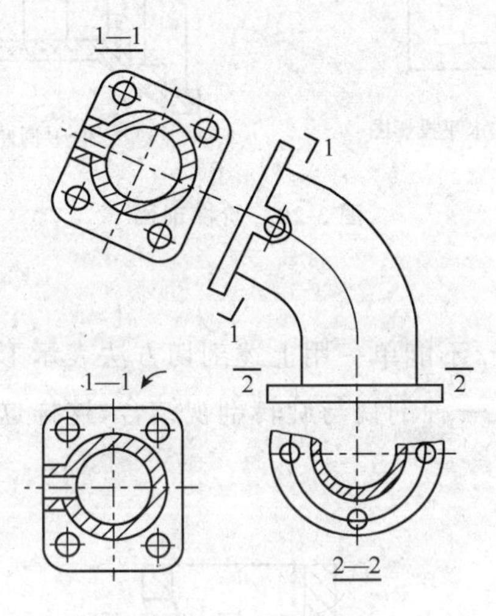

图 3-18 斜剖面

(5)旋转剖面图

用相交的两剖切面剖切形体所得到的剖面图称旋转剖面图，简称旋转剖面，如图 3-19 所示。

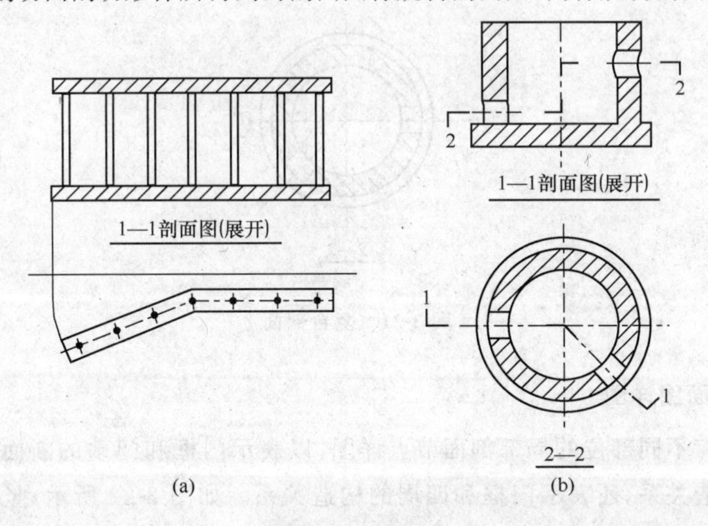

图 3-19 旋转剖面

(6)阶梯剖面图

有些形体内部层次较多，其轴线又不在同一平面上，要把这些结构形状都表达出来，需要用几个相互平行的剖切面相切。这种用几个相互平行的剖切面把形体剖切开所得到的剖面图称为阶梯剖面图，简称阶梯剖面，如图 3-20 所示。

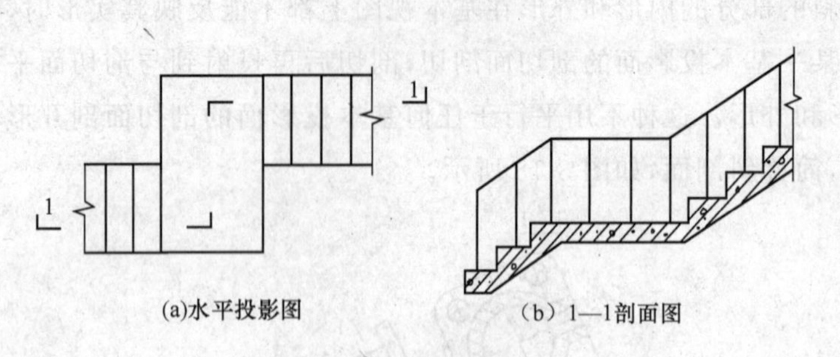

图 3-20 阶梯剖面

(7)复合剖面图

当形体内部结构比较复杂,不能单一用上述剖切方法表示形体时,需要将几种剖切方法结合起来使用。一般情况是把某一种剖视与旋转剖视结合,这样这种剖面图称为复合剖面图,简称复合剖面,如图 3-21 所示。

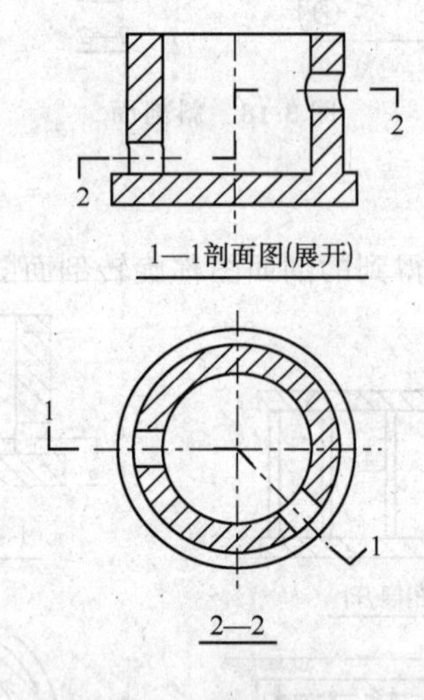

图 3-21 复合剖面

2. 门节点剖面图详图

门详图都画有不同部位的局部剖面节点详图,以表示门框和门扇的断面形状、尺寸、材料及其相互间的构造关系,还表示门框和四周的构造关系。如图 3-22 所示,竖向和横向都有两个剖面详图。其中,门上槛 55mm×125mm、斜面压条 15mm×35mm、边框 52mm×120mm,都是表示它们的矩形断面外围尺寸。门芯是 5mm 厚磨砂玻璃,门洞口两侧墙面和过梁底面用木龙骨和中纤板、胶合板等材料包钉。

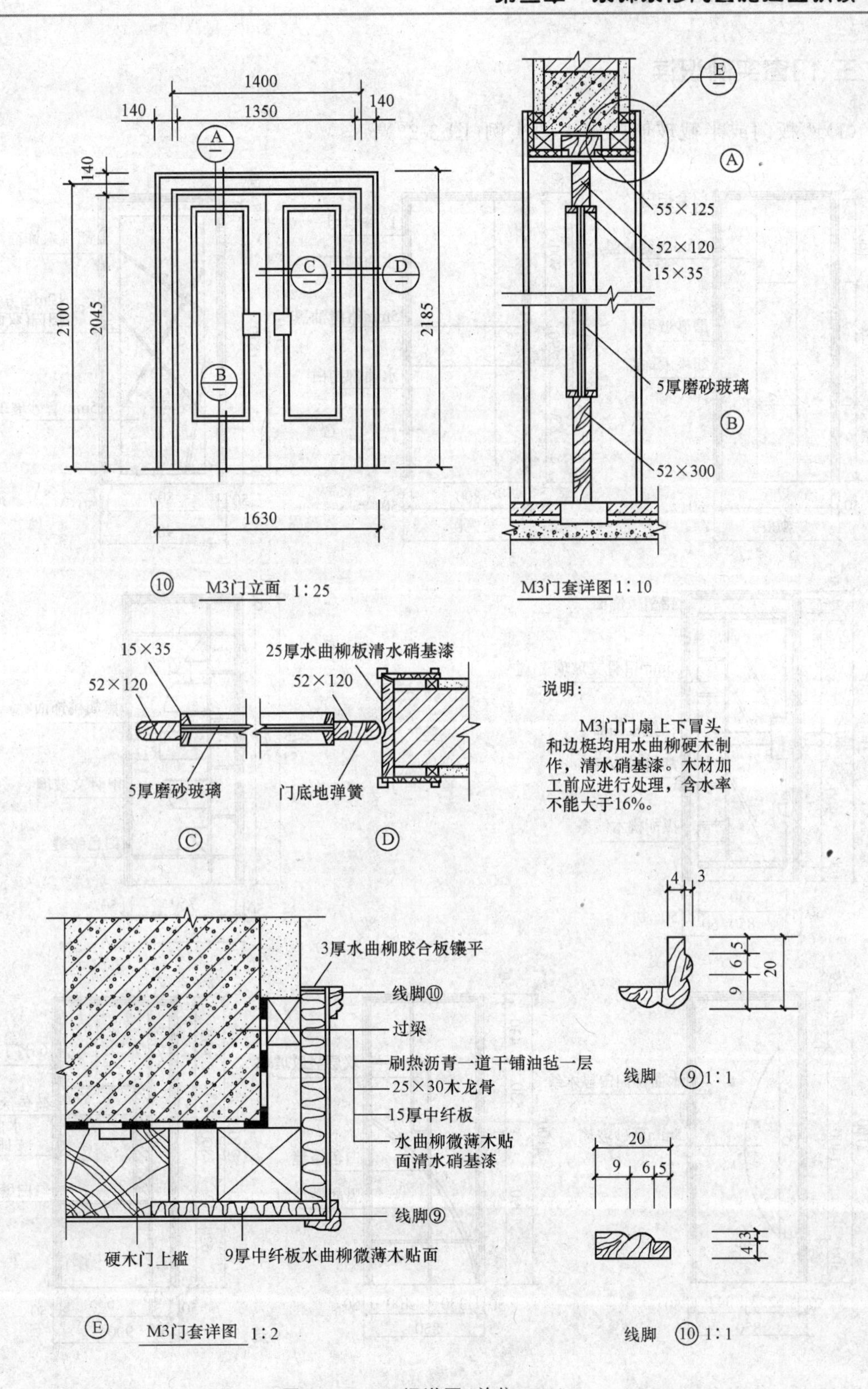
1400
140
1350
140
2100
2045
2185
1630
M3门立面 1∶25
M3门套详图 1∶10
55×125
52×120
15×35
5厚磨砂玻璃
52×300
15×35
52×120
5厚磨砂玻璃
25厚水曲柳板清水硝基漆
52×120
门底地弹簧
说明：
M3门门扇上下冒头和边梃均用水曲柳硬木制作，清水硝基漆。木材加工前应进行处理，含水率不能大于16%。
3厚水曲柳胶合板镶平
线脚⑩
过梁
刷热沥青一道干铺油毡一层
25×30木龙骨
15厚中纤板
水曲柳微薄木贴面清水硝基漆
线脚⑨
硬木门上槛
9厚中纤板水曲柳微薄木贴面
M3门套详图 1∶2
线脚 ⑨ 1∶1
线脚 ⑩ 1∶1

图 3-22　M3 门详图(单位：mm)

三、门窗实例识读

(1)镶板门或半截玻璃门施工图实例(图 3-23)。

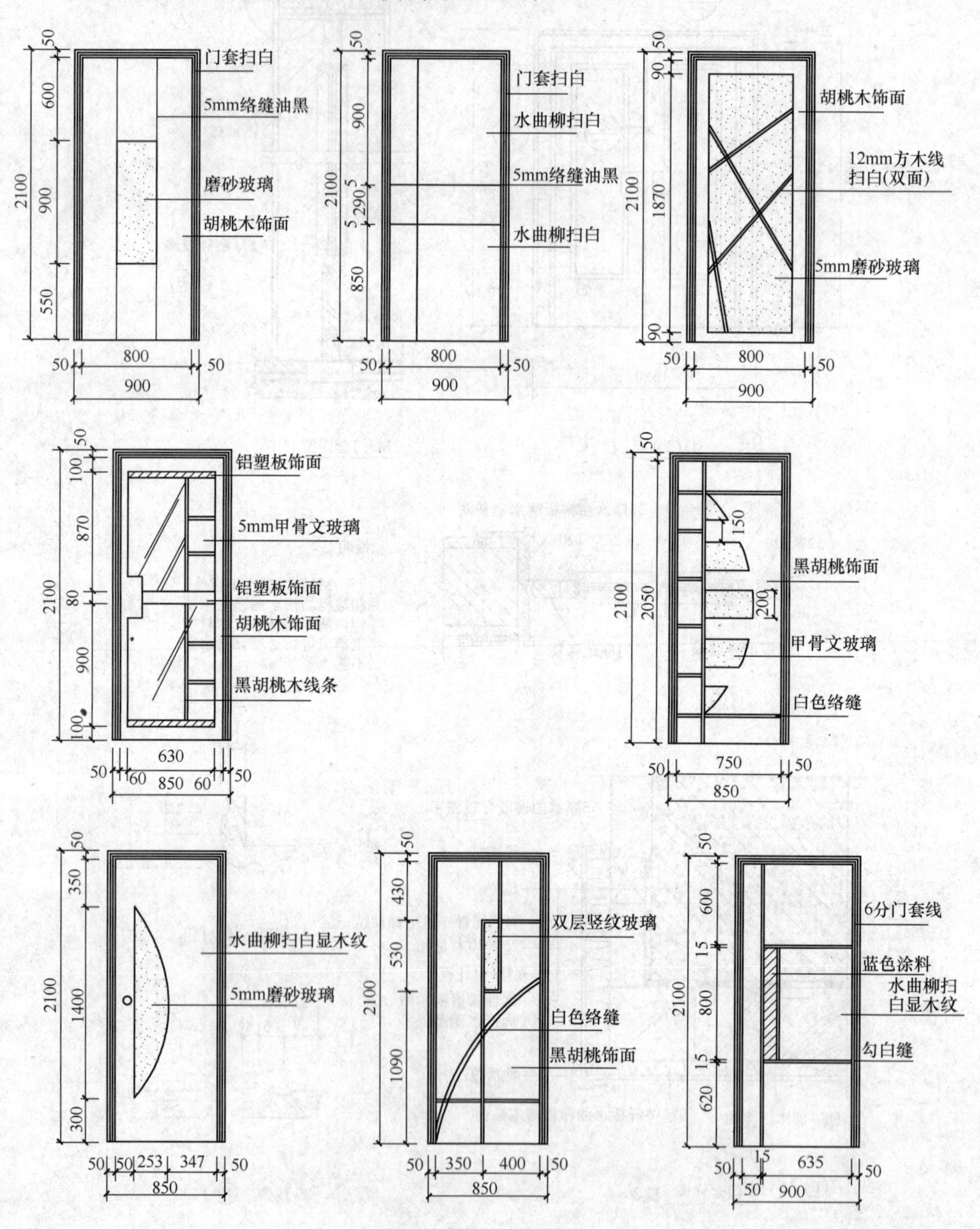

图 3-23 镶板门或半截玻璃门施工图实例(单位:mm)

镶板门或半截玻璃门施工图实例讲解。

1)从图中可知,该餐厅装饰门的构造做法为镶板门或半截玻璃门。

2)选用优质木材制作,表面刷油漆,玻璃多采用 3～5mm 的净白色玻璃或轧花、磨砂玻璃,其具体厚度由面积大小而定,但是有的装饰门采用的是优质木材和铝塑板相间的样式。

3)装饰门的洞口宽度有 850mm 和 900mm 等,均为单扇门;洞口高度为 2100mm。

4)门的表面花纹有多种形式,具体看图中所示。

(2)夹板门施工图实例(图 3-24)。

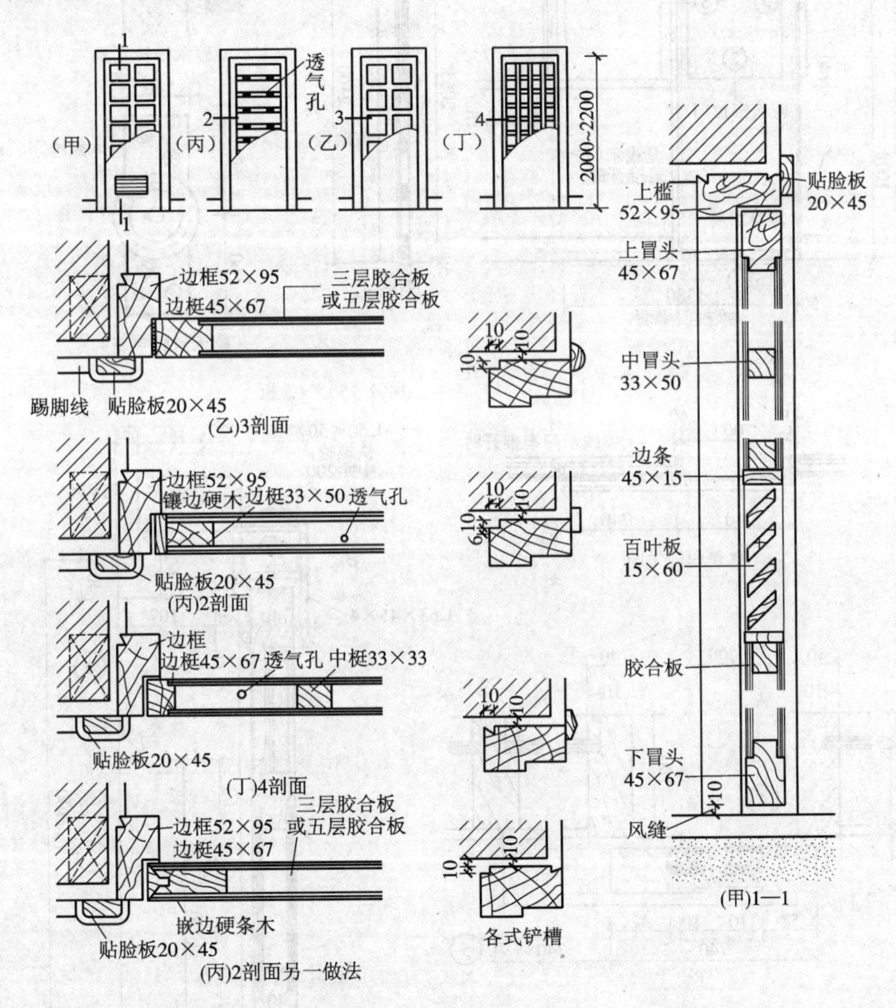

图 3-24　夹板门施工图实例(单位:mm)

夹板门施工图实例讲解。

1)夹板门的门扇中间为轻型骨架双面粘贴薄板。

2)骨架一般是由(32～35)mm×(34～60)mm 木条构成纵横肋条,肋距为 200～400mm,也可用蜂巢状芯材即浸渍过合成树脂的牛皮纸、玻璃布或铝片经加工粘合而成骨架,两面粘贴面板和饰面层后，四周钉压边木条固定。

3)夹板门自重轻、表面平整光滑、造价低，多用于卧室、办公室等处的内门。

(3)推拉门施工图实例(图 3-25)。

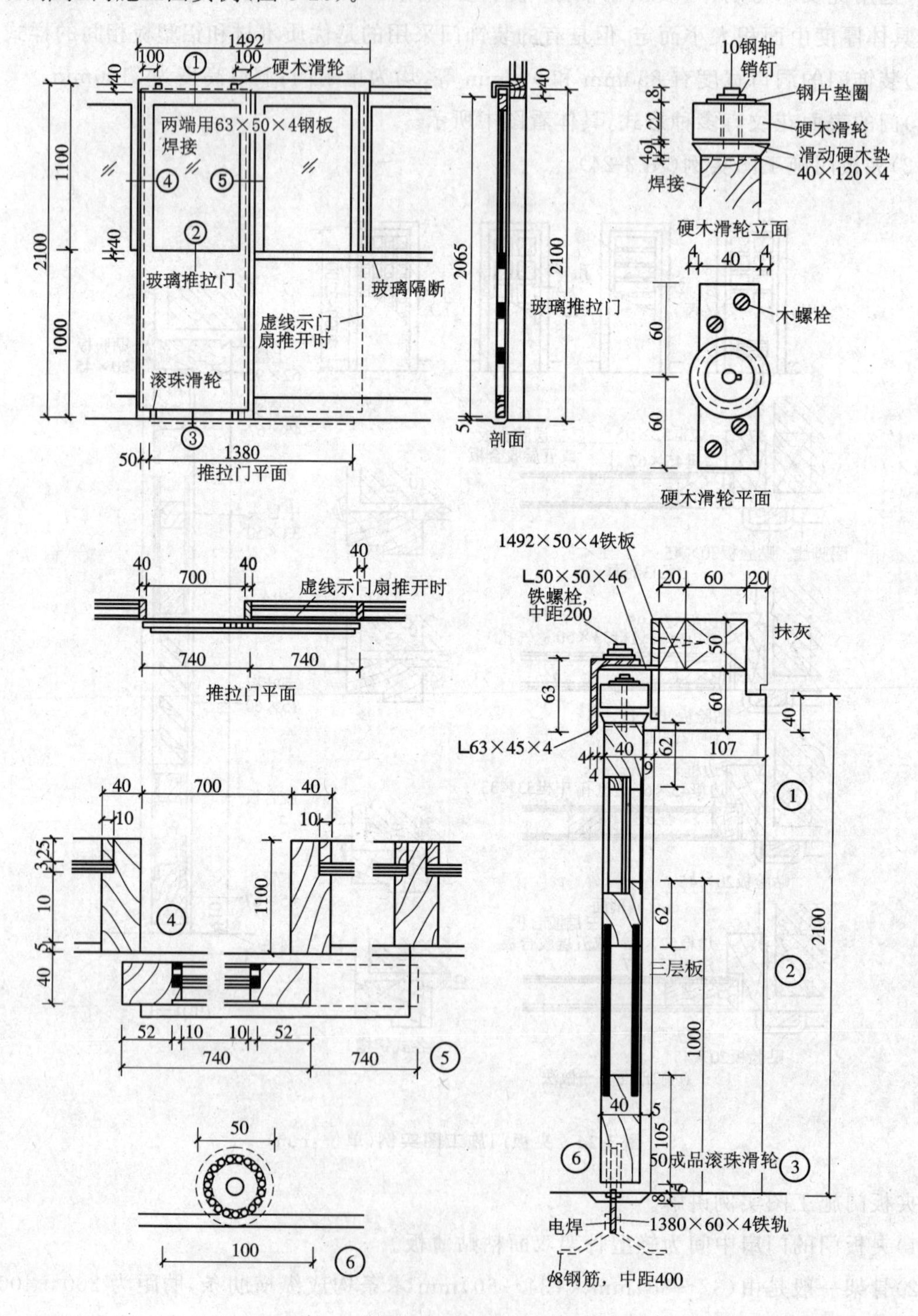

图 3-25　推拉门施工图实例(单位：mm)

推拉门施工图实例讲解。

1)推拉门分暗装式和明装式,必须设置吊轨和地轨,暗装式是将轨道隐藏于墙体夹层内,明装式是将轨道安装在墙面上用装饰板遮挡。

2)推拉门的门扇可以做成镶板门、镶玻璃门、夹板门、花格门等。

3)推拉花格门既能分割空间又在视线上有一定的通透性,花格的造型还有独特的装饰效果。

(4)无框玻璃门施工图实例(图 3-26)。

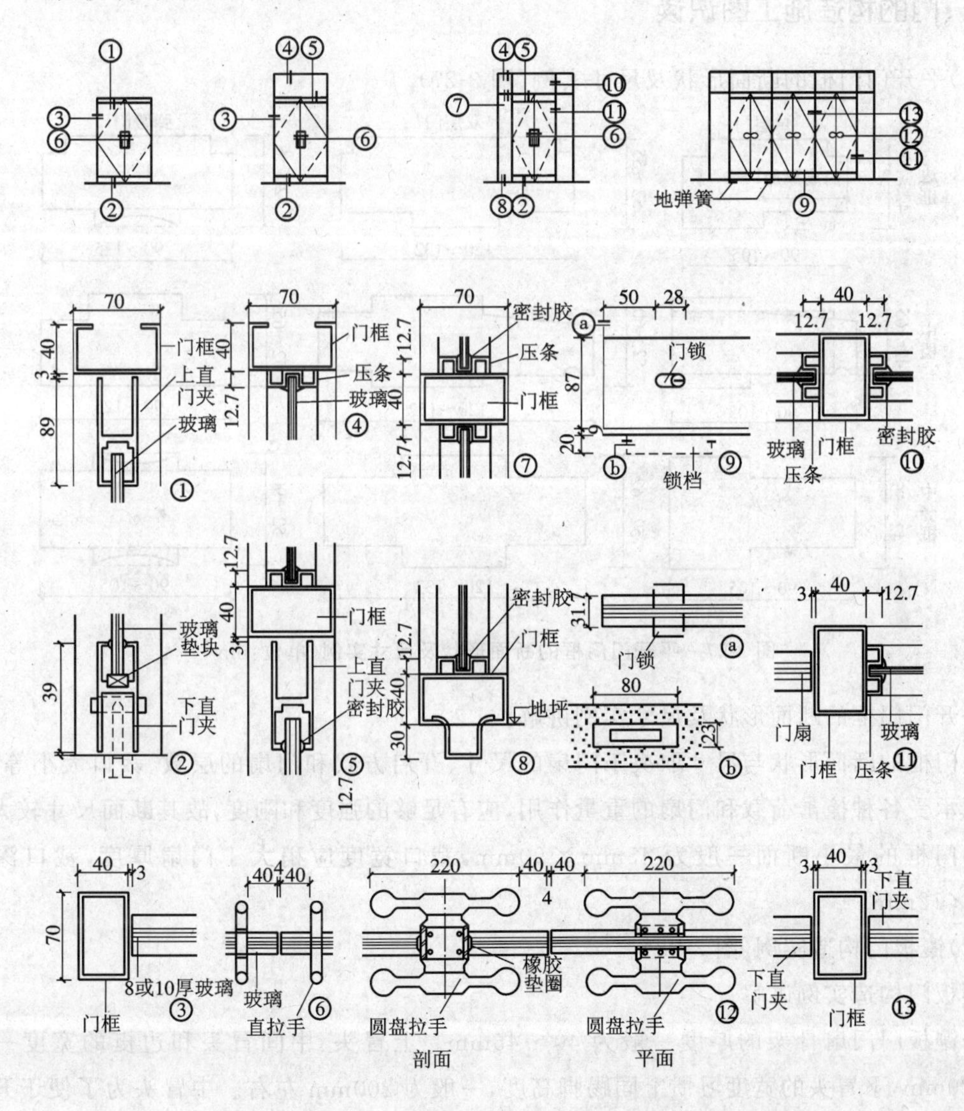

图 3-26　无框玻璃门施工图(单位:mm)

无框玻璃门施工图实例讲解。

1)无框玻璃门是用厚玻璃板做门扇,仅设置上下冒头及连接门轴,而不设置边梃。

2)玻璃一般为 12mm 的厚质平板白玻璃、雕花玻璃及彩印图案玻璃等,具体厚度视门扇的尺寸而定。

第三节 门窗构造施工图识读

一、门的构造施工图识读

(1)平开门门框的断面形状及尺寸实例(图 3-27)。

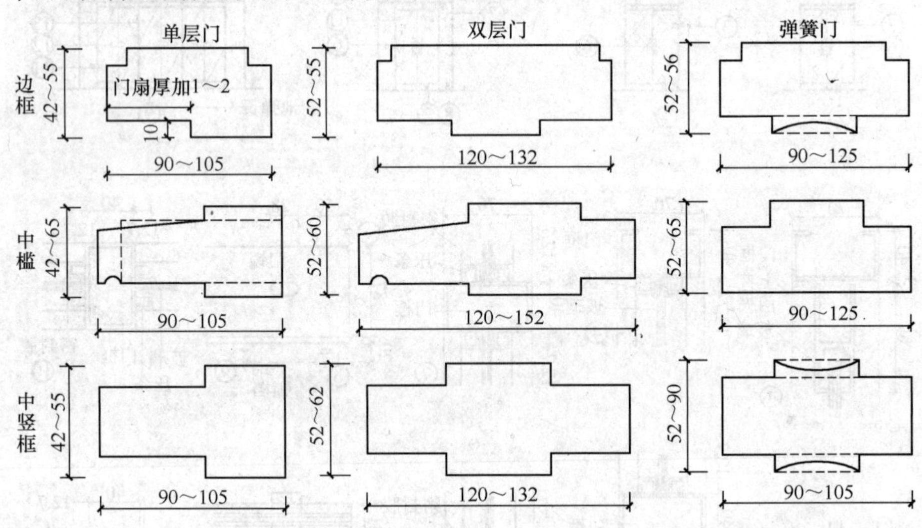

图 3-27 平开门门框的断面形状及尺寸实例(单位:mm)

平开门门框的断面形状及尺寸实例讲解。

1)门框的断面形状与尺寸取决于门扇的尺寸、开启方式和门扇的层数、裁口大小等,由于门框要承受各种撞击荷载和门扇的重量作用,应有足够的强度和刚度,故其断面尺寸较大。

2)门框的最小断面一般为 45mm×90mm,裁口宽度应稍大于门扇厚度,裁口深度为 10mm×12mm。

(2)镶板门构造实例(图 3-28)。

镶板门构造实例讲解。

1)镶板门门扇骨架的厚度一般为 40～45mm。上冒头、中间冒头和边梃的宽度一般为 75～120mm,下冒头的宽度习惯上同踢脚高度,一般为 200mm 左右。中冒头为了便于开槽装锁,其宽度可适当增加,以弥补开槽对中冒头材料的削弱。

2)门扇断面形状和尺寸与门扇的大小和立面的划分、安装方式有关。边框和上冒头的尺寸一般相等,其断面尺寸均为 45mm×90mm,下冒头的断面约为 45mm×140mm。下冒头的断面较上冒头的断面大,底部应留有 5mm 的空隙。

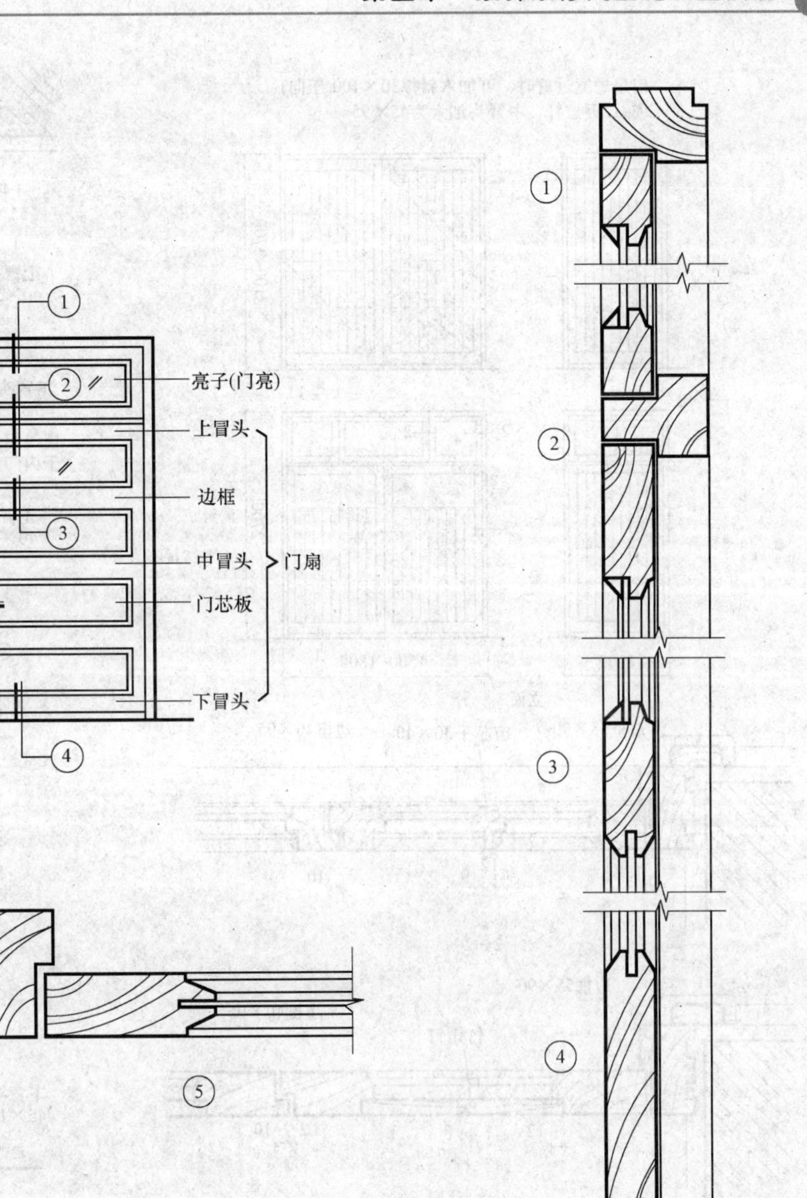

图 3-28　镶板门构造实例

(3)拼板门构造实例(图 3-29)。

拼板门构造实例讲解。

1)拼板门的构造与镶板门相同,由骨架和拼板组成,只是拼板门的拼板用 35～45mm 厚的木板拼接而成,因而自重较大,但坚固耐久,多用于库房、车间的外门。

2)在制作拼板门时先作木框,然后将拼板镶入木框。木拼板可采用 15mm 厚的木板,两侧留槽,用三夹板条穿入。木框四角要安装铁三角,门扇上部可以安装玻璃。

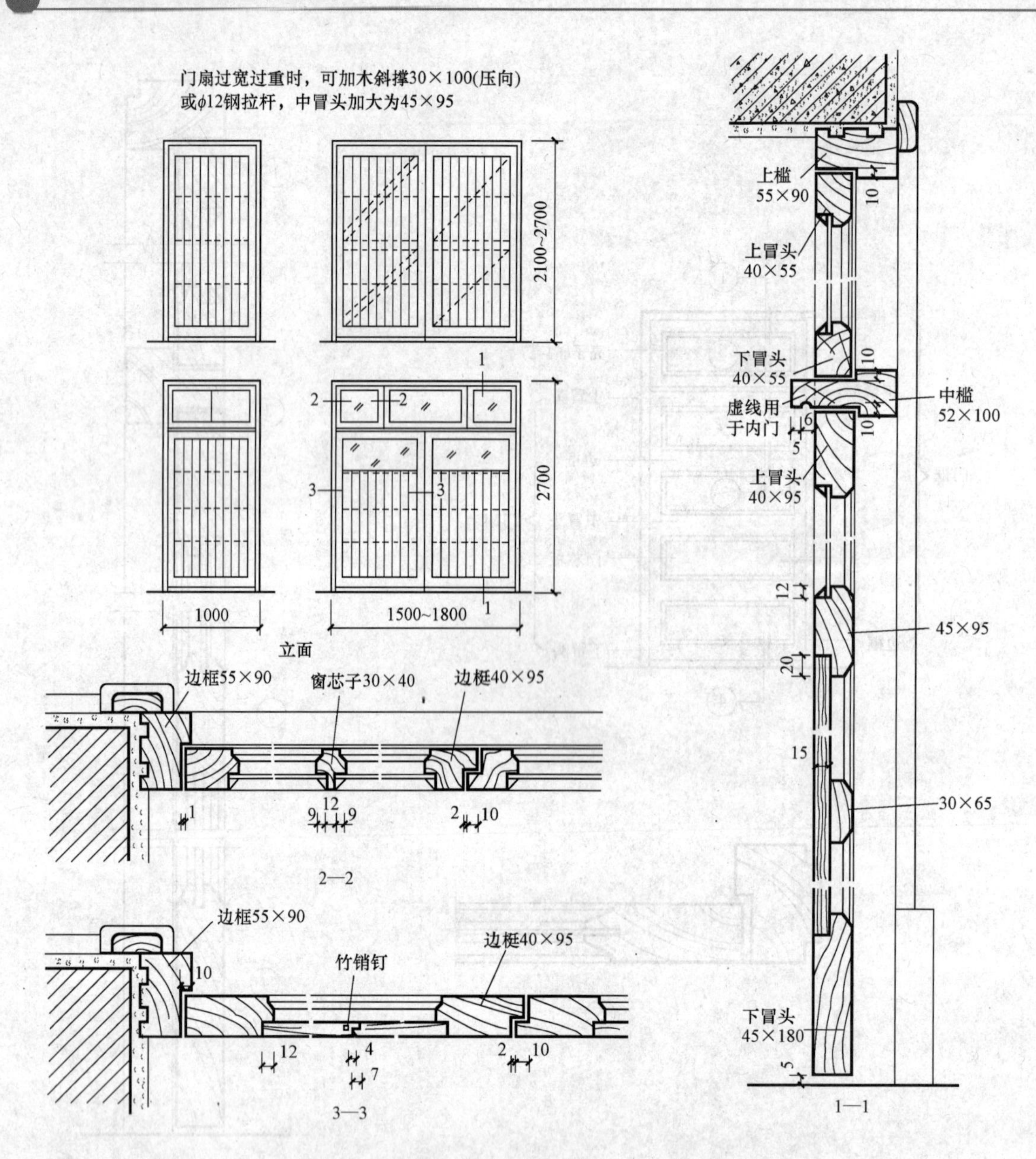

图 3-29　拼板门构造实例(单位:mm)

(4)夹板门构造实例(图 3-30)。

夹板门构造实例讲解。

1)夹板门一般用于室内的门,浴室、厨房等潮湿房间不宜采用。夹板门门扇由骨架和面板组成骨架通常采用(32～35)mm×(34～36)mm 的木料制作,内部用小木料做成格形纵横肋条,肋距一般为 300mm 左右。在骨架的两面可铺钉胶合板、硬质纤维板或塑料板等,门的四周可用 15～20mm 厚的木条镶边,以取得整齐美观的效果。

2)夹板门构造简单,自重轻、外形简洁,但不耐潮湿与日晒,多用于干燥环境中的内门。

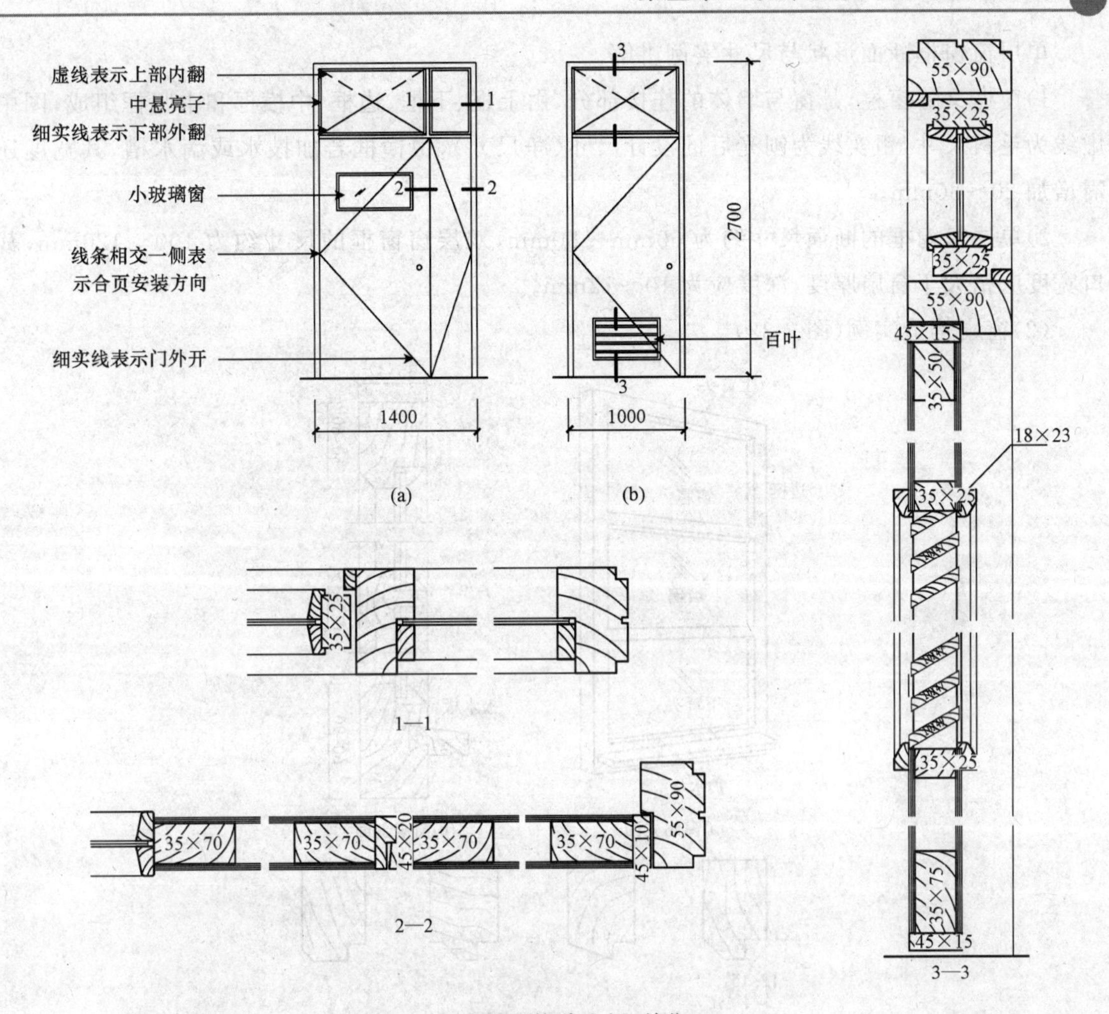

图 3-30　夹板门构造实例(单位:mm)

3)夹板门内部是方木组成的木质骨架,两面贴以胶合板。为节约木材,可使用纤维板来代替胶合板,形成纤维板面门。为使夹板门内干燥,可在骨架内的横挡留有 914～916 的小孔。如需要提高门的保温隔声性能时,可在夹板中间填入矿物毡。

二、窗的构造施工图识读

(1)窗框施工图实例(图 3-31)。

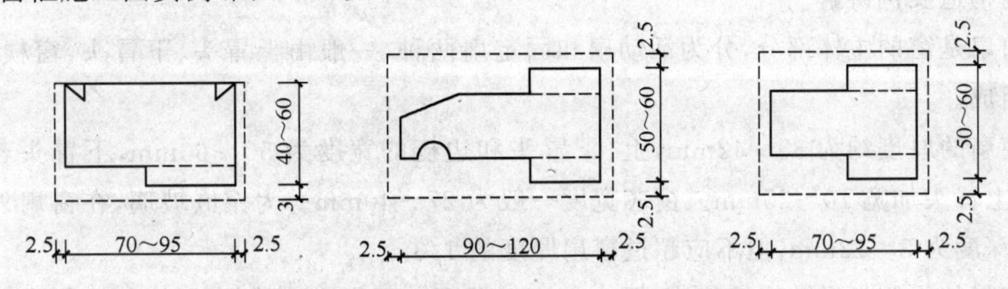

图 3-31　单层窗窗框断面形状与尺寸实例(单位:mm)

单层窗窗框断面形状与尺寸实例讲解。

1)窗框又称窗樘，是窗与墙体的连接部分，由上框、下框、边框、中横框和中竖框组成，图中虚线为毛料尺寸，粗实线为刨光后的设计尺寸(净尺寸)，中横框若加披水或滴水槽，其宽度还需增加 20～30mm。

2)单层窗窗框的断面尺寸约为 60mm×80mm，双层窗窗框的尺寸约为 100～120mm，裁口宽度应稍大于窗扇厚度，深度应为 10～12mm。

(2)窗扇构造实例(图 3-32)。

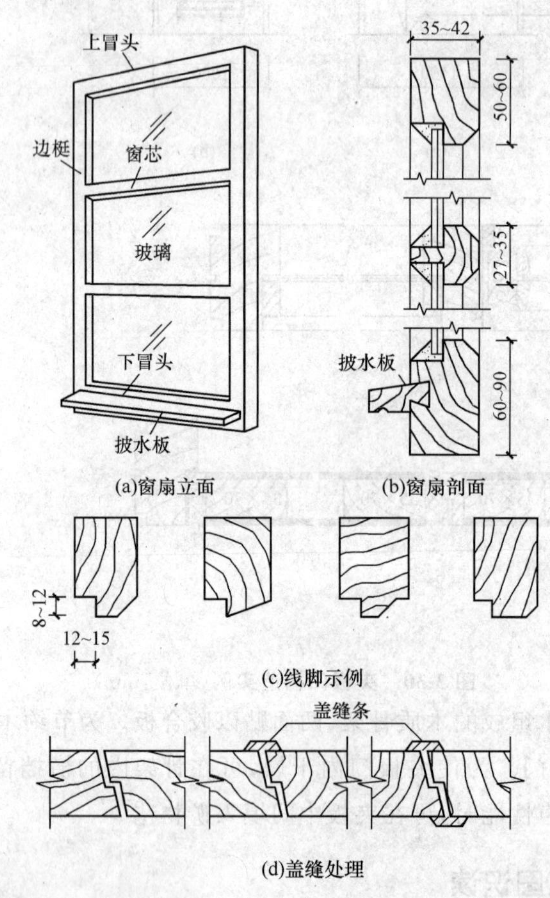

图 3-32　窗扇构造实例

窗扇构造实例讲解。

1)窗扇是窗的主体部分，分为活动扇和固定扇两种，一般由上冒头、下冒头、窗棂子、边框等部分组成。

2)窗扇的厚度约为 35～42mm，上、下冒头和边梃的宽度为 50～60mm，下冒头若加披水板，应比上冒头加宽 10～25mm。窗芯宽度一般为 27～40mm。为镶嵌玻璃，在窗扇外侧要做裁口，其深度为 8～12mm，但不应超过窗扇厚度的 1/3。

3)窗料的内侧常做装饰性线脚，既少挡光又美观。两窗扇之间的接缝处，常做高低缝的盖口地可以一面或两面加钉盖缝条，以提高防风挡雨能力。

(3)窗的装饰构件实例(图 3-33～图 3-37)。

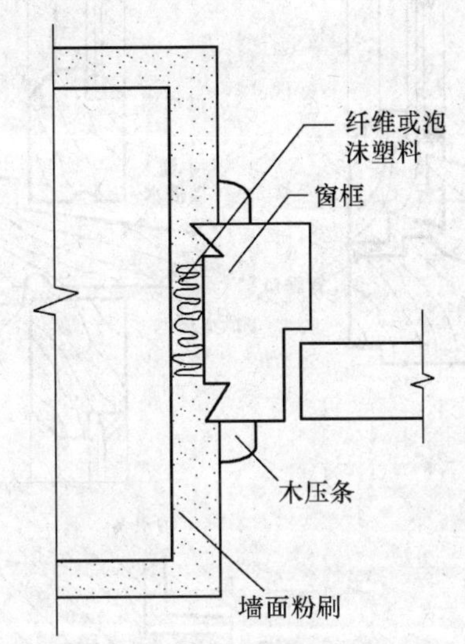

图 3-33 压缝条实例

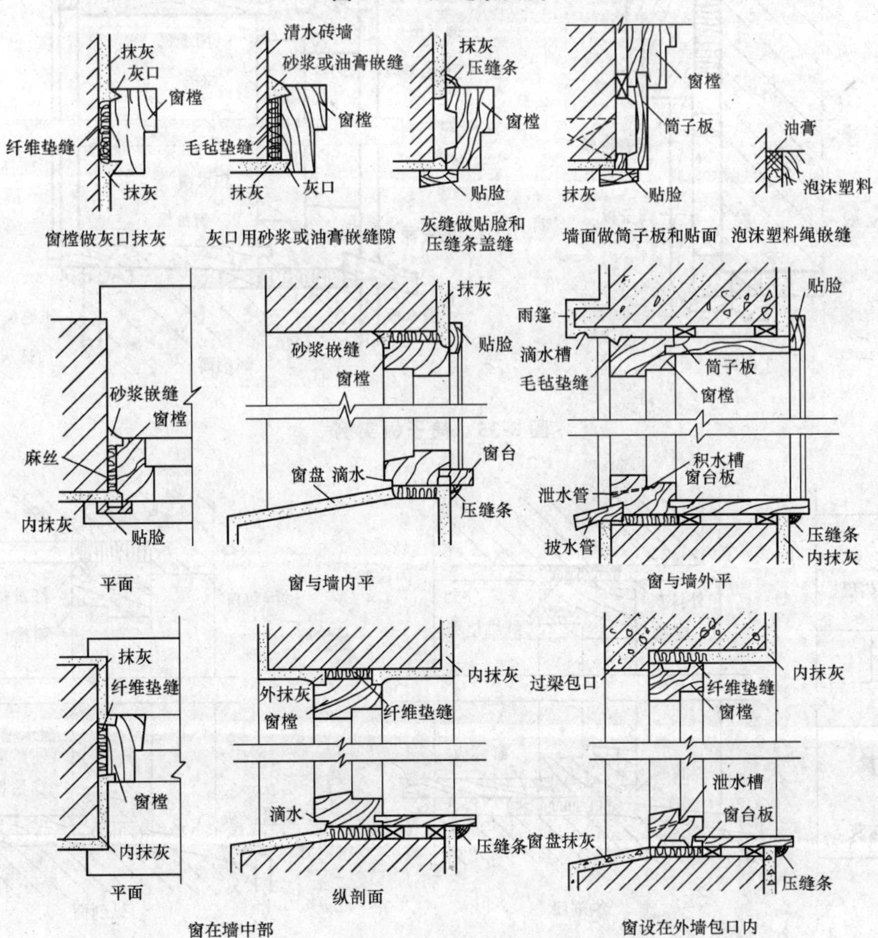

图 3-34 贴脸板实例

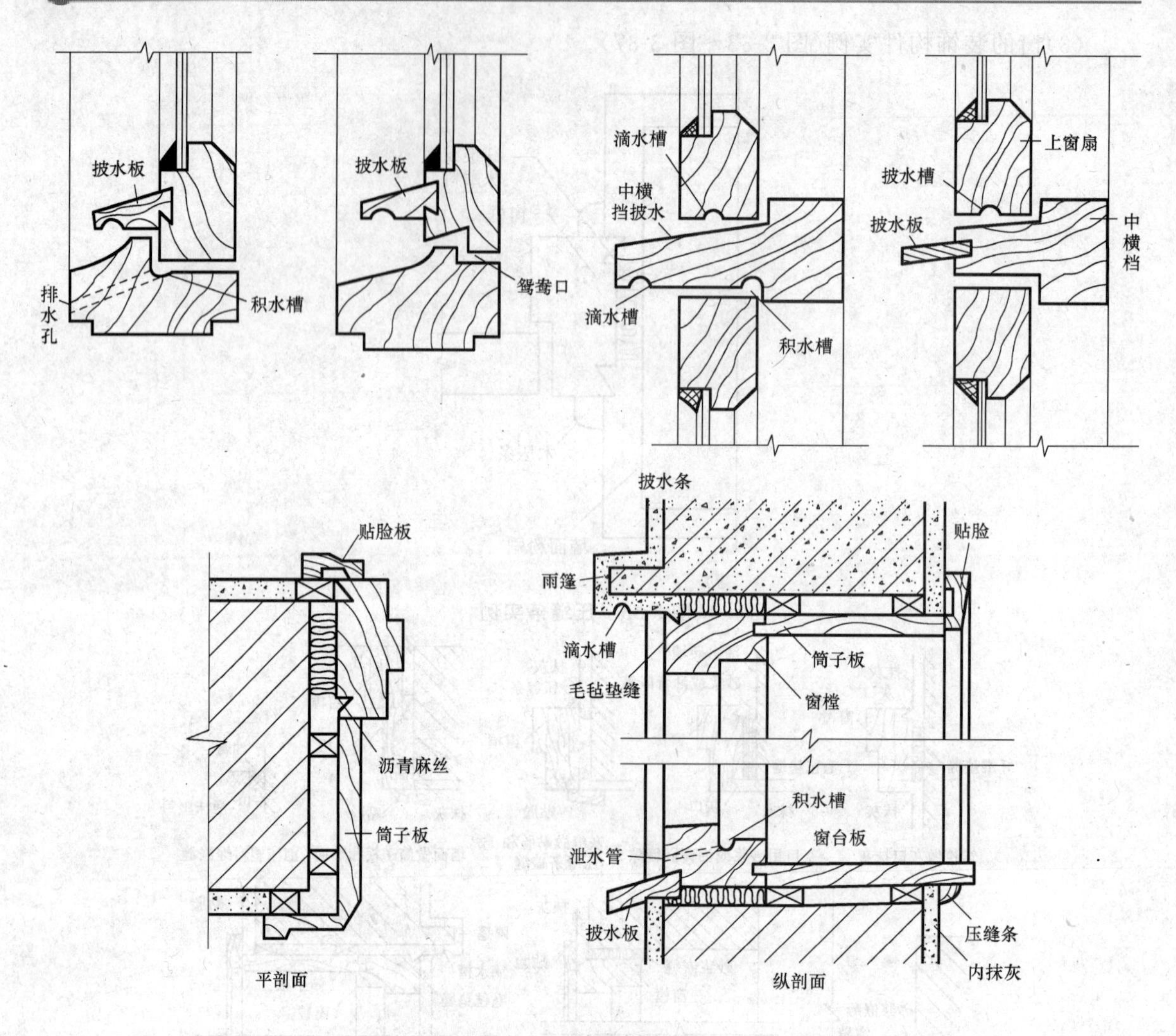

图 3-35　筒子板实例

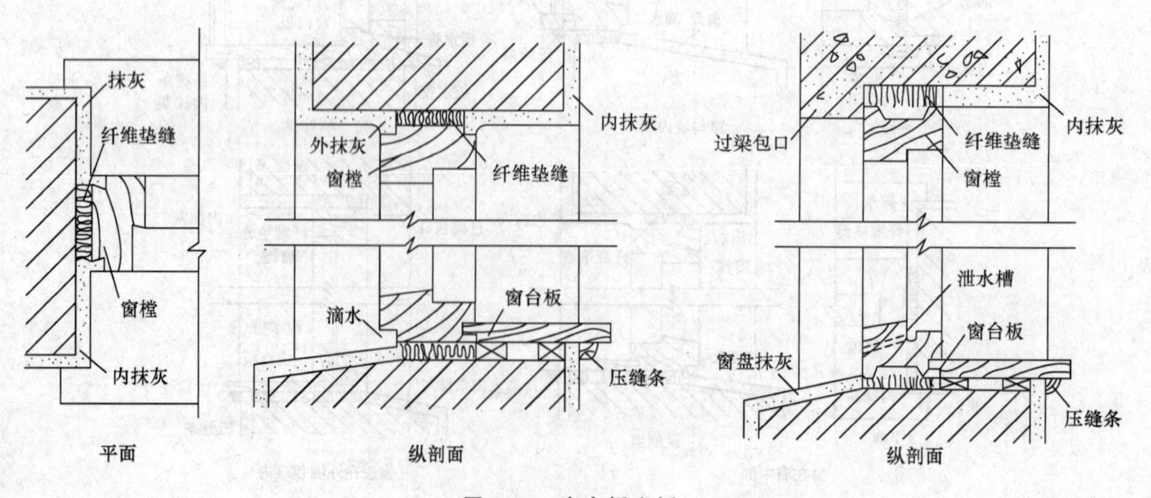

图 3-36　窗台板实例

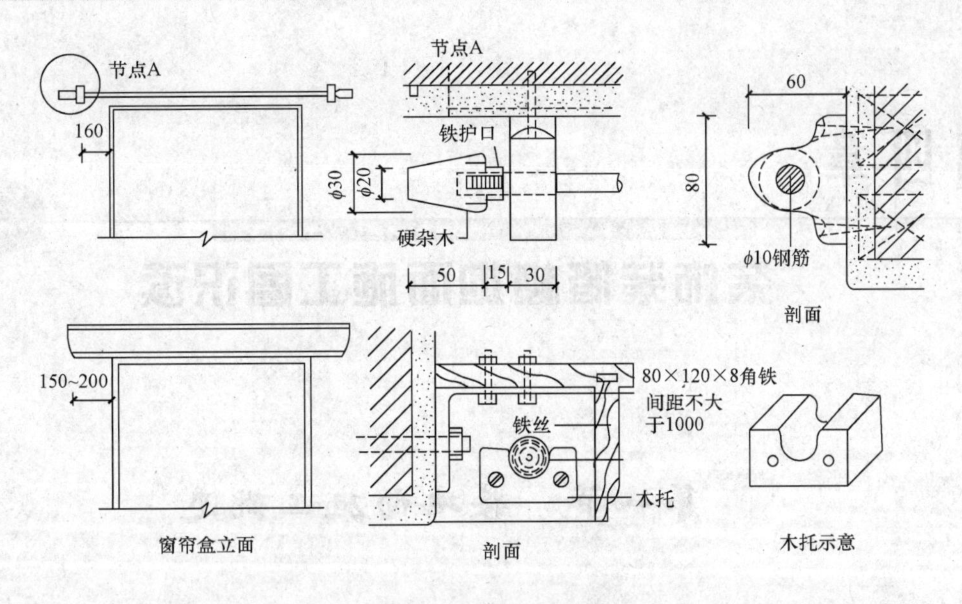

图 3-37　窗帘盒实例

窗的装饰构件实例讲解。

1)压缝条:采用 10～15mm 见方的小木条,填补窗安装于墙中产生的缝隙,以保证室内的正常温度。

2)贴脸板:用来遮挡靠墙里皮安装窗扇产生的缝隙。

3)筒子板:在门窗洞口的外侧墙面,用木板包钉镶嵌,称为筒子板。

4)窗台板:在窗下槛内侧设窗台板,窗台板板厚一般为 30～40mm,挑出墙面一般为 30～40mm。窗台板可以采用木板、水磨石板、大理石板或其他装饰板等。

5)窗帘盒:悬挂窗帘时,为掩蔽窗帘棍和窗帘上部的栓环而设。窗帘盒三面均用 25mm×(100～150)mm 木板镶成。窗帘棍有木、铜、铁等材料,一般用角钢或钢板伸入墙内。

第四章

装饰装修楼地面施工图识读

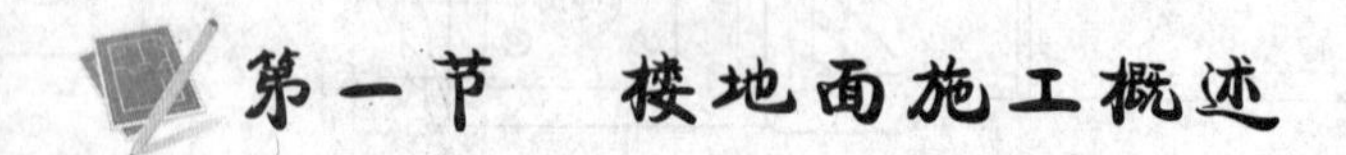

第一节　楼地面施工概述

一、楼地面饰面功能及类型

1. 饰面功能

楼地面饰面，通常是指在普通的水泥地面、混凝土地面、砖地面及灰土垫层等各种地坪的表面所加做的饰面层。它一般具有以下功能：

1)保护楼板和地坪。保护楼板和地坪是楼地面饰面的基本要求。建筑结构构件的使用寿命与使用条件和使用环境有很大的关系。楼地面的饰面层是覆盖在结构构件表面之上的，在一定程度上缓解了外力对结构构件的直接作用，可以起到耐磨、防碰撞破坏及防止渗透而引起的楼板内钢筋锈蚀等作用。这样就保护了结构构件，尤其是材料强度较低或材料耐久性较差的结构构件，从而提高了结构构件的使用耐久性。

2)满足隔声要求。隔声主要是对楼面而言的。居住建筑有隔声的必要，特别是某些大型建筑，如医院、广播室及录音室等，更要求安静和无噪声。

至于撞击传声的隔绝，其途径主要有两个：一是采用浮筑或弹性夹层地面的做法；二是采用弹性地面。前一种构造施工较复杂，而且效果也一般，因而较少采用；弹性地面主要是利用富于弹性的铺面材料作面层，作法简单，能较好地吸收一部分冲击能量。

3)满足吸声要求。在标准较高、室内音质控制要求严格及使用人数较多的公共建筑中，合理地选择和布置地面材料，对于有效地控制室内噪声具有积极的作用。一般来说，表面致密光滑、刚性较大的地面，如大理石地面，对于声波的反射能力较强，吸声能力较差。而各种软质地面，可以起到较大的吸声作用，如化纤地毯的平均吸声系数达到0.55。

4)满足保温要求。从材料特性的角度考虑，水磨石地面和大理石地面等都属于热传导性较好的材料，而木地板和塑料地面等则属于热传导性较差的地面。

从人的感受角度加以考虑，就是要注意，人会以对某种地面材料的导热性能的认识来评价整个建筑空间的保温特性。

5)满足弹性要求。弹性材料的变形具有吸收冲击能力的性能,冲力很大的物体接触到弹性物体,其所受到的反冲力比原先要小得多。因此,人在具有一定弹性的地面上行走,感觉会比较舒适。对于一些装修标准较高的建筑室内地面,应尽可能采用有一定弹性的材料作为地面的装修面层。

6)满足装饰方面的要求。楼地面的装饰是整个工程的重要组成部分,对整个室内的装饰效果有很大影响。它与顶棚共同构成了室内空间的上、下水平要素,同时通过二者巧妙的组合,可使室内产生优美的空间序列感。楼地面的装饰与空间的实用技能也有紧密的联系。

2. 楼地面饰面类型

1)根据饰面材料的不同。分为水泥砂浆地面、水磨石地面、大理石(花岗石)地面、地砖地面、木地板地面及地毯地面等。

2)根据构造方法和施工工艺不同。分为整体类地面、块材类地面、木地面及人造软制品地面等。

3)按面层材料分类。按面层材料分类直观易懂,但由于材料品种繁多,显得过多过细,缺乏归纳性。

二、楼地面施工图类型

(1)楼地面布置图

装饰装修工程楼地面布置图是在室内布置可移动的装饰要素(如家具、设备、盆栽等)的理想状况下,假想用一个水平的剖切平面,在略高于窗台的位置,将经过内外装修的房屋整个剖开,移去以上部分向下所作的水平投影图。

楼地面布置图主要是用来表明建筑室内外各种地面的造型、色彩、位置、大小、高度、图案和地面所用材料,表明房间内固定布置与建筑主体结构之间,以及各种布置与地面之间、不同的地面之间的相互关系等。

装饰装修工程楼地面布置图是在装饰平面布置图的基础上去除可移动装饰元素后而成的图纸,它的图示内容与装饰平面布置图基本一致。

在楼地面布置图上突出表示的是各房间地面装饰的形状、花形、材料、构造做法,通常用文字表示地面的材料,用尺寸表示地面花形的大小,用详图表示其构造做法。

楼地面布置图识读可参照以下步骤进行:

1)看图名、比例。

2)看外部尺寸,了解与装饰装修平面布置图的房间是否相同,弄清图示中是否有错、漏以及不一致的地方。

3)看房间内部楼地面装修。看大面材料,看工艺做法,看质地、图案、花纹、色彩、标高,看造型及起始位置,确定定位放线的可能性,实际操作的可能性,并提出施工方案和调整设计方案。

4)通过楼地面布置图上的剖切符号,明确剖切位置及其剖视方向,进一步查阅相应的剖面图。

5)通过楼地面布置图上的索引符号,明确被索引部位及详图所在的位置。

(2)楼地面平面图

楼地面平面图常简称"楼地面平面图",是用于反映建筑楼地面的装饰分格,标注楼地面材质、尺寸和颜色、地面标高等内容的图样,是确定楼地面装饰平面尺度及装饰形体定位的主要依据。

楼地面平面图同平面布置图的形成一样,所不同的是地面布置图不画活动家具及绿化等布置,只画出地面的装饰分格,标注地面材质、尺寸和颜色、地面标高等。

地面平面图的常用比例为1:50、1:100、1:150。

图中的地面分格采用细实线(0.25b)表示,其他内容按平面布置图要求绘制。

当地面的分格设计比较简单时可与平面布置图合并画出,并加以说明即可。

楼地面平面图主要以反映地面装饰分格、材料选用为主,图示内容有:

1)建筑平面图的基本内容。

2)室内楼地面材料选用、颜色与分格尺寸以及地面标高等。

3)楼地面拼花造型。

4)索引符号、图名及必要的说明。

第二节　楼地面施工图识读

一、木楼地面施工图实例

(1)架空式木楼地面施工图(图4-1)。

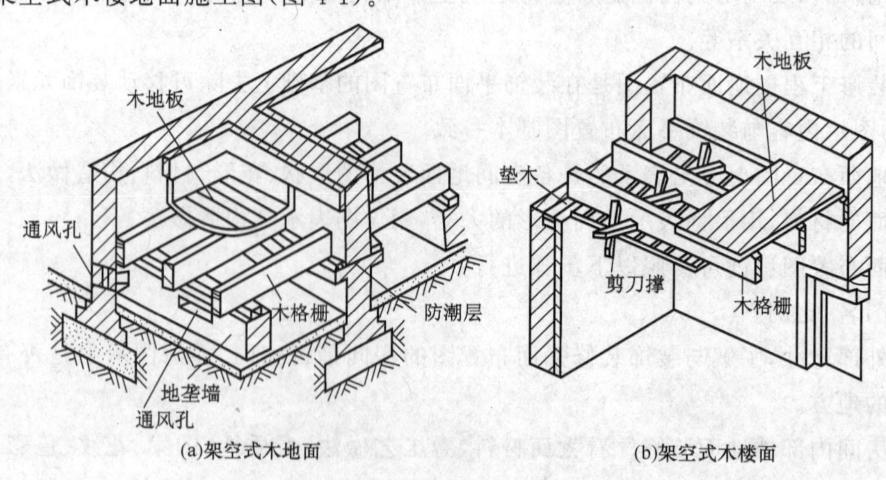

图4-1　架空式木楼地面施工图实例(单位:mm)

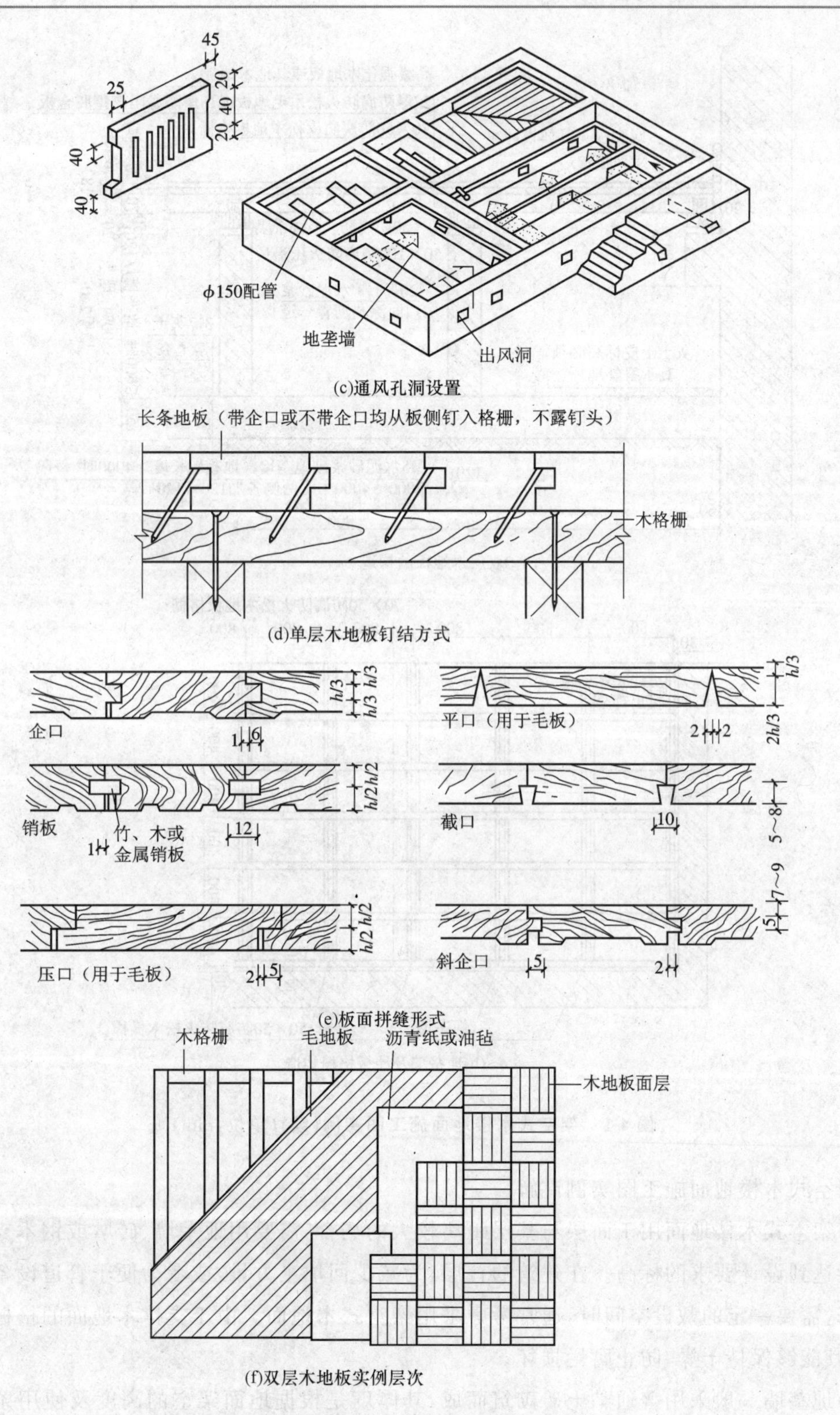

(c)通风孔洞设置

(d)单层木地板钉结方式

(e)板面拼缝形式

(f)双层木地板实例层次

图 4-1 架空式木楼地面施工图实例(续)(单位:mm)

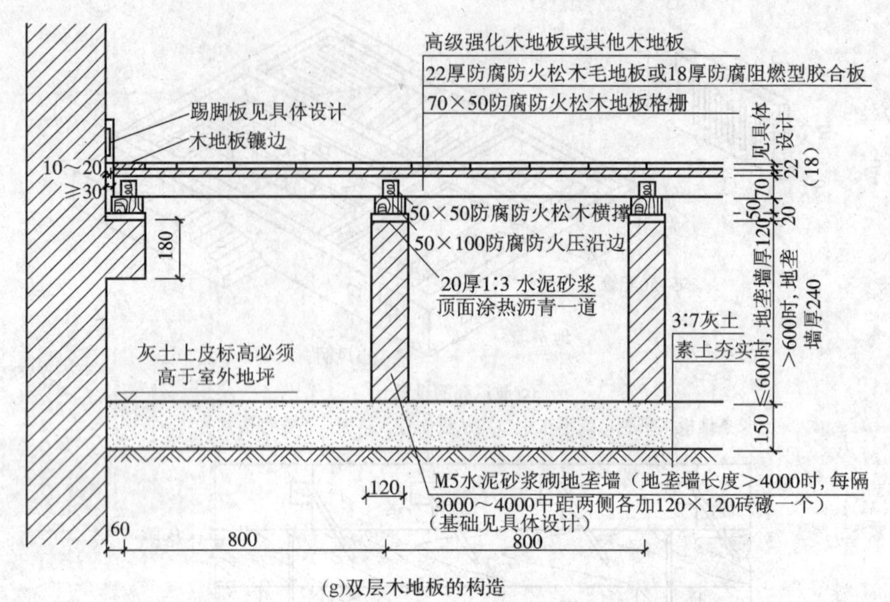

(g)双层木地板的构造

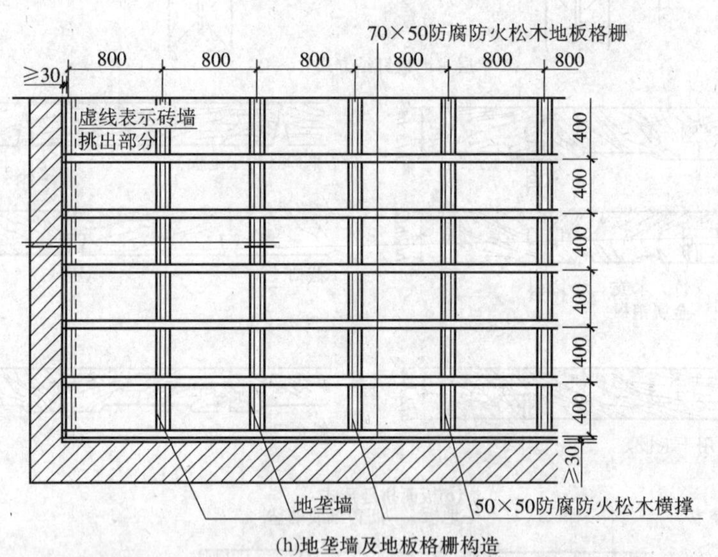

(h)地垄墙及地板格栅构造

图 4-1　架空式木楼地面施工图实例(续)(单位:mm)

架空式木楼地面施工图实例讲解。

1)架空式木楼地面用于面层与基层距离较大的场合,需要用地垄墙、砖墩或钢木支架的支撑才能达到设计要求的标高。在建筑的首层,为减少回填土方量,或者为便于管道设备的架设和维修,需要一定的敷设空间时,通常考虑采用架空式木地面。由于支撑木地面的格栅架空搁置,使其能够保持干燥,防止腐烂损坏。

2)地垄墙一般采用普通黏土砖砌筑而成,其厚度是根据地面架空的高度及使用条件而确定的。垄墙与垄墙之间的间距,一般不宜大于 2m,地垄墙的标高应符合设计标高,地垄墙上要

预留通风洞，使每道地垄墙之间的架空层及整个木基层架空空间与外部之间均有较好的通风条件。一般地垄墙上留孔洞120mm×120mm，外墙应每隔3～5m开设180mm×180mm的孔洞，洞孔加封钢丝网罩。若该架空层内敷设了管道设备，需要检修空间时，则还要考虑预留过人孔。地垄墙的做法在大城市中已很少用，多用钢木结构支架取而代之。

3)地垄墙(或砖墩)与木格栅之间一般用垫木连接，垫木的主要作用是将木格栅传来的荷载传递到地垄墙上。垫木一般厚度为50mm，宽度为100mm。垫木在使用前应浸渍防腐剂，进行防腐处理。在大多数情况下，垫木应分段直接铺设在木格栅之下，也可沿地垄墙布置。与砖砌体接触面之间应干铺油毡一层。垫木与地垄墙之间通常用8号铅丝绑扎的方法连接，铅丝应预先埋设在砖砌体中，在垫木接头处，铅丝应在接头的150mm以内进行绑扎。也可用混凝土垫板来代替垫木，方法是在垄墙(或砖墩)上现浇一道混凝土圈梁(或压顶)，并在其中预埋"Ω"形铁件(或8号铅丝)。

4)木格栅又称木龙骨，主要作用是固定和承托面层，其断面尺寸应根据地垄墙(或砖墩)的间距大小来确定。木格栅一般与地垄墙垂直，中距400mm，格栅间加钉50mm×50mm松木横撑，中距800mm。木格栅与墙间应留出不小于30mm的缝隙。木格栅铺设找平后，用铁钉与垫木钉牢即可。在施工之前，木格栅应进行防腐处理。

5)剪刀撑是用来加固木格栅，增强整个地面的刚度，保证地面质量的构造措施。当地垄墙间距大于2m时，在木格栅之间应设剪刀撑，剪刀撑断面一般为50mm×50mm，剪刀撑布置在木格栅两侧面，用铁钉固定在木格栅上。

6)毛地板即毛板，是在木格栅上铺钉的一层窄木板条，属硬木板的衬板，便于钉接面层板，增加硬木地板的弹性。一般用松、杉木板条，厚20～25mm，其宽度不宜大于120mm，表面要平整。板条与板条之间缝隙不宜大于3mm，板条与周边墙之间留出10～20mm的缝隙，相邻板的接缝要错开。为防止首层地下土中生长杂草和潮气入侵，应在地基面层上夯填100mm厚的灰土，灰土的上皮应高于室外地面。

7)架空式木地板面层可以做成单层或双层，面层下设有毛地板的木地板称为双层木地板，不设毛地板的木地板称为单层木地板。木地板面层的固定方式以钉结固定为主。

8)单层木地板是将长条形面板直接固定在木格栅上，有明钉和暗钉两种钉法，一般多采用暗钉法钉结，面板与周边墙之间留出10～20mm的缝隙，最后由踢脚板封盖。

9)双层木地板是将面板直接固定在基层毛板上，铺钉前先在毛地板上铺一层油毡或油纸，防止使用中发出响声或受潮气侵蚀。双层木地板的固定方法除上述钉结方法外还有粘贴式和浮铺式，粘贴式是直接将面板粘贴在基层毛板上；浮铺式是将带有严密企口缝的面板(如强化木地板)按企口拼装铺于毛板上，四周镶边顶紧即可。

(2)实铺式木楼地面施工图实例(图4-2)。

实铺式木楼地面施工图实例讲解。

1)木格栅由于直接放在结构层上，其断面尺寸较小，一般为50mm×(50～70)mm，中距为400mm，通过预埋在结构层中的"Ω"形铁件或螺栓等固定。

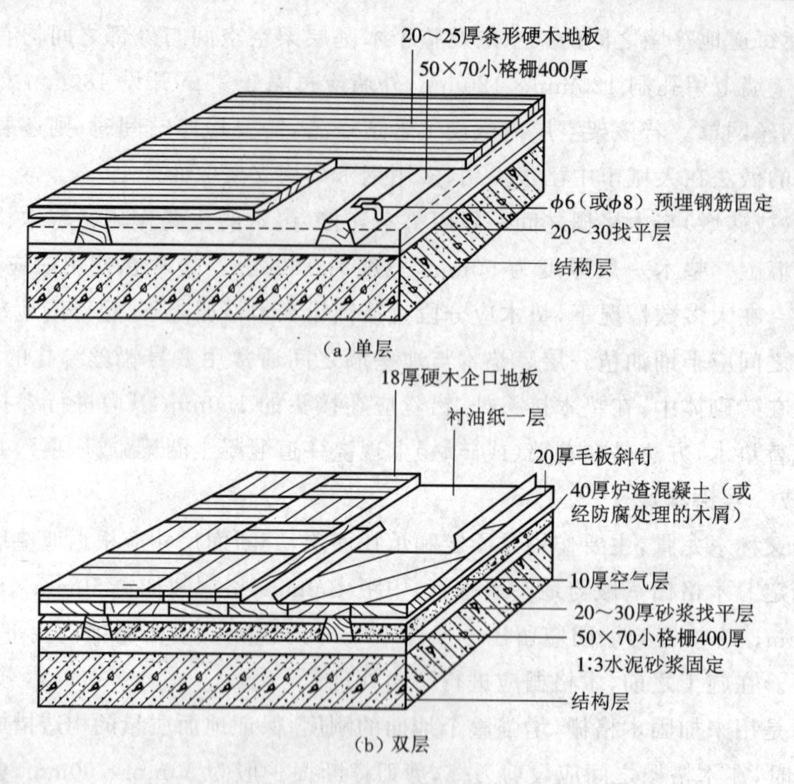

图 4-2　实铺式木楼地面施工图实例(单位:mm)

2)在木格栅之间通常设横撑,为了提高整体性,中距大于 800～1200mm,断面一般为 50mm×50mm,用铁钉固定在木格栅上。

3)为了使木地面达到设计高度,必要时可在格栅下设置木垫块,中距大于 400mm,断面一般为 20mm×40mm×50mm,与木格栅钉牢。

4)为了防止潮气入侵地面层,底层地面木格栅下的结构层应做防潮层。一般构造做法是,素土夯实后,铺 100mm 厚 3∶7灰土,40mm 厚 C10 细石混凝土随打随抹,铺设一毡二油或水乳化沥青一布二涂防潮层,在防潮层上用 50mm 厚 C15 混凝土随打随抹,并预埋铁件。为了满足减震和弹性要求,往往还要加设弹性橡胶垫层。为了减少行人在地板行走产生的空鼓声,改善保温隔热效果,通常可在格栅之间填充一些轻质材料如干焦渣、蛭石、矿棉毡等。需注意的是在施工之前木格栅、横撑应进行防腐处理,防火要求高的应进行防火处理。

5)实铺式木楼地面面层与架空式木楼地面面层相同。木地板面板与周边墙交接处由踢脚板及压封条封盖。为使潮气散发,可在踢脚板上开设通风口。

(3)粘贴式木楼地面施工图实例(图 4-3)。

粘贴式木楼地面施工图实例讲解。

1)粘贴式木楼地面是在结构层(钢筋混凝土楼板或底层素混凝土)上做好找平层,再用黏结材料将各种木板直接粘贴而成,具有实用简单、占空间高度小、经济等优点,但弹性较差,若选用软木地板,可取得较好的弹性。

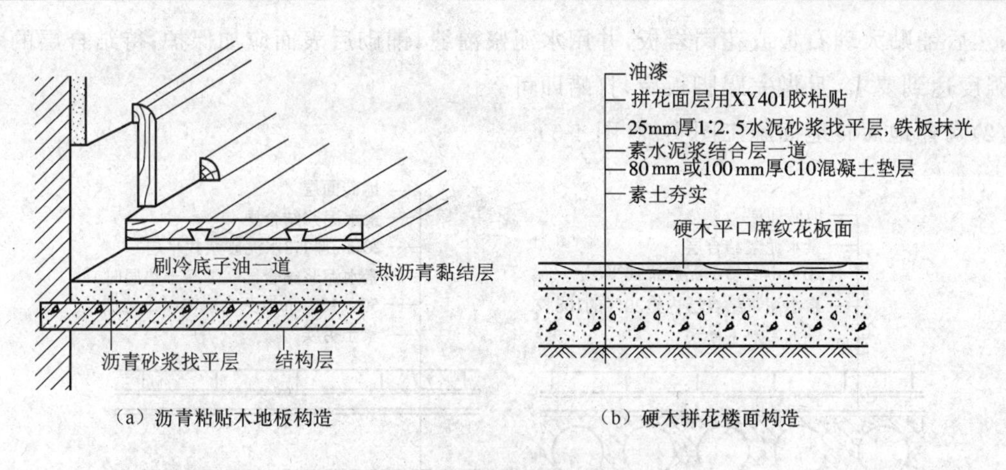

（a）沥青粘贴木地板构造　（b）硬木拼花楼面构造

图 4-3　粘贴式木楼地面施工图实例

2）粘贴式木楼地面的基层一般是水泥砂浆或混凝土，为便于粘贴木地板，要求基层具有足够的强度和适宜的平整度，表面无浮尘、浮渣。

3）面层板一般是长条硬木企口板、拼花小木块板或硬质纤维板，粘贴前应进行防腐处理。

4）胶结材料可采用胶粘剂或沥青胶黏材料，目前应用较多的胶粘剂有：合成橡胶溶剂型、氯丁橡胶型、环氧树脂型、聚氨酯及聚酯酸乙烯乳液等。采用沥青胶结材料粘贴木板时，基层上涂冷底子油一道。

5）粘贴式木地面通常做法是：在结构层上用 15mm 厚 1∶3水泥砂浆找平，上面刷冷底子油一道，然后铺设 5mm 厚沥青胶结材料（或其他胶结剂），最后粘贴木地板，随涂随粘。

二、板材式楼地面施工图实例

（1）大理石（花岗石）楼地面施工图实例（图 4-4）。

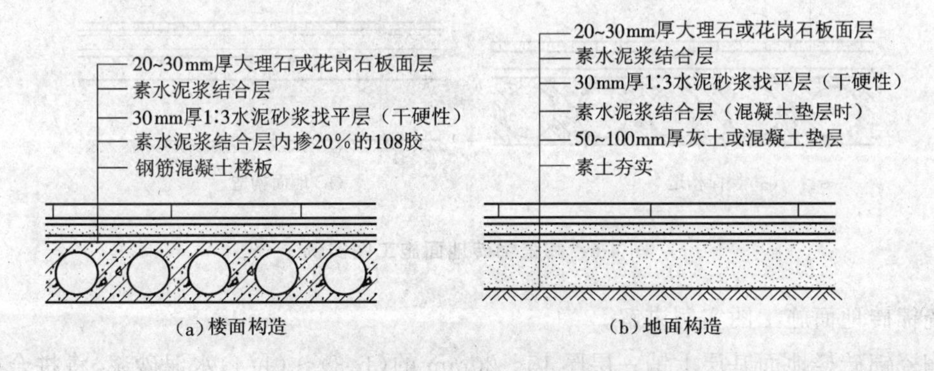

（a）楼面构造　（b）地面构造

图 4-4　大理石（花岗石）楼地面施工图实例

大理石（花岗石）楼地面施工图实例讲解。

1）花岗岩板和大理石板楼地面面层是在结合层上铺设而成的。

2）一般先在刚性平整的垫层或楼板基层上铺 30mm 厚 1∶3干硬性水泥砂浆结合层，找平压实；然后铺贴大理石板或花岗岩板，并用水泥浆灌缝，铺砌后表面应加保护；待结合层的水泥砂浆强度达到要求，且做完踢脚板后，打蜡即可。

(2)陶瓷地面砖地面施工图实例(图 4-5)。

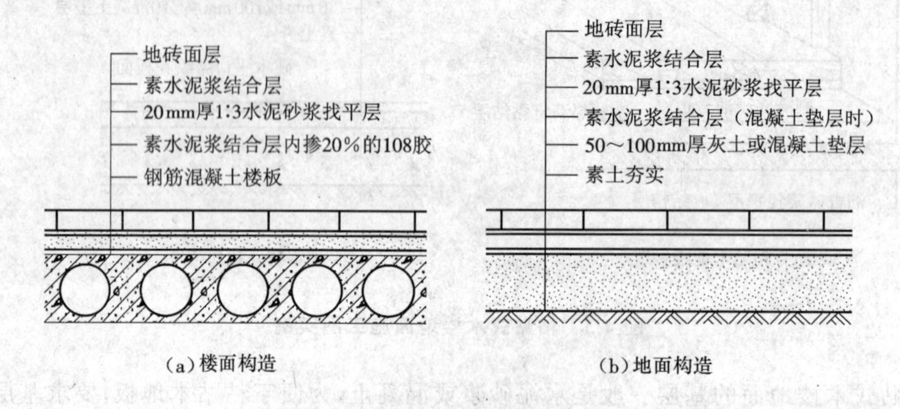

图 4-5 陶瓷地面砖地面施工图实例

陶瓷地面砖地面施工图实例讲解。

1)陶瓷地面砖铺贴时，所用的胶结材料一般为(1:3)～(1:4)水泥砂浆，厚 15～20mm。

2)陶瓷地面砖铺贴时，砖块之间 3mm 左右的灰缝，用水泥浆嵌缝。

(3)陶瓷锦砖地面施工图实例(图 4-6)。

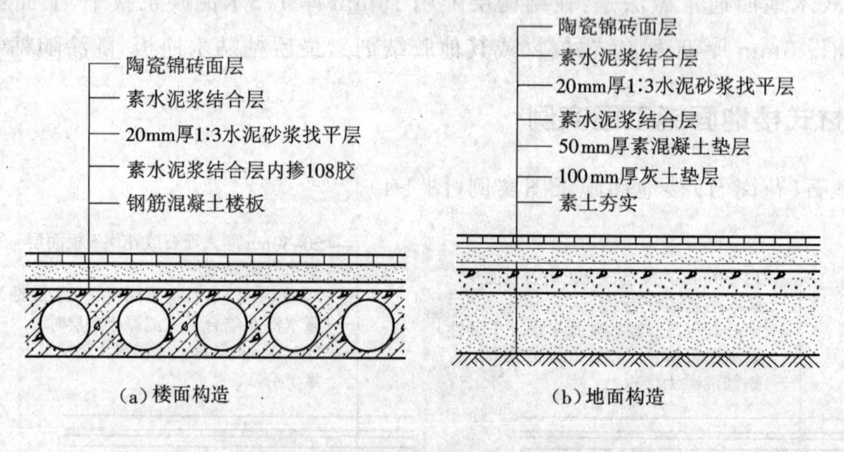

图 4-6 陶瓷锦砖地面施工图实例

陶瓷锦砖地面施工图实例讲解。

1)陶瓷锦砖楼地面基层上铺一层厚 15～20mm 的(1:3)～(1:4)水泥砂浆，将拼合好后的陶瓷锦砖纸板反铺在上面，然后用滚筒压平，使水泥砂浆挤入缝隙。

2)待水泥砂浆硬化后，用水及草酸洗去牛皮纸，最后用白水泥浆嵌缝即成。

(4)预制水磨石地面施工图实例(图 4-7)。

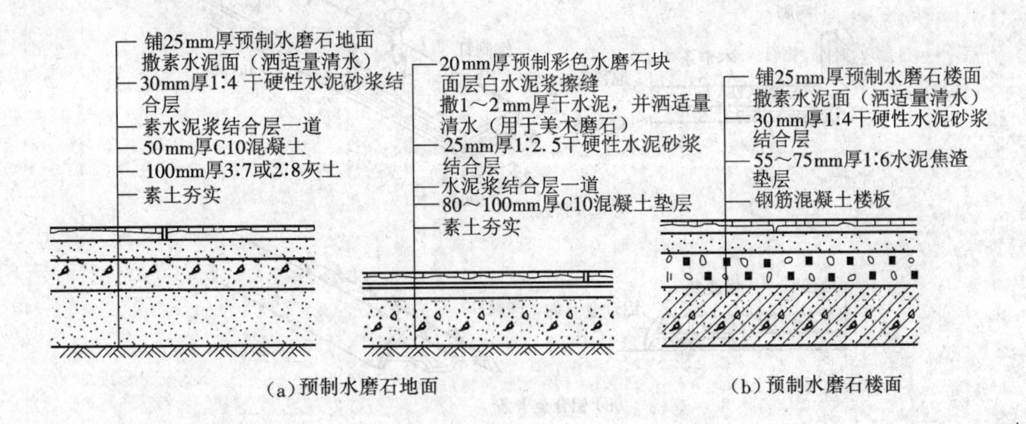

(a)预制水磨石地面　　(b)预制水磨石楼面

图 4-7 预制水磨石地面施工图实例

预制水磨石地面施工图实例讲解。

1)预制水磨石面层是在结合层上铺设的。

2)一般是在刚性平整的垫层或楼板基层上铺 300mm 厚 1∶4水泥砂浆，刷素水泥浆结合层；然后采用 12～20mm 厚 1∶3水泥砂浆铺砌，随刷随铺，铺好后用 1∶1水泥砂浆嵌缝。

三、软质制品楼地面施工图实例

(1)地毯楼地面施工图实例(图 4-8～图 4-11)。

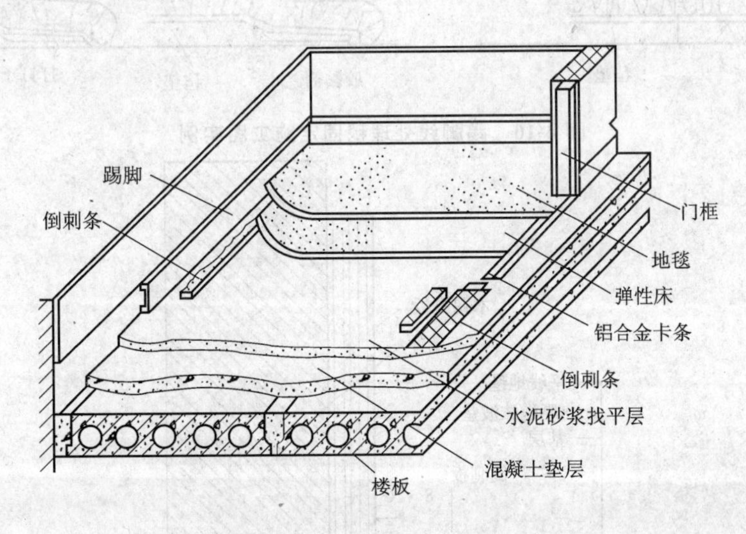

图 4-8 地毯楼地面施工图实例

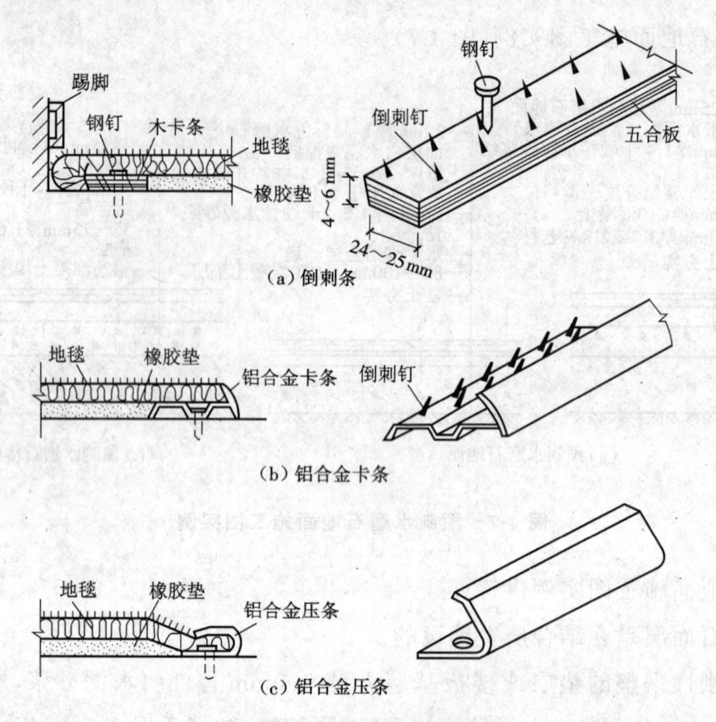

图 4-9 挂毯条施工图实例

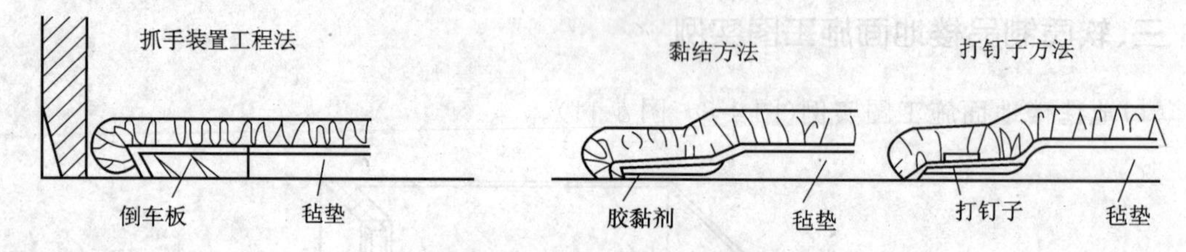

图 4-10 踢脚线处理毯固定施工图实例

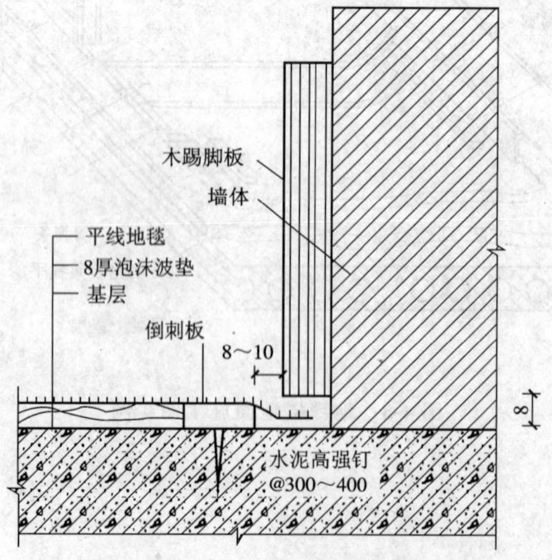

图 4-11 局部铺设地毯的固定施工图实例(单位:mm)

地毯楼地面施工图实例讲解。

1)铺设地毯的基层即楼地面面层,一般要求基层具有一定强度、表面平整并保持洁净;木地板上铺设地毯应注意钉头或其他突出物,以免损坏地毯;底层地面的基层应做防潮处理。

2)采用挂毯条固定法通常在地毯下面加设垫层,垫层有波纹状的海绵波垫和杂毛毡垫,厚度为10mm左右。加设垫层增加地面的柔软、弹性和防潮性,并易于铺设。常用的铝合金挂毯条兼具挂毯、收口双重作用,既可用于固定地毯,也可用于两种不同材质的地面相接的部位。还可采用自行制作简易倒刺板,即在4～6mm厚、24～25mm宽的木板条上平行钉两行钉子,一般应使钉子按同一方向与板成60°和75°角。挂毯条通常沿墙四周边缘顺长布置,固定在距墙面踢脚板外8～10mm处,以作地毯掩边之用。另外在地毯接缝及地面高低转折处沿长布置挂毯条。一般用合金钉将挂毯条固定在基层上。当地毯完全铺好后,用剪刀裁去墙边多出部分,再用扁铲将地毯边缘塞入踢脚板下预留的空隙中。

3)采用粘贴固定地毯时,把胶直接涂刷在处理好的基层上,然后将地毯固定在基层上面,刷胶采用满刷和局部刷两种方法。人流多的公共场所的地面应采用满刷胶液;人流少而搁置器物较多的房间地面多采用局部刷胶。当采用粘贴固定地毯时,地毯应具有较密实的基地层。常见的基地层是在绒毛的底部粘上一层2mm左右的胶,如橡胶、塑胶、泡沫胶层等,不同的胶底层耐磨性能不同。有些重度级的专业地毯,胶的厚度4～6mm,而且在胶的下面再贴一层薄毯片。

4)局部铺设地毯一般采用固定法,除可选用粘贴固定法和挂毯条固定法外,还可选用铜钉法,即将地毯的四周与地面用铜钉予以固定。

(2)塑料地板楼地面施工图实例(图4-12)。

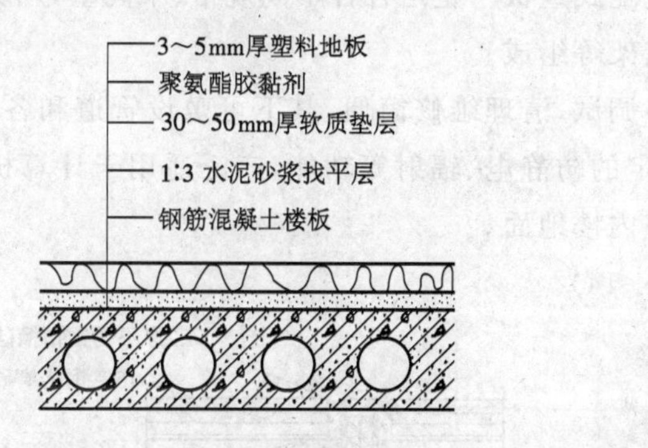

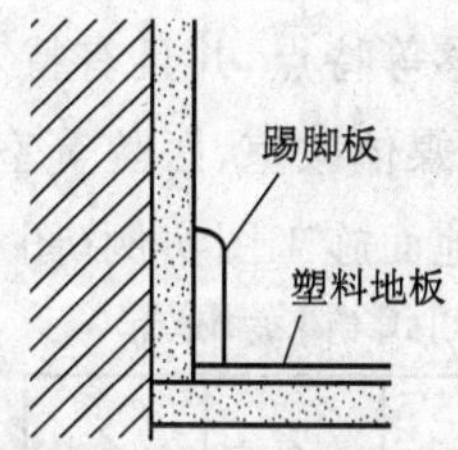

图4-12 塑料地板楼地面施工图实例

塑料地板楼地面施工图实例。

1)塑料地板的基层一般是混凝土及水泥砂浆类,基层应平整、干燥,有足够的强度,各个阴阳角方正,无油脂尘垢。当表面有麻面、起砂和裂缝等缺陷时,应用水泥腻子修补平整。

2)塑料地板的铺贴方式:其一是直接铺贴(干铺),主要用于人流量小及潮湿房间的地面。铺设大面积塑料卷材要求定位截切,足尺铺贴,同时应注意在铺设前3～6天进行裁边,并留有

0.5%的余量。对不同的基层还应采用一些相应的构造措施，如在首层地坪上，应加做防潮层；在金属基层上，应加橡胶垫层。另一种方式是胶黏铺贴，适用于半硬质塑料地板。胶黏铺贴采用胶黏剂与基层固定，胶黏剂多与地板配套供应。塑料地板专用胶黏剂品种较多，一般常见的有氯丁胶、聚酯酸乙烯胶、6101 环氧胶、立时得万能胶、202 胶、405 胶等。在选择胶黏剂时要注意其特性和使用方法。

四、其他楼地面施工图实例

(1)活动夹层地板楼地面施工图实例(图 4-13)。

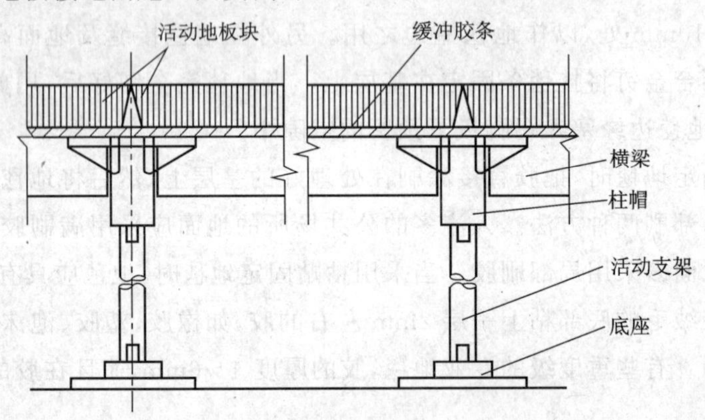

图 4-13 活动夹层地板楼地面施工图实例

活动夹层地板楼地面施工图实例。

1)活动夹层地板楼地面又称“装配式地板”，是由各种不同规格、不同型号和材质的面板配以龙骨、橡胶条和可供调节的金属支架等组成。

2)活动夹层地板具有易安装、易调试，清理维修简便，其下可敷设管道和各种导线并可随意开启检查、迁移等特点，并且有特定的防静电、辐射等功能，广泛适用于计算机房、仪表控制室、通讯中心、多媒体教室、医院等室内楼地面。

(2)玻璃楼地面施工图实例(图 4-14)。

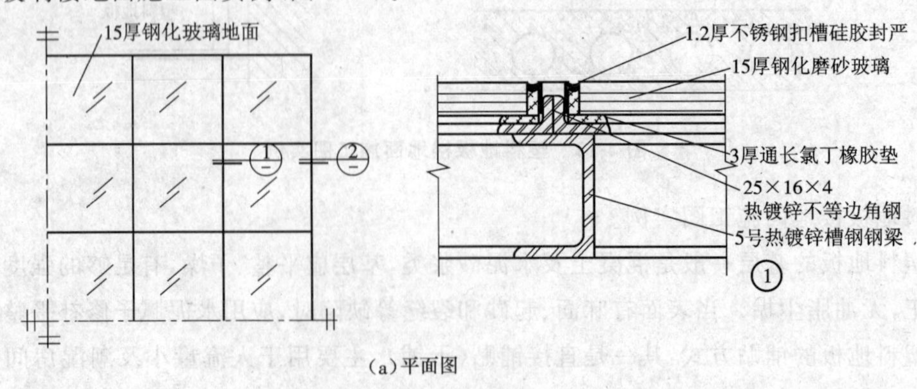

图 4-14 玻璃楼地面施工图实例(单位：mm)

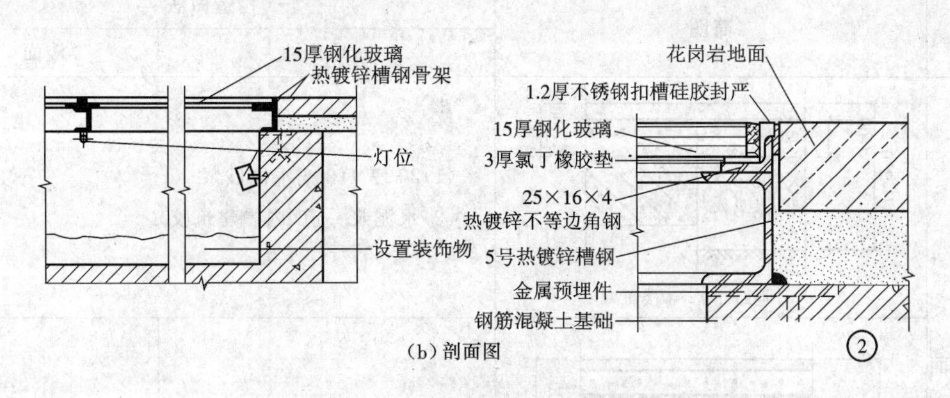

(b)剖面图

图 4-14　玻璃楼地面施工图实例(续)

玻璃楼地面施工图实例。

1)玻璃地面的支撑结构可以用多种形式，主要由装饰效果要求决定采用哪种形式的支撑结构。全透光形式，人们能看到玻璃地面内部的景物，此时通常应采用钢结构支撑；半透光形式只让人们看到可变换的光线，其支撑结构可采用混凝土支墩等。发光地面内部要保证的高度以保证光线投射均匀充分散热和寿命延长为标准，因此设计时应预留通风散热孔，做法是沿周边开设不小于 180mm×180mm 的通风孔洞。洞口用金属箅子与通风管相连，同时还要考虑维修灯具管线的方便，留有一定的操作距离。

2)格栅层作用是固定和承托面层。格栅层的材料可采用镀锌型钢、铝型材等，其断面尺寸的选择应根据支撑结构的间距来确定。由于架空内部设置的灯具散发的热量很高，通常情况下不宜采用木格栅，以保证防火安全。

3)面层与架空骨架连接有搁置与粘贴两种方法。一般用于室内的玻璃地板面层可采用搁置的方法，而用于室外的玻璃地板面层因考虑防水通常采用密封粘贴的方法，但此时更应考虑好散热和维修的措施。

4)半透明的发光地板面层可采用彩釉玻璃及玻璃砖等高强度、耐冲击、耐火材料。设置于室内的全透形玻璃地面由于地表与空气温度差别不是很大，也可以不使用双层中空钢化玻璃，而采用单层厚钢化玻璃。室外应采用双层中空钢化玻璃，钢化玻璃厚度的选定由格栅的单元面积大小决定。

第三节　楼地面常用构造识读

水泥混凝土楼地面构造，见表 4-1。

表 4-1　水泥混凝土楼地面构造识读

名称	简图	构造做法	
		地面	楼面
水泥砂浆面	D=230　d=60　L=100 地面　楼面	(1)20 厚 1∶2.5 水泥砂浆 (2)水泥浆一道(内掺建筑胶)	
	D=280　d=60　L=130 地面　楼面	(3)60 厚 C15 混凝土垫层 (4)素土夯实	(3)现浇钢筋混凝土楼板或预制楼板现浇叠合层
水泥砂浆面层(有防水层)	D=290　d=60　L=140 地面　楼面	(1)15 厚 1∶2.5 水泥砂浆 (2)35 厚 C15 细石混凝土 (3)1.5 厚聚氨酯防水层或 2 厚聚合物水泥基防水涂料 (4)1∶3水泥砂浆或最薄处 30 厚 C20 细石混凝土找坡层抹平	
		(5)水泥浆一道(内掺建筑胶) (6)60 厚 C15 混凝土垫层 (7)150 厚碎石夯入土中	(5)60 厚 LC7.5 轻骨料混凝土 (6)现浇钢筋混凝土楼板或预制楼板现浇叠合层
水泥豆石面层	D=240　d=60　L=90 地面　楼面	(1)30 厚 C20 水泥豆石 (2)水泥浆一道(内掺建筑胶)	
		(3)60 厚 C15 混凝土垫层 (4)150 厚粒径 5～32mm 卵石(碎石)灌 M2.5 混合砂浆振捣密实或 3∶7灰土 (5)素土夯实	(3)60 厚 1∶6 水泥焦渣 (4)现浇钢筋混凝土楼板或预制楼板现浇叠合层

（续表）

名称	简图	构造做法	
		地面	楼面
细石混凝土面层	D=100 d=60 L=40 地面 楼面	(1)40 厚 C20 细石混凝土,表面撒 1∶1水泥砂子随打随抹光 (2)水泥浆一道(内掺建筑胶)	
		(3)60 厚 C15 混凝土垫层 (4)素土夯实	(3)现浇钢筋混凝土楼板或预制楼板现浇叠合层
细石混凝土面层(有防水层)	D=130 d=60 L=70 地面 楼面	(1)40 厚 C20 细石混凝土,表面撒 1∶1水泥砂子随打随抹光 (2)1.5 厚聚氨酯防水层或 2 厚聚合物水泥基防水涂料 (3)1∶3水泥砂浆或最薄处 30 厚 C20 细石混凝土找坡层抹平 (4)水泥浆一道(内掺建筑胶)	
		(5)60 厚 C15 混凝土垫层 (6)素土夯实	(5)现浇钢筋混凝土楼板或预制楼板现浇叠合层
彩色混凝土面层	D=260 d=60 L=110 地面 楼面	(1)50 厚 C25 彩色混凝土面层,内配φ4@200 双向钢筋 (2)水泥浆一道(内掺建筑胶)	
		(3)60 厚 C15 混凝土垫层 (4)150 厚碎石夯入土中	(3)60 厚 LC7.5 轻骨料混凝土 (4)现浇钢筋混凝土楼板或预制楼板现浇叠合层
	D=260 d=60 L=110 地面 楼面	(1)50 厚 C25 彩色混凝土面层,内配φ4@200 双向钢筋 (2)水泥浆一道(内掺建筑胶)	
		(3)60 厚 C15 混凝土垫层 (4)150 厚粒径 5～32mm 卵石(碎石)灌 M2.5 混合砂浆振捣密实或 3∶7灰土 (5)素土夯实	(3)60 厚 1∶6水泥焦渣 (4)现浇钢筋混凝土楼板或预制楼板现浇叠合层

（续表）

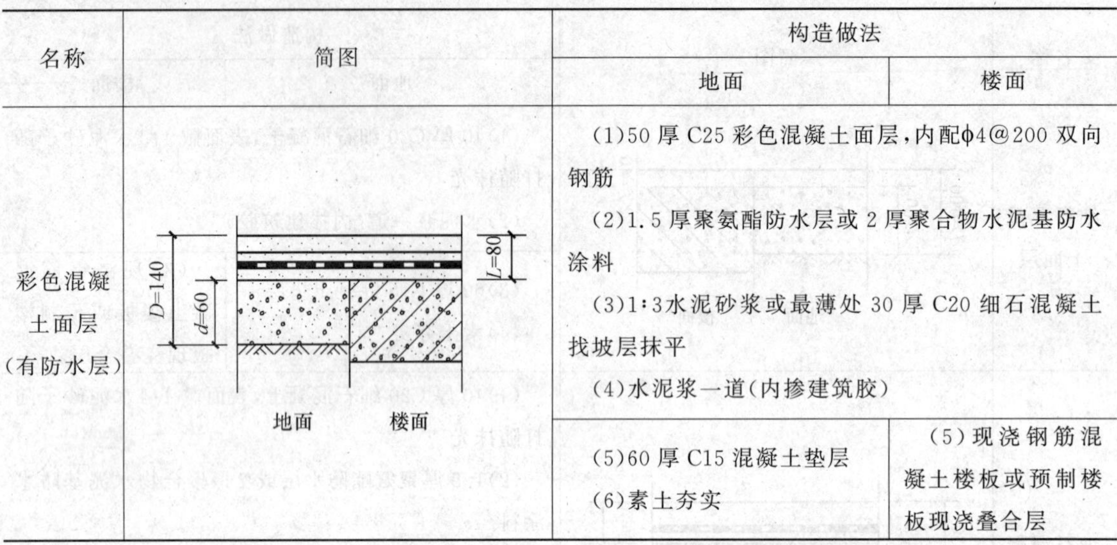

名称	简图	构造做法	
		地面	楼面
彩色混凝土面层（有防水层）	D=140 d=60 L=80 地面 楼面	(1)50 厚 C25 彩色混凝土面层，内配φ4@200 双向钢筋 (2)1.5 厚聚氨酯防水层或 2 厚聚合物水泥基防水涂料 (3)1∶3水泥砂浆或最薄处 30 厚 C20 细石混凝土找坡层抹平 (4)水泥浆一道（内掺建筑胶）	
		(5)60 厚 C15 混凝土垫层 (6)素土夯实	(5)现浇钢筋混凝土楼板或预制楼板现浇叠合层

注：D 为地面总厚度；d 为垫层、填充层厚度；L 为楼面建筑构造总厚度（结构层以上总厚度）。

水磨石楼地面构造，见表 4-2。

表 4-2　水磨石楼地面构造识读

名称	简图	构造做法	
		地面	楼面
现制水磨石面层	D=90 d=60 L=30 地面 楼面	(1)10 厚 1∶2.5 水泥彩色石子（中小八厘石子）地面，表面磨光打蜡 (2)20 厚 1∶3水泥砂浆结合层，干后卧铜条分格（铜条打眼穿 22 号镀锌低碳钢丝卧牢，每米 4 眼） (3)水泥浆一道（内掺建筑胶）	
		(4)60 厚 C15 混凝土垫层 (5)素土夯实	(4)现浇钢筋混凝土楼板或预制楼板现浇叠合层
	D=240 d=60 L=90 地面 楼面	(1)10 厚 1∶2.5 水泥彩色石子（中小八厘石子）地面，表面磨光打蜡 (2)20 厚 1∶3水泥砂浆结合层，干后卧铜条分格（铜条打眼穿 22 号镀锌低碳钢丝卧牢，每米 4 眼）	
		(3)水泥浆一道（内掺建筑胶） (4)60 厚 C15 混凝土垫层 (5)150 厚碎石夯入土中	(3)60 厚 LC7.5 轻骨料混凝土 (4)现浇钢筋混凝土楼板或预制楼板现浇叠合层

（续表）

名称	简图	构造做法	
		地面	楼面
现制水磨石面层（有防水层）	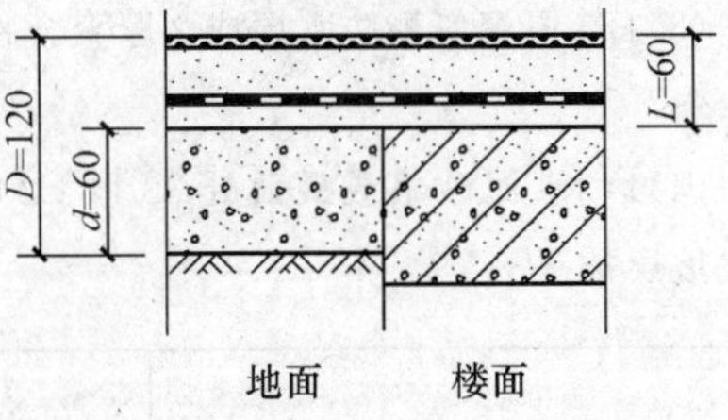 D=120　d=60　L=60 地面　楼面	(1)10 厚 1∶2.5 水泥彩色石子（中小八厘石子）地面，表面磨光打蜡 (2)20 厚 1∶3水泥砂浆结合层，干后卧铜条分格（铜条打眼穿 22 号镀锌低碳钢丝卧牢，每米 4 眼） (3)1.5 厚聚氨酯防水层或 2 厚聚合物水泥基防水涂料 (4)1∶3水泥砂浆或最薄处 30 厚 C20 细石混凝土找坡层抹平 (5)水泥浆一道（内掺建筑胶）	
		(6)60 厚 C15 混凝土垫层 (7)素土夯实	(6)现浇钢筋混凝土楼板或预制楼板现浇叠合层
	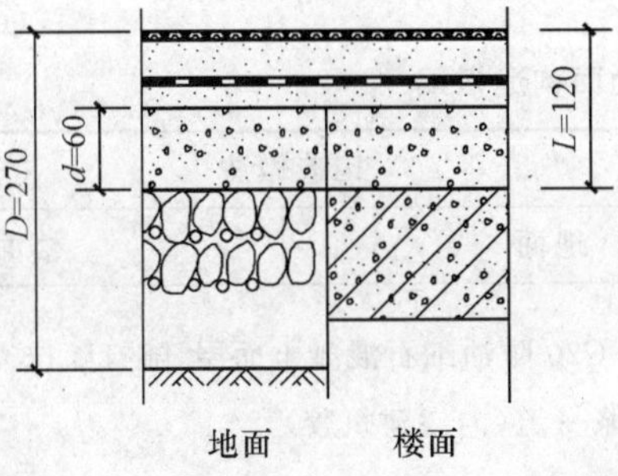 D=270　d=60　L=120 地面　楼面	(1)10 厚 1∶2.5 水泥彩色石子（中小八厘石子）地面，表面磨光打蜡 (2)20 厚 1∶3水泥砂浆结合层，干后卧铜条分格（铜条打眼穿 22 号镀锌低碳钢丝卧牢，每米 4 眼） (3)1.5 厚聚氨酯防水层或 2 厚聚合物水泥基防水涂料 (4)1∶3水泥砂浆或最薄处 30 厚 C20 细石混凝土找坡层抹平	
		(5)水泥浆一道（内掺建筑胶） (6)60 厚 C15 混凝土垫层 (7)150 厚碎石夯入土中	(5)60 厚 LC7.5 轻骨料混凝土 (6)现浇钢筋混凝土楼板或预制楼板现浇叠合层
预制水磨石面层	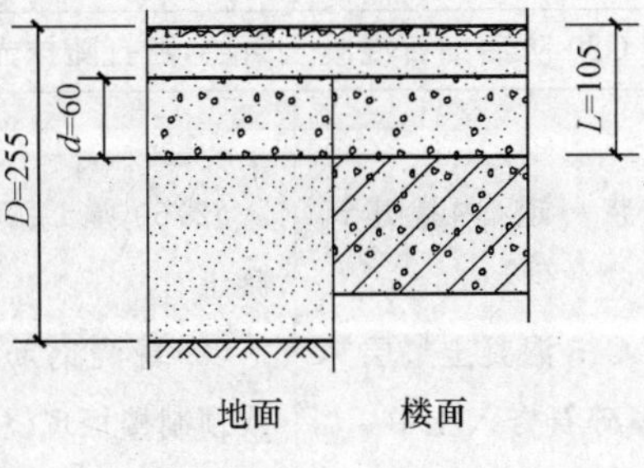 D=255　d=60　L=105 地面　楼面	(1)25 厚预制水磨石板，稀水泥浆灌缝并打蜡出光 (2)20 厚 1∶3干硬性水泥砂浆结合层，表面撒水泥粉	
		(3)水泥浆一道（内掺建筑胶） (4)60 厚 C15 混凝土垫层 (5)150 厚粒径 5～32mm 卵石（碎石）灌 M2.5 混合砂浆振捣密实或 3∶7灰土 (6)素土夯实	(3)60 厚 1∶6水泥焦渣 (4)现浇钢筋混凝土楼板或预制楼板现浇叠合层

（续表）

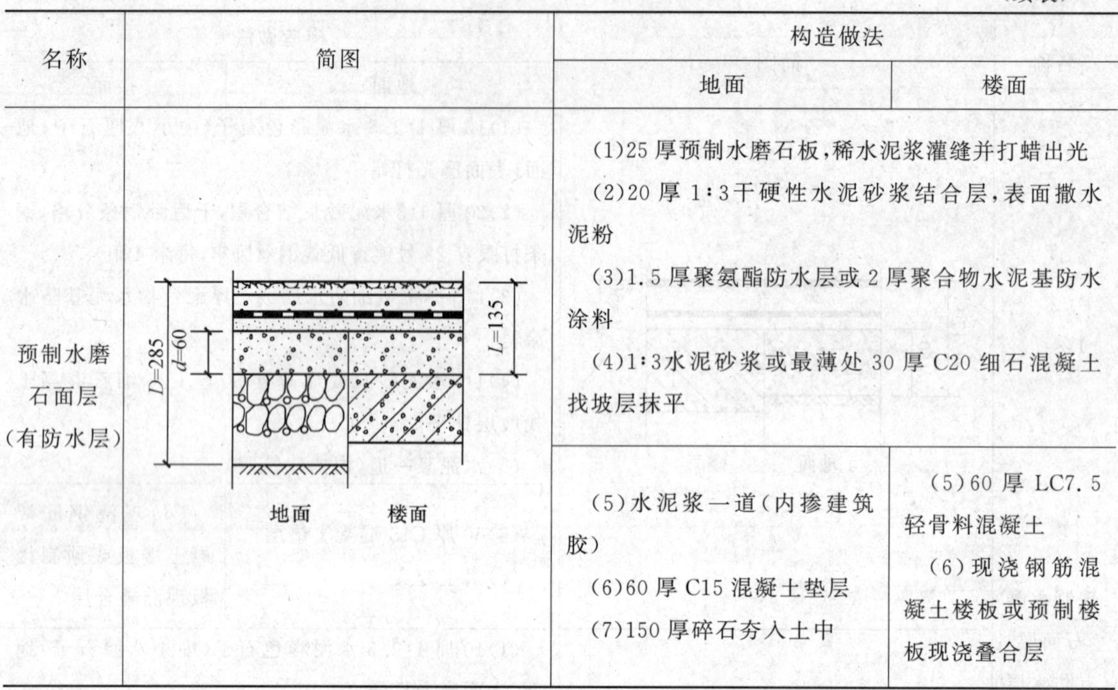

名称	简图	构造做法	
		地面	楼面
预制水磨石面层（有防水层）	D=285 d=60 L=135 地面 楼面	(1)25厚预制水磨石板，稀水泥浆灌缝并打蜡出光 (2)20厚1∶3干硬性水泥砂浆结合层，表面撒水泥粉 (3)1.5厚聚氨酯防水层或2厚聚合物水泥基防水涂料 (4)1∶3水泥砂浆或最薄处30厚C20细石混凝土找坡层抹平	
		(5)水泥浆一道（内掺建筑胶） (6)60厚C15混凝土垫层 (7)150厚碎石夯入土中	(5)60厚LC7.5轻骨料混凝土 (6)现浇钢筋混凝土楼板或预制楼板现浇叠合层

防油楼地面构造，见表4-3。

表4-3　防油楼地面构造识读

名称		简图	构造做法	
			地面	楼面
防油细石混凝土面层	无防油层	D=100 d=60 L=40 地面 楼面	(1)40厚C20防油细石混凝土面层，随打随抹光 (2)水泥浆一道（内掺建筑胶）	
			(3)60厚C15混凝土垫层 (4)素土夯实	(3)现浇钢筋混凝土楼板或预制楼板现浇叠合层
		D=250 d=60 L=100 地面 楼面	(1)40厚C20防油细石混凝土面层，随打随抹光	
			(2)水泥浆一道（内掺建筑胶） (3)60厚C15混凝土垫层 (4)150厚碎石夯入土中	(2)60厚LC7.5轻骨料混凝土 (3)现浇钢筋混凝土楼板或预制楼板现浇叠合层

（续表）

名称		简图	构造做法	
			地面	楼面
防油细石混凝土面层	有防油层	D=270 d=60 L=120 地面 楼面	(1)40 厚 C20 防油细石混凝土面层，随打随抹光 (2)1.5 厚聚氨酯防油层 (3)20 厚 1:3水泥砂浆找平层	
			(4)水泥浆一道(内掺建筑胶) (5)60 厚 C15 混凝土垫层 (6)150 厚粒径 5～32 卵石(碎石)灌 M2.5 混合砂浆振捣密实或 3:7灰土 (7)素土夯实	(4)60 厚 1:6水泥焦渣 (5)现浇钢筋混凝土楼板或预制楼板现浇叠合层
	无防油层	D=80 d=60 L=20 地面 楼面	(1)20 厚聚合物水泥砂浆面层 (2)水泥浆一道(内掺建筑胶)	
			(3)60 厚 C15 混凝土垫层 (4)素土夯实	(3)现浇钢筋混凝土楼板或预制楼板现浇叠合层
聚合物水泥砂浆面层	有防油层	D=250 d=60 L=100 地面 楼面	(1)20 厚聚合物水泥砂浆面层 (2)1.5 厚聚氨酯防油层 (3)20 厚 1:3水泥砂浆找平层	
			(4)水泥浆一道(内掺建筑胶) (5)60 厚 C15 混凝土垫层 (6)150 厚粒径 5～32 卵石(碎石)灌 M2.5 混合砂浆振捣密实或 3:7灰土 (7)素土夯实	(4)60 厚 1:6水泥焦渣 (5)现浇钢筋混凝土楼板或预制楼板现浇叠合层

不发火楼地面构造，见表 4-4。

表 4-4　不发火楼地面构造识读

<table>
<tr><th colspan="2" rowspan="2">名称</th><th rowspan="2">简图</th><th colspan="2">构造做法</th></tr>
<tr><th>地面</th><th>楼面</th></tr>
<tr><td rowspan="4">不发火水泥砂浆面层</td><td rowspan="2">无防水层</td><td rowspan="2"> 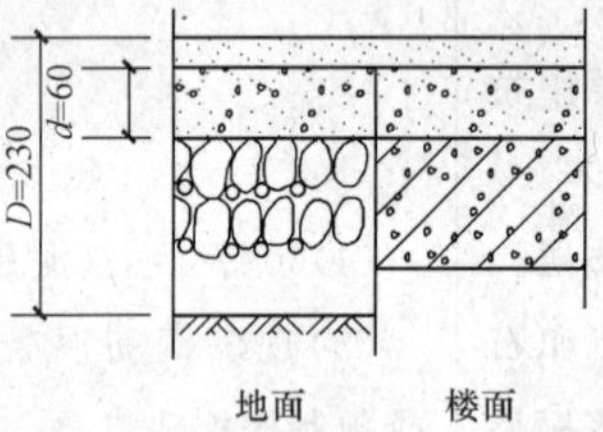D=230 d=60 L=100
地面　楼面</td><td colspan="2">(1)20 厚 1∶2.5 水泥砂浆抹平（骨料用石灰石、白云石砂、NFJ 金属骨料）
(2)水泥浆一道（内掺建筑胶）</td></tr>
<tr><td>(3)60 厚 C15 混凝土垫层
(4)150 厚碎石夯入土中</td><td>(3)20 厚 1∶3 水泥砂浆找平
(4)60 厚 LC7.5 轻骨料混凝土
(5)现浇钢筋混凝土楼板或预制楼板现浇叠合层</td></tr>
<tr><td rowspan="2">有防水层</td><td rowspan="2"> 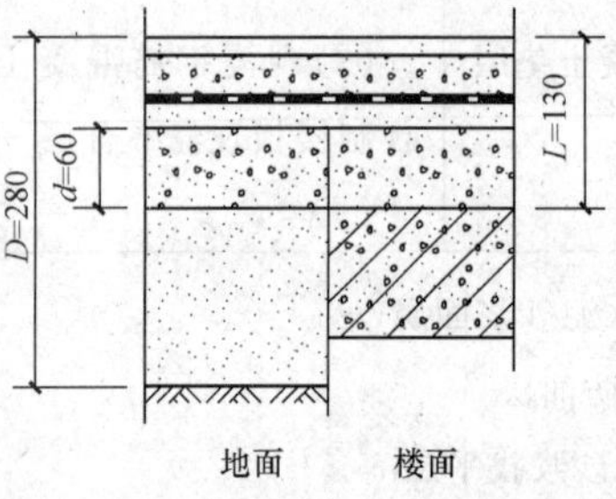D=280 d=60 L=130
地面　楼面</td><td colspan="2">(1)20 厚 1∶2.5 水泥砂浆抹平（骨料用石灰石、白云石砂、NFJ 金属骨料）
(2)水泥浆一道（内掺建筑胶）
(3)1∶3 水泥砂浆或最薄处 30 厚 C20 细石混凝土找坡层抹平
(4)1.5 厚聚氨酯防水层或 2 厚聚合物水泥基防水涂料
(5)20 厚 1∶3 水泥砂浆找平层</td></tr>
<tr><td>(6)水泥浆一道（内掺建筑胶）
(7)60 厚 C15 混凝土垫层
(8)150 厚粒径 5～32 卵石（碎石）灌 M2.5 混合砂浆振捣密实或 3∶7 灰土
(9)素土夯实</td><td>(6)60 厚 1∶6 水泥焦渣
(7)现浇钢筋混凝土楼板或预制楼板现浇叠合层</td></tr>
<tr><td rowspan="2">不发火细石混凝土面层</td><td rowspan="2">无防水层</td><td rowspan="2"> 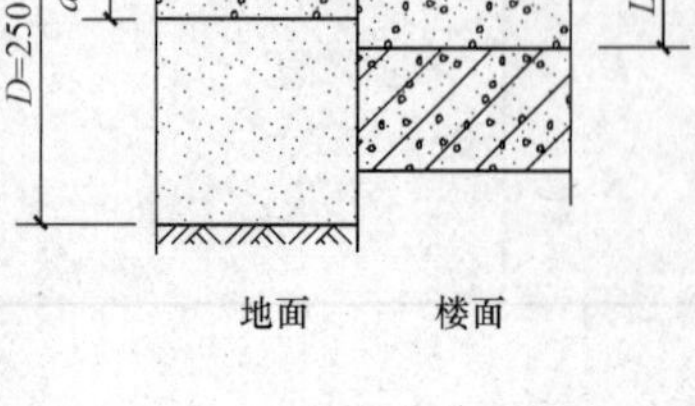D=250 d=60 L=120
地面　楼面</td><td colspan="2">(1)40 厚 C20 细石混凝土，随打随抹光（骨料用石灰石、白云石）
(2)水泥浆一道（内掺建筑胶）</td></tr>
<tr><td>(3)60 厚 C15 混凝土垫层
(4)150 厚粒径 5～32 卵石（碎石）灌 M2.5 混合砂浆振捣密实或 3∶7 灰土
(5)素土夯实</td><td>(3)20 厚 1∶3 水泥砂浆找平
(4)60 厚 1∶6 水泥焦渣
(5)现浇钢筋混凝土楼板或预制楼板现浇叠合层</td></tr>
</table>

（续表）

<table>
<tr><th rowspan="2" colspan="2">名称</th><th rowspan="2">简图</th><th colspan="2">构造做法</th></tr>
<tr><th>地面</th><th>楼面</th></tr>
<tr><td rowspan="2">不发火细石混凝土面层</td><td rowspan="2">有防水层</td><td rowspan="2">D=280 d=60 L=130
地面 楼面</td><td colspan="2">(1)40 厚 C20 细石混凝土，随打随抹光（骨料用石灰石、白云石）
(2)1.5 厚聚氨酯防水层或 2 厚聚合物水泥基防水涂料
(3)1∶3水泥砂浆或最薄处 30 厚 C20 细石混凝土找坡层抹平</td></tr>
<tr><td>(4)水泥浆一道（内掺建筑胶）
(5)60 厚 C15 混凝土垫层
(6)150 厚碎石夯入土中</td><td>(4)60 厚 LC7.5 轻骨料混凝土
(5)现浇钢筋混凝土楼板或预制楼板现浇叠合层</td></tr>
<tr><td rowspan="4">不发火沥青砂浆面层</td><td rowspan="2">无防水层</td><td rowspan="2">D=235 d=60 L=105
地面 楼面</td><td colspan="2">(1)25 厚 1∶6石油沥青（10 号），石灰石砂，压实抹平
(2)沥青冷底子油一道</td></tr>
<tr><td>(3)60 厚 C15 混凝土垫层
(4)150 厚粒径 5～32 卵石（碎石）灌 M2.5 混合砂浆振捣密实或 3∶7灰土
(5)素土夯实</td><td>(3) 20 厚 1∶3水泥砂浆找平
(4)60 厚 1∶6水泥焦渣
(5)现浇钢筋混凝土楼板或预制楼板现浇叠合层</td></tr>
<tr><td rowspan="2">有防水层</td><td rowspan="2">D=265 d=60 L=115
地面 楼面</td><td colspan="2">(1)25 厚 1∶6石油沥青（10 号），石灰石砂，压实抹平
(2)1.5 厚聚氨酯防水层或 2 厚聚合物水泥基防水涂料
(3)1∶3水泥砂浆或最薄处 30 厚 C20 细石混凝土找坡层抹平</td></tr>
<tr><td>(4)水泥浆一道（内掺建筑胶）
(5)60 厚 C15 混凝土垫层
(6)150 厚碎石夯入土中</td><td>(4)60 厚 LC7.5 轻骨料混凝土
(5)现浇钢筋混凝土楼板或预制楼板现浇叠合层</td></tr>
</table>

（续表）

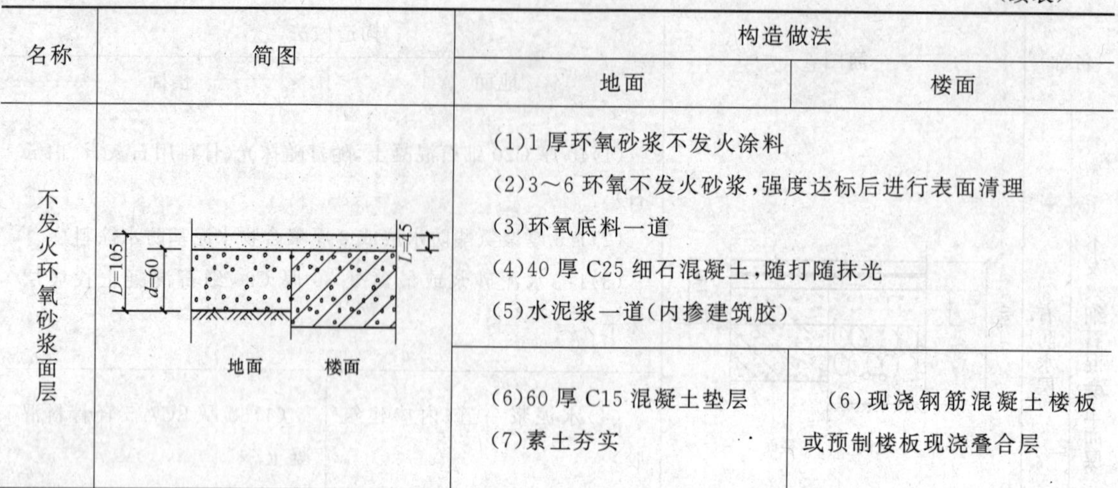

名称	简图	构造做法	
		地面	楼面
不发火环氧砂浆面层		(1)1厚环氧砂浆不发火涂料 (2)3～6环氧不发火砂浆，强度达标后进行表面清理 (3)环氧底料一道 (4)40厚C25细石混凝土，随打随抹光 (5)水泥浆一道（内掺建筑胶）	
		(6)60厚C15混凝土垫层 (7)素土夯实	(6)现浇钢筋混凝土楼板或预制楼板现浇叠合层

地砖楼地面构造，见表4-5。

表4-5　地砖楼地面构造识读

名称		简图	构造做法	
			地面	楼面
地砖面层	无防水层		(1)8～10(10～15)厚地砖，干水泥擦缝 (2)20厚1∶3干硬性水泥砂浆结合层，表面撒水泥粉 (3)水泥浆一道（内掺建筑胶）	
			(4)60厚C15混凝土垫层 (5)素土夯实	(4)现浇钢筋混凝土楼板或预制楼板现浇叠合层
			(1)8～10(10～15)厚地砖，干水泥擦缝 (2)20厚1∶3干硬性水泥砂浆结合层，表面撒水泥粉	
			(3)水泥浆一道（内掺建筑胶） (4)60厚C15混凝土垫层 (5)150厚碎石夯入土中	(3)60厚LC7.5轻骨料混凝土 (4)现浇钢筋混凝土楼板或预制楼板现浇叠合层

（续表）

<table>
<tr><th colspan="2" rowspan="2">名称</th><th rowspan="2">简图</th><th colspan="2">构造做法</th></tr>
<tr><th>地面</th><th>楼面</th></tr>
<tr><td rowspan="2">地砖面层</td><td rowspan="2">有防水层</td><td rowspan="2">D=270~275
d=60
L=120~125
地面 楼面</td><td colspan="2">(1)8～10(10～15)厚地砖，干水泥擦缝
(2)20厚1:3干硬性水泥砂浆结合层，表面撒水泥粉
(3)1.5厚聚氨酯防水层或2厚聚合物水泥基防水涂料
(4)1:3水泥砂浆或最薄处30厚C20细石混凝土找坡层抹平</td></tr>
<tr><td>(5)水泥浆一道(内掺建筑胶)
(6)60厚C15混凝土垫层
(7)150厚碎石夯入土中</td><td>(5)60厚LC7.5轻骨料混凝土
(6)现浇钢筋混凝土楼板或预制楼板现浇叠合层</td></tr>
<tr><td rowspan="4">陶瓷锦砖面层</td><td rowspan="2">无防水层</td><td rowspan="2">D=245
d=60
L=95
地面 楼面</td><td colspan="2">(1)5厚陶瓷锦砖(马赛克)，干水泥擦缝
(2)30厚1:3干硬性水泥砂浆结合层，表面撒水泥粉</td></tr>
<tr><td>(3)水泥浆一道(内掺建筑胶)
(4)60厚C15混凝土垫层
(5)150厚粒径5～32卵石(碎石)灌M2.5混合砂浆振捣密实或3:7灰土
(6)素土夯实</td><td>(3)60厚1:6水泥焦渣
(4)现浇钢筋混凝土楼板或预制楼板现浇叠合层</td></tr>
<tr><td rowspan="2">有防水层</td><td rowspan="2">D=125
d=60
L=65
地面 楼面</td><td colspan="2">(1)5厚陶瓷锦砖(马赛克)，干水泥擦缝
(2)30厚1:3干硬性水泥砂浆结合层，表面撒水泥粉
(3)1.5厚聚氨酯防水层或2厚聚合物水泥基防水涂料
(4)1:3水泥砂浆或最薄处30厚C20细石混凝土找坡层抹平
(5)水泥浆一道(内掺建筑胶)</td></tr>
<tr><td>(6)60厚C15混凝土垫层
(7)素土夯实</td><td>(6)现浇钢筋混凝土楼板或预制楼板现浇叠合层</td></tr>
</table>

石材楼地面构造，见表 4-6。

表 4-6　石材楼地面构造识读

<table>
<tr><th colspan="2" rowspan="2">名称</th><th rowspan="2">简图</th><th colspan="2">构造做法</th></tr>
<tr><th>地面</th><th>楼面</th></tr>
<tr><td rowspan="4">石材面层</td><td rowspan="2">无防水层</td><td rowspan="2"> 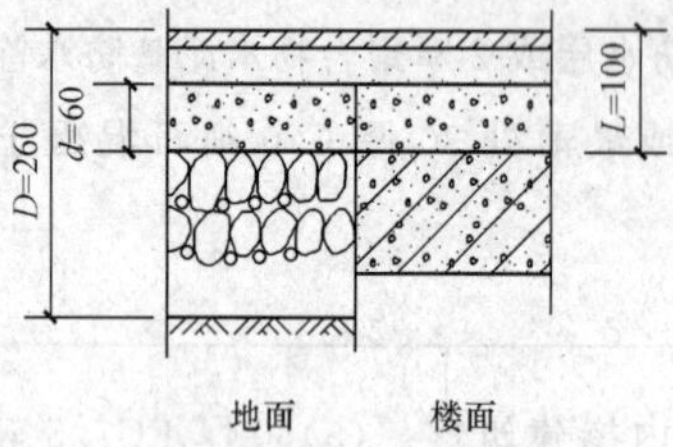D=260 d=60 L=100
地面　楼面</td><td colspan="2">(1)20 厚磨光石材板，水泥浆擦缝
(2)30 厚 1∶3干硬性水泥砂浆结合层，表面撒水泥粉</td></tr>
<tr><td>(3)水泥浆一道(内掺建筑胶)
(4)60 厚 C15 混凝土垫层
(5)150 厚碎石夯入土中</td><td>(3)60 厚 LC7.5 轻骨料混凝土
(4)现浇钢筋混凝土楼板或预制楼板现浇叠合层</td></tr>
<tr><td rowspan="2">有防水层</td><td rowspan="2"> 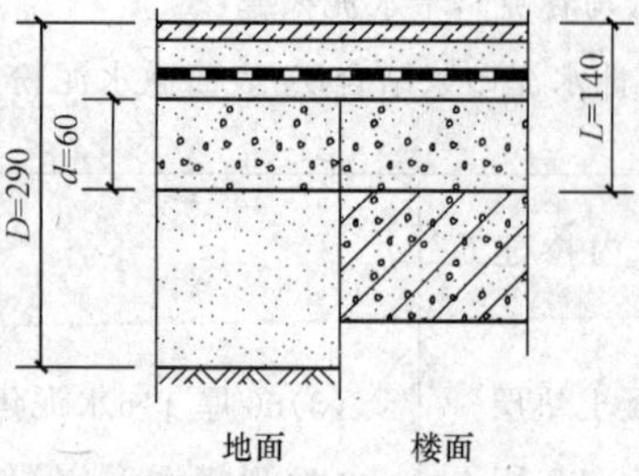D=290 d=60 L=140
地面　楼面</td><td colspan="2">(1)20 厚磨光石材板，水泥浆擦缝
(2)30 厚 1∶3干硬性水泥砂浆结合层，表面撒水泥粉
(3)1.5 厚聚氨酯防水层或 2 厚聚合物水泥基防水涂料
(4)1∶3水泥砂浆或最薄处 30 厚 C20 细石混凝土找坡层抹平</td></tr>
<tr><td>(5)水泥浆一道(内掺建筑胶)
(6)60 厚 C15 混凝土垫层
(7)150 厚粒径 5～32mm 卵石(碎石)灌 M2.5 混合砂浆振捣密实或 3∶7灰土
(8)素土夯实</td><td>(5)60 厚 1∶6水泥焦渣
(6)现浇钢筋混凝土楼板或预制楼板现浇叠合层</td></tr>
<tr><td rowspan="2">碎拼石板面层</td><td rowspan="2">无防水层</td><td rowspan="2"> 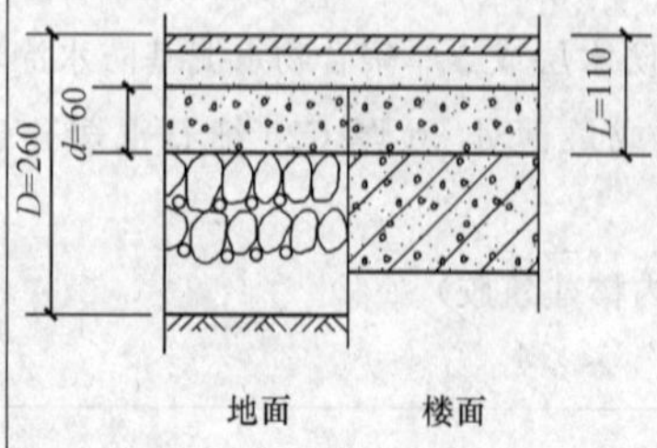D=260 d=60 L=110
地面　楼面</td><td colspan="2">(1)20 厚碎拼石板，水泥砂浆勾缝，较大缝隙用 1∶2.5 水泥石子填缝，表面磨光
(2)30 厚 1∶3干硬性水泥砂浆结合层，表面撒水泥粉</td></tr>
<tr><td>(3)水泥浆一道(内掺建筑胶)
(4)60 厚 C15 混凝土垫层
(5)150 厚碎石夯入土中</td><td>(3)60 厚 LC7.5 轻骨料混凝土
(4)现浇钢筋混凝土楼板或预制楼板现浇叠合层</td></tr>
</table>

（续表）

<table>
<tr><th colspan="2" rowspan="2">名称</th><th rowspan="2">简图</th><th colspan="2">构造做法</th></tr>
<tr><th>地面</th><th>楼面</th></tr>
<tr><td rowspan="2">碎拼石板面层</td><td rowspan="2">有防水层</td><td rowspan="2">D=140
d=60
L=80
地面　楼面</td><td colspan="2">(1)20厚碎拼石板,水泥砂浆勾缝,较大缝隙用1:2.5水泥石子填缝,表面磨光
(2)30厚1:3干硬性水泥砂浆结合层,表面撒水泥粉
(3)1.5厚聚氨酯防水层或2厚聚合物水泥基防水涂料
(4)1:3水泥砂浆或最薄处30厚C20细石混凝土找坡层抹平
(5)水泥浆一道(内掺建筑胶)</td></tr>
<tr><td>(6)60厚C15混凝土垫层
(7)素土夯实</td><td>(6)现浇钢筋混凝土楼板或预制楼板现浇叠合层</td></tr>
</table>

橡塑合成材料板面层构造,见表4-7。

表4-7　橡塑合成材料板面层构造识读

<table>
<tr><th rowspan="2">简图</th><th colspan="2">构造做法</th></tr>
<tr><th>地面</th><th>楼面</th></tr>
<tr><td rowspan="2">D=85
d=60
L=25
地面　楼面</td><td colspan="2">(1)1.5～3厚橡塑合成材料板,用专用胶黏剂粘贴
(2)20厚1:2.5水泥砂浆,压实抹光
(3)水泥浆一道(内掺建筑胶)</td></tr>
<tr><td>(4)60厚C15混凝土垫层
(5)素土夯实</td><td>(4)现浇钢筋混凝土楼板或预制楼板现浇叠合层</td></tr>
<tr><td rowspan="2">D=235
d=60
L=85
地面　楼面</td><td colspan="2">(1)1.5～3厚橡塑合成材料板,用专用胶黏剂粘贴
(2)20厚1:2.5水泥砂浆,压实抹光</td></tr>
<tr><td>(3)水泥浆一道(内掺建筑胶)
(4)60厚C15混凝土垫层
(5)150厚碎石夯入土中</td><td>(3)60厚LC7.5轻骨料混凝土
(4)现浇钢筋混凝土楼板或预制楼板现浇叠合层</td></tr>
</table>

地毯楼地面构造，见表 4-8。

表 4-8　地毯楼地面构造识读

<table>
<tr><th rowspan="2">名称</th><th rowspan="2">简图</th><th colspan="2">构造做法</th></tr>
<tr><th>地面</th><th>楼面</th></tr>
<tr><td rowspan="2">单层地毯面层</td><td rowspan="2">D=90　d=60　L=30
地面　楼面</td><td colspan="2">(1)5～8 厚地毯
(2)20 厚 1∶2.5 水泥砂浆找平
(3)水泥浆一道(内掺建筑胶)</td></tr>
<tr><td>(4)60 厚 C15 混凝土垫层
(5)浮铺 0.2 厚塑料薄膜一层
(6)素土夯实</td><td>(4)现浇钢筋混凝土楼板或预制楼板现浇叠合层</td></tr>
<tr><td rowspan="4">双层地毯面层(带衬垫)</td><td rowspan="2">D=245　d=60　L=95
地面　楼面</td><td colspan="2">(1)8～10 厚地毯
(2)5 厚橡胶海绵衬垫
(3)20 厚 1∶2.5 水泥砂浆找平</td></tr>
<tr><td>(4)水泥浆一道(内掺建筑胶)
(5)60 厚 C15 混凝土垫层
(6)浮铺 0.2 厚塑料薄膜一层
(7)150 厚碎石夯入土中</td><td>(4)60 厚 LC7.5 轻骨料混凝土
(5)现浇钢筋混凝土楼板或预制楼板现浇叠合层</td></tr>
<tr><td rowspan="2">D=245　d=60　L=95
地面　楼面</td><td colspan="2">(1)8～10 厚地毯
(2)5 厚橡胶海绵衬垫
(3)20 厚 1∶2.5 水泥砂浆找平</td></tr>
<tr><td>(4)水泥浆一道(内掺建筑胶)
(5)60 厚 C15 混凝土垫层
(6)浮铺 0.2 厚塑料薄膜一层
(7)150 厚粒径 5～32 卵石(碎石)灌 M2.5 混合砂浆振捣密实或 3∶7灰土
(8)素土夯实</td><td>(4)60 厚 1∶6水泥焦渣
(5)现浇钢筋混凝土楼板或预制楼板现浇叠合层</td></tr>
</table>

木、竹面层铺设构造，见表 4-9。

表 4-9　木、竹面层铺设构造识读

<table>
<tr><th colspan="2" rowspan="2">名称</th><th rowspan="2">简图</th><th colspan="2">构造做法</th></tr>
<tr><th>地面</th><th>楼面</th></tr>
<tr><td colspan="2" rowspan="2">硬木地板</td><td rowspan="2">D=245
d=60
L=95
地面　楼面</td><td colspan="2">(1)200μm 厚聚酯漆或聚氨酯漆
(2)8～15 厚硬木地板，用专用胶粘贴
(3)20 厚 1∶2.5 水泥砂浆找平
(4)水泥浆一道(内掺建筑胶)</td></tr>
<tr><td>(5)60 厚 C15 混凝土垫层
(6)浮铺 0.2 厚塑料薄膜一层
(7)150 厚碎石夯入土中</td><td>(5)60 厚 LC7.5 轻骨料混凝土
(6)现浇钢筋混凝土楼板或预制楼板现浇叠合层</td></tr>
<tr><td rowspan="4">强化复合木地板面层</td><td rowspan="2">无弹性垫</td><td rowspan="2">D=260
d=60
L=110
地面　楼面</td><td colspan="2">(1)8 厚强化企口复合木地板(企榫涂胶黏结)
(2)40 厚 C20 混凝土随打随抹光，找平
(3)水泥浆一道(内掺建筑胶)</td></tr>
<tr><td>(4)60 厚 C15 混凝土垫层
(5)浮铺 0.2 厚塑料薄膜一层
(6)150 厚 3∶7灰土
(7)素土夯实</td><td>(4)60 厚 1∶6水泥焦渣
(5)现浇钢筋混凝土楼板或预制楼板现浇叠合层</td></tr>
<tr><td rowspan="2">有弹性垫</td><td rowspan="2">D=240
d=60
L=90
地面　楼面</td><td colspan="2">(1)8 厚强化企口复合木地板，板缝用胶黏剂粘铺
(2)3～5 厚泡沫塑料衬垫
(3)20 厚 1∶2.5 水泥砂浆找平</td></tr>
<tr><td>(4)水泥浆一道(内掺建筑胶)
(5)60 厚 C15 混凝土垫层
(6)150 厚碎石夯入土中</td><td>(4)60 厚 LC7.5 轻骨料混凝土
(5)现浇钢筋混凝土楼板或预制楼板现浇叠合层</td></tr>
</table>

（续表）

<table>
<tr><th rowspan="2" colspan="2">名称</th><th rowspan="2">简图</th><th colspan="2">构造做法</th></tr>
<tr><th>地面</th><th>楼面</th></tr>
<tr><td rowspan="2" colspan="2">强化复合双层木地板面层</td><td rowspan="2">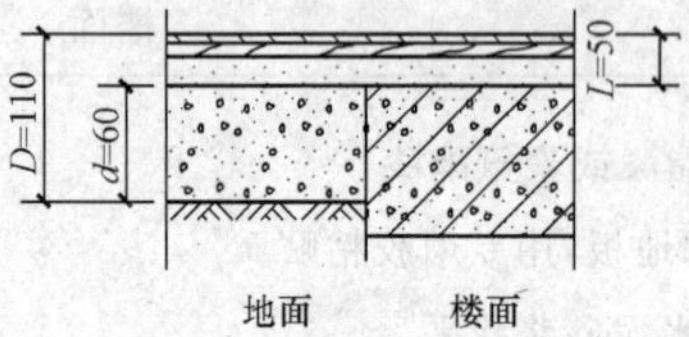</td><td colspan="2">(1)8厚强化企口复合木地板板缝用胶黏剂粘铺
(2)3～5厚泡沫塑料衬垫
(3)15厚松木毛底板45°斜铺
(4)20厚1:2.5水泥砂浆找平
(5)水泥浆一道(内掺建筑胶)</td></tr>
<tr><td>(6)60厚C15混凝土垫层
(7)素土夯实</td><td>(6)现浇钢筋混凝土楼板或预制楼板现浇叠合层</td></tr>
<tr><td rowspan="2" colspan="2">软木复合弹性木地板面层</td><td rowspan="2">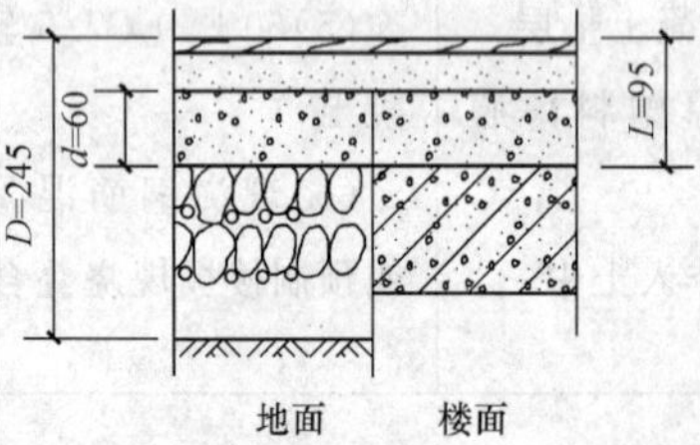</td><td colspan="2">(1)200μm厚聚酯漆或聚氨酯漆
(2)13厚软木复合弹性地板,用膏状黏结剂粘铺
(3)20厚1:2.5水泥砂浆找平</td></tr>
<tr><td>(4)水泥浆一道(内掺建筑胶)
(5)60厚C15混凝土垫层
(6)150厚碎石夯入土中</td><td>(4)60厚LC7.5轻骨料混凝土
(5)现浇钢筋混凝土楼板或预制楼板现浇叠合层</td></tr>
<tr><td rowspan="4">橡胶软木地板面层</td><td rowspan="2">单层</td><td rowspan="2">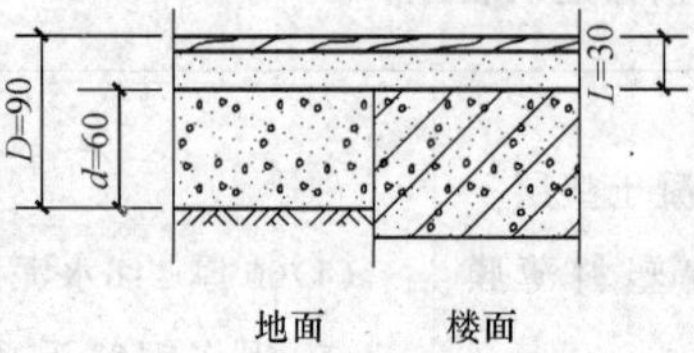</td><td colspan="2">(1)200μm厚聚酯漆或聚氨酯漆
(2)4～8厚橡胶软木地板,用黏结剂粘铺
(3)20厚1:2.5水泥砂浆找平
(4)水泥浆一道(内掺建筑胶)</td></tr>
<tr><td>(5)60厚C15混凝土垫层
(6)素土夯实</td><td>(5)现浇钢筋混凝土楼板或预制楼板现浇叠合层</td></tr>
<tr><td rowspan="2">双层</td><td rowspan="2">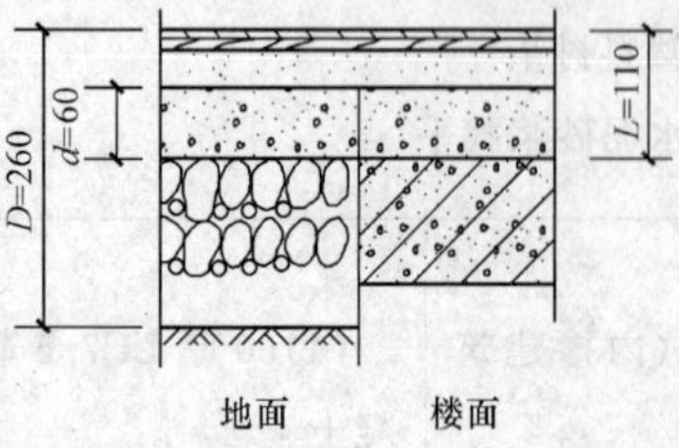</td><td colspan="2">(1)200μm厚聚酯漆或聚氨酯漆
(2)4～8厚橡胶软木地板,用膏状黏结剂粘铺
(3)18厚松木毛底板45°斜铺,上铺防潮层卷材一层,水泥钉固定
(4)20厚1:3水泥砂浆找平</td></tr>
<tr><td>(5)水泥浆一道(内掺建筑胶)
(6)60厚C15混凝土垫层
(7)浮铺0.2厚塑料薄膜一层
(8)150厚碎石夯入土中,表面用M2.5混合砂浆找平</td><td>(5)60厚LC7.5轻骨料混凝土
(6)现浇钢筋混凝土楼板或预制楼板现浇叠合层</td></tr>
</table>

（续表）

<table>
<tr><th rowspan="2">名称</th><th rowspan="2">简图</th><th colspan="2">构造做法</th></tr>
<tr><th>地面</th><th>楼面</th></tr>
<tr><td rowspan="2">架空单层木地板面层</td><td rowspan="2">D=285
d=60
L=135
地面　楼面</td><td colspan="2">(1)200μm 厚聚酯漆或聚氨酯漆
(2)100×25 长条松木地板或 100×18 长条硬木企口地板(背面满刷氟化钠防腐剂)
(3)50×50 木龙骨@400,表面刷防腐剂</td></tr>
<tr><td>(4)60 厚 C15 混凝土垫层
(5)150 厚粒径 5～32 卵石(碎石)灌 M2.5 混合砂浆振捣密实或 3∶7灰土
(6)素土夯实</td><td>(4)60 厚 1∶6水泥焦渣
(5)现浇钢筋混凝土楼板或预制楼板现浇叠合层</td></tr>
<tr><td rowspan="2">架空双层硬木地板面层</td><td rowspan="2">D=170
d=60
L=110
地面　楼面</td><td colspan="2">(1)200μm 厚聚酯漆或聚氨酯漆
(2)50×18 硬木企口拼花(席纹)地板
(3)18 厚松木毛底板 45°斜铺(稀铺),上铺防潮卷材一层
(4)50×50 木龙骨@400,表面刷防腐剂</td></tr>
<tr><td>(5)60 厚 C15 混凝土垫层
(6)素土夯实</td><td>(5)现浇钢筋混凝土楼板或预制楼板现浇叠合层</td></tr>
<tr><td rowspan="2">架空软木地板面层</td><td rowspan="2">D=310
d=60
L=160
地面　楼面</td><td colspan="2">(1)200μm 厚聚酯漆或聚氨酯漆
(2)4～8 厚软木地板,用膏状黏结剂粘铺
(3)18 厚松木毛底板 45°斜铺,上铺防潮卷材一层
(4)50×50 木龙骨@400,表面刷防腐剂</td></tr>
<tr><td>(5)60 厚 C15 混凝土垫层
(6)浮铺 0.2 厚塑料薄膜一层
(7)150 厚碎石夯入土中,表面用 M2.5 混合砂浆找平</td><td>(4)60 厚 LC7.5 轻骨料混凝土
(5)现浇钢筋混凝土楼板或预制楼板现浇叠合层</td></tr>
<tr><td rowspan="2">架空竹木地板面层</td><td rowspan="2">D=290~300
d=60
L=140~150
地面　楼面</td><td colspan="2">(1)200μm 厚聚酯漆或聚氨酯漆
(2)10～20 厚竹木地板(背面满刷氟化钠防腐剂)
(3)专业防潮垫层
(4)50×50 木龙骨@400 架空,表面刷防腐剂
(5)20 厚 1∶2.5 水泥砂浆找平</td></tr>
<tr><td>(6)60 厚 C15 混凝土垫层
(7)150 厚粒径 5～32 卵石(碎石)灌 M2.5 混合砂浆振捣密实或 3∶7灰土
(8)素土夯实</td><td>(6)60 厚 1∶6水泥焦渣
(7)现浇钢筋混凝土楼板或预制楼板现浇叠合层</td></tr>
</table>

水泥踢脚构造，见表 4-10。

表 4-10　水泥踢脚构造识读

名称	墙体类型	简图	构造做法
水泥砂浆踢脚	砖墙	墙体 H=100(120) ⓐ	(1)6 厚 1:2.5 水泥砂浆抹面压实赶光 (2)素水泥浆一道 (3)6 厚 1:3水泥砂浆打底划出纹道
	混凝土墙、混凝土空心砌块墙		(1)6 厚 1:2.5 水泥砂浆抹面压实赶光 (2)素水泥浆一道 (3)8 厚 1:3水泥砂浆打底划出纹道 (4)素水泥浆一道(内掺建筑胶)
	蒸压加气混凝土砌块墙		(1)6 厚 1:2.5 水泥砂浆抹面压实赶光 (2)素水泥浆一道 (3)5～7 厚 1:1:6水泥石灰膏砂浆打底划出纹道 (4)3 厚外加剂专用砂浆抹基底刮糙(抹前用水喷湿墙面)
	陶粒混凝土砌块墙		(1)1 厚建筑胶水泥(掺色)面层(三遍做法) (2)8 厚 1:0.5:2.5 水泥石灰膏砂浆抹面压实赶光 (3)8～10 厚 1:3水泥砂浆打底划出纹道
彩色水泥踢脚	砖墙	墙体 H=100(120) ⓑ	(1)1 厚建筑胶水泥(掺色)面层(三遍做法) (2)8 厚 1:0.5:2.5 水泥石灰膏砂浆抹面压实赶光 (3)8～10 厚 1:3水泥砂浆打底划出纹道
	混凝土墙、混凝土空心砌块墙		(1)1 厚建筑胶水泥(掺色)面层(三遍做法) (2)6 厚 1:0.5:2.5 水泥石灰膏砂浆抹面压实赶平 (3)8～10 厚 1:3水泥砂浆打底划出纹道 (4)素水泥浆一道(内掺建筑胶)
	蒸压加气混凝土砌块墙		(1)1 厚建筑胶水泥(掺色)面层(三遍做法) (2)6 厚 1:0.5:2.5 水泥石灰膏砂浆抹面压实赶平 (3)5 厚 1:1:6水泥石灰膏砂浆打底划出纹道 (4)3 厚外加剂专用砂浆抹基底刮糙(抹前用水喷湿墙面)
	陶粒混凝土砌块墙		(1)1 厚建筑胶水泥(掺色)面层(三遍做法) (2)6 厚 1:0.5:2.5 水泥石灰膏砂浆抹面压实赶平 (3)5 厚 1:1:6水泥石灰膏砂浆打底划出纹道 (4)素水泥浆一道(内掺建筑胶)

水磨石踢脚构造，见表 4-11。

表 4-11　水磨石踢脚构造识读

名称	墙体类型	简图	构造做法
现制水磨石踢脚	砖墙		(1)10 厚 1∶2.5 水泥磨石面层(中小八厘石子) (2)素水泥浆一道 (3)8 厚 1∶3水泥砂浆打底划出纹道
	大模混凝土墙、混凝土墙、混凝土空心砌块墙		(1)10 厚 1∶2.5 水泥磨石面层(中小八厘石子) (2)素水泥浆一道(内掺建筑胶) (3)8 厚 1∶2水泥砂浆打底划出纹道 (4)素水泥浆一道(内掺建筑胶)
	蒸压加气、混凝土砌块墙、加气混凝土条板墙	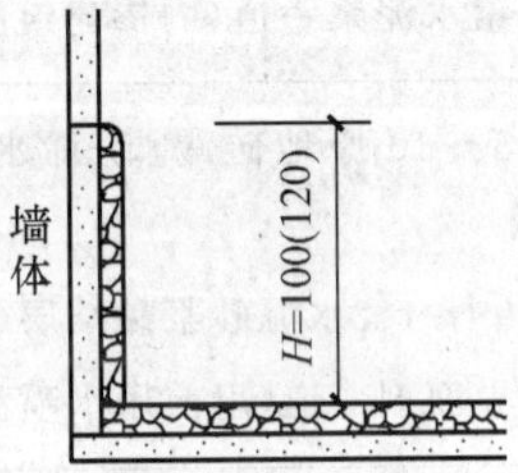 墙体 H=100(120) ⓐ	(1)10 厚 1∶2.5 水泥磨石面层(中小八厘石子) (2)素水泥浆一道(内掺建筑胶) (3)6 厚 1∶2水泥砂浆打底划出纹道 (4)界面剂一道(甩前用水喷湿墙面)(用于加气混凝土条板墙)或 3 厚外加剂专用砂浆抹基底刮糙(抹前用水喷湿墙面)(用于蒸压加气混凝土砌块墙)
预制水磨石踢脚	砖墙	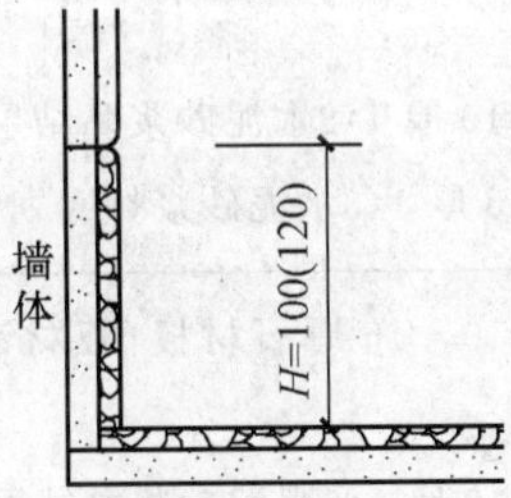 墙体 H=100(120) ⓑ	(1)15 厚预制水磨石板，稀水泥浆擦缝 (2)10 厚 1∶2水泥砂浆黏结层
	大模混凝土墙、混凝土墙、混凝土空心砌块墙		(1)15 厚预制水磨石板，稀水泥浆擦缝 (2)10 厚 1∶2水泥砂浆黏结层 (3)素水泥浆一道(内掺建筑胶)
	蒸压加气混凝土砌块墙、陶粒混凝土砌块墙		(1)15 厚预制水磨石板，稀水泥浆擦缝 (2)9 厚 1∶2水泥砂浆黏结层 (3)界面剂一道(甩前用水喷湿墙面)(用于加气混凝土条板墙)或 3 厚外加剂专用砂浆抹基底刮糙(抹前用水喷湿墙面)(用于蒸压加气混凝土砌块墙)

地砖及石材踢脚构造，见表 4-12。

表 4-12　地砖及石材踢脚构造识读

名称	墙体类型	简图	构造做法
地砖踢脚	砖墙		(1)5～10 厚地砖踢脚，稀水泥浆（或彩色水泥浆）擦缝 (2)8 厚 1∶2水泥砂浆黏结层（内掺建筑胶） (3)5 厚 1∶3水泥砂浆打底划出纹道
	大模混凝土墙、混凝土墙、混凝土空心砌块墙		(1)5～10 厚地砖踢脚，稀水泥浆（或彩色水泥浆）擦缝 (2)9 厚 1∶2水泥砂浆黏结层（内掺建筑胶） (3)素水泥浆一道（内掺建筑胶）
	蒸压加气混凝土砌块墙、加气混凝土条板墙	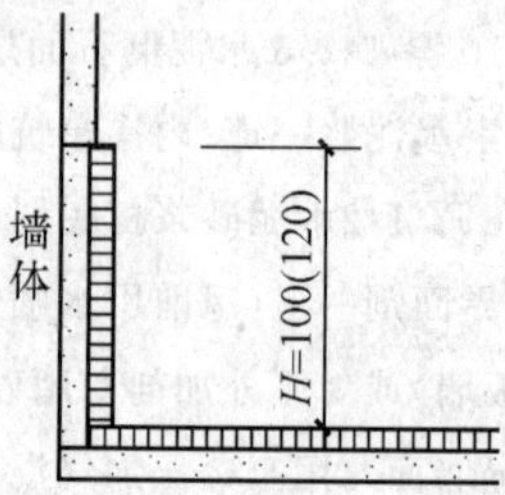 墙体 H=100(120) ⓐ	(1)5～10 厚地砖踢脚，稀水泥浆（或彩色水泥浆）擦缝 (2)9 厚 1∶2水泥砂浆黏结层（内掺建筑胶） (3)界面剂一道（甩前用水喷湿墙面）
	砖墙		(1)10～15 厚石材板（板材满涂防污剂），稀水泥浆擦缝 (2)10 厚 1∶2水泥砂浆黏结层（内掺建筑胶） (3)5 厚 1∶3水泥砂浆打底划出纹道
石材踢脚	大模混凝土墙、混凝土墙、混凝土空心砌块墙	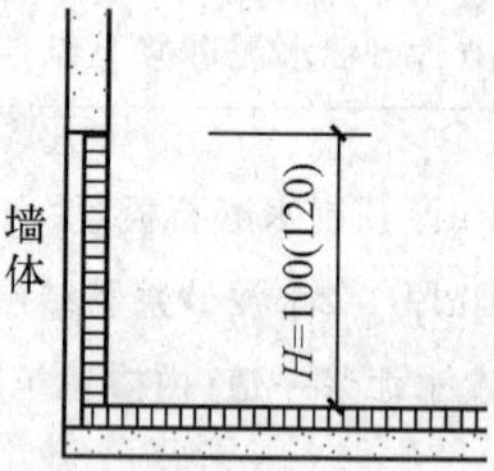 墙体 H=100(120) ⓑ	(1)10～15 厚石材板（板材满涂防污剂），稀水泥浆擦缝 (2)12 厚 1∶2水泥砂浆黏结层（内掺建筑胶） (3)素水泥浆一道（内掺建筑胶）
	大模混凝土墙、混凝土墙、混凝土空心砌块墙		(1)10～15 厚石材板（板材满涂防污剂），建筑胶黏结剂粘贴，稀水泥浆擦缝 (2)素水泥浆一道（内掺建筑胶） (3)墙缝原浆抹平（大模混凝土墙，混凝土墙无此道工序）
	蒸压加气混凝土砌块墙、陶粒混凝土砌块墙		(1)10～15 厚石材板（板材满涂防污剂），稀水泥浆擦缝 (2)10 厚 1∶2水泥砂浆黏结层（内掺建筑胶） (3)界面剂一道（甩前用水喷湿墙面）

木踢脚构造，见表 4-13。

表 4-13 木踢脚构造识读

名称	墙体类型	简图	构造做法
硬木、软木踢脚	砖墙		(1)200μm 厚聚酯漆或聚氨酯漆 (2)18 厚硬木(软木)踢脚板(背面满刷氟化钠防腐剂) (3)墙内预埋防腐木砖中距 400mm
	大模混凝土墙、混凝土墙、混凝土空心砌块墙	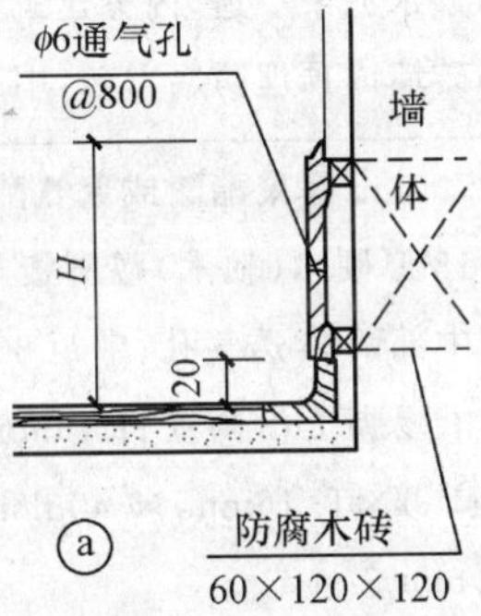 ϕ6通气孔 @800 墙体 H 20 ⓐ 防腐木砖 60×120×120	(1)200μm 厚聚酯漆或聚氨酯漆 (2)18 厚硬木(软木)踢脚板(背面满刷氟化钠防腐剂)用尼龙膨胀螺栓固定 (3)素水泥浆一道(内掺建筑胶)
	蒸压加气混凝土砌块墙、加气混凝土条板墙		(1)200μm 厚聚酯漆或聚氨酯漆 (2)18 厚硬木(软木)踢脚板(背面满刷氟化钠防腐剂)用尼龙膨胀螺栓固定 (3)墙缝原浆抹平，聚合物水泥砂浆修补墙面
	陶粒混凝土砌块墙 陶粒混凝土条板墙	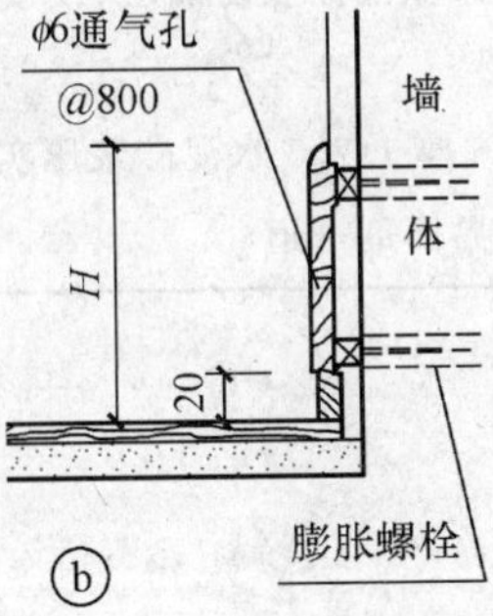 ϕ6通气孔 @800 墙体 H 20 ⓑ 膨胀螺栓	(1)200μm 厚聚酯漆或聚氨酯漆 (2)18 厚硬木(软木)踢脚板(背面满刷氟化钠防腐剂)用尼龙膨胀螺栓固定在混凝土柱或现浇混凝土块上 (3)9 厚 1∶3水泥砂浆打底压实找平(用于麻面板和砌块) (4)素水泥浆一道(内掺建筑胶)
	增强水泥条板墙、增强石膏条板墙		(1)200μm 厚聚酯漆或聚氨酯漆 (2)18 厚硬木(软木)踢脚板(背面满刷氟化钠防腐剂)用尼龙膨胀螺栓固定 (3)5 厚 1∶2.5 水泥砂浆打底压实找平 (4)满贴涂塑中碱玻纤网格布一层，用石膏黏结剂横向黏结(用水泥条板时无此道工序)

（续表）

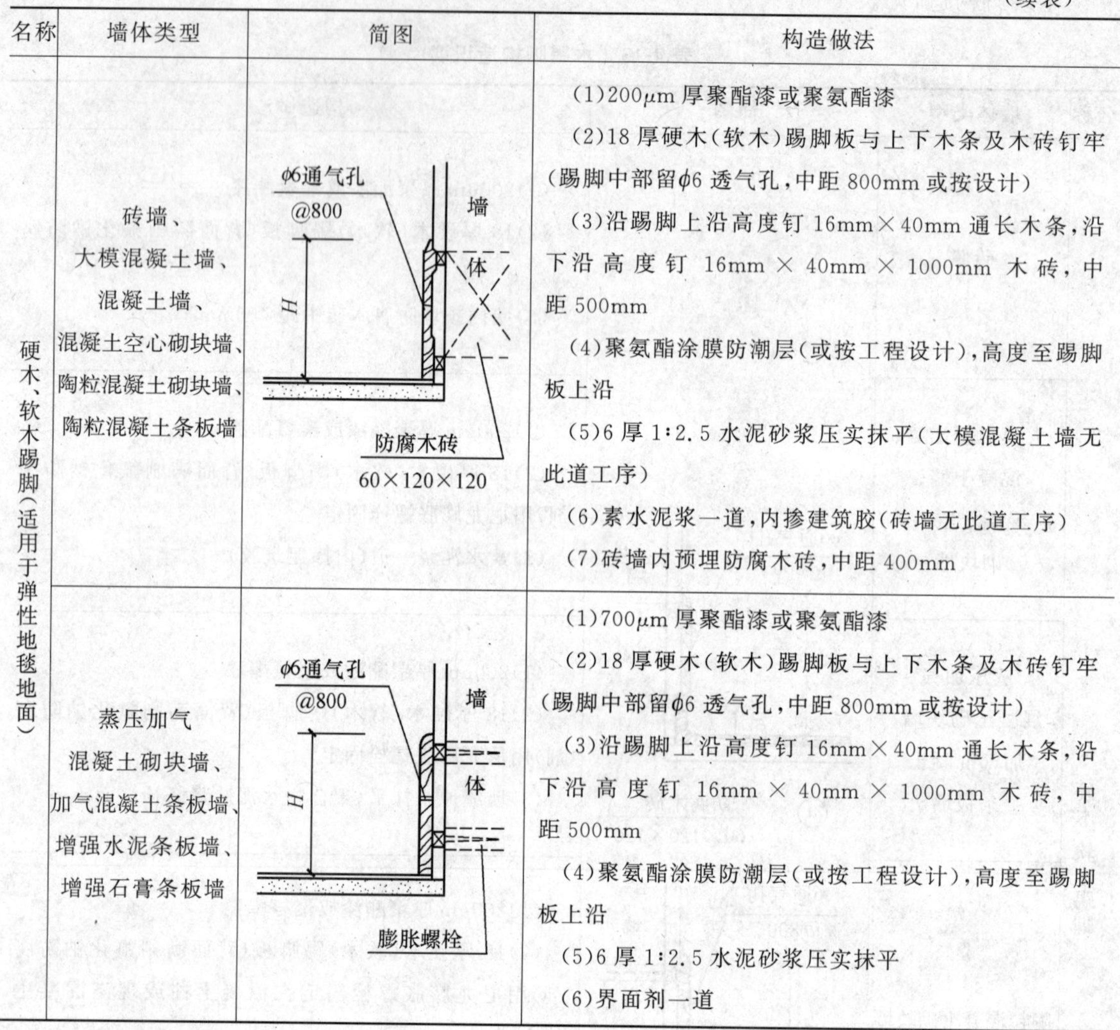

名称	墙体类型	简图	构造做法
硬木、软木踢脚（适用于弹性地毯地面）	砖墙、 大模混凝土墙、 混凝土墙、 混凝土空心砌块墙、 陶粒混凝土砌块墙、 陶粒混凝土条板墙	ϕ6通气孔 @800 H 墙 体 防腐木砖 60×120×120	（1）200μm 厚聚酯漆或聚氨酯漆 （2）18 厚硬木（软木）踢脚板与上下木条及木砖钉牢（踢脚中部留ϕ6 透气孔，中距 800mm 或按设计） （3）沿踢脚上沿高度钉 16mm×40mm 通长木条，沿下沿高度钉 16mm×40mm×1000mm 木砖，中距 500mm （4）聚氨酯涂膜防潮层（或按工程设计），高度至踢脚板上沿 （5）6 厚 1∶2.5 水泥砂浆压实抹平（大模混凝土墙无此道工序） （6）素水泥浆一道，内掺建筑胶（砖墙无此道工序） （7）砖墙内预埋防腐木砖，中距 400mm
	蒸压加气 混凝土砌块墙、 加气混凝土条板墙、 增强水泥条板墙、 增强石膏条板墙	ϕ6通气孔 @800 H 墙 体 膨胀螺栓	（1）700μm 厚聚酯漆或聚氨酯漆 （2）18 厚硬木（软木）踢脚板与上下木条及木砖钉牢（踢脚中部留ϕ6 透气孔，中距 800mm 或按设计） （3）沿踢脚上沿高度钉 16mm×40mm 通长木条，沿下沿高度钉 16mm×40mm×1000mm 木砖，中距 500mm （4）聚氨酯涂膜防潮层（或按工程设计），高度至踢脚板上沿 （5）6 厚 1∶2.5 水泥砂浆压实抹平 （6）界面剂一道

第五章

装饰装修楼梯施工图识读

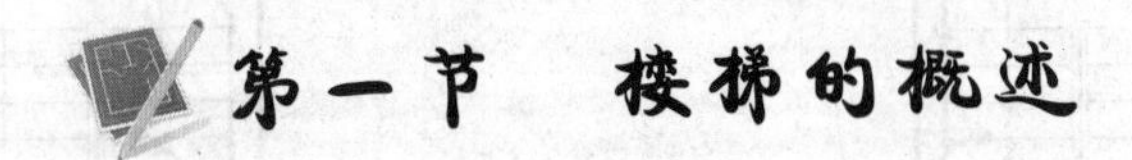

第一节 楼梯的概述

楼梯是联系建筑上下层的垂直交通设施。楼梯一般设置在建筑物的主要出入口附近，在多层或高层民用建筑中，除设置楼梯外，还要设置电梯、坡道等垂直交通设施。

楼梯应满足人们正常时垂直交通、紧急时安全疏散的要求，其数量、位置、平面形式应符合有关规范和标准的规定，并应考虑楼梯对建筑整体空间效果的影响。

一、楼梯的类型

建筑中楼梯的形式多种多样，应当根据建筑及使用功能的不同进行选择。按照楼梯的位置，有室内楼梯和室外楼梯之分；按照楼梯的材料，可以分为钢筋混凝土楼梯、钢楼梯、木楼梯及组合材料楼梯；按照楼梯的使用性质，可以分成主要楼梯、辅助楼梯、疏散楼梯及消防楼梯。

工程中，常按楼梯的平面形式进行分类。可分为单跑楼梯、双跑楼梯、三跑楼梯、直角式楼梯、合卜双分式楼梯、分卜双合式楼梯等多种形式的楼梯，如图 5-1 所示。

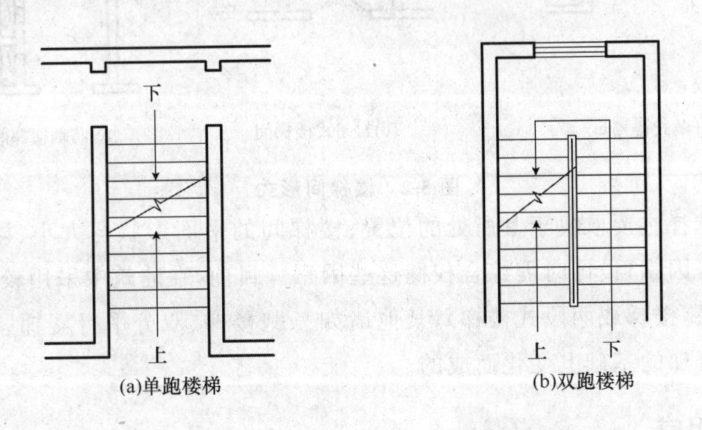

图 5-1 单跑、双跑、三跑、直角式楼梯

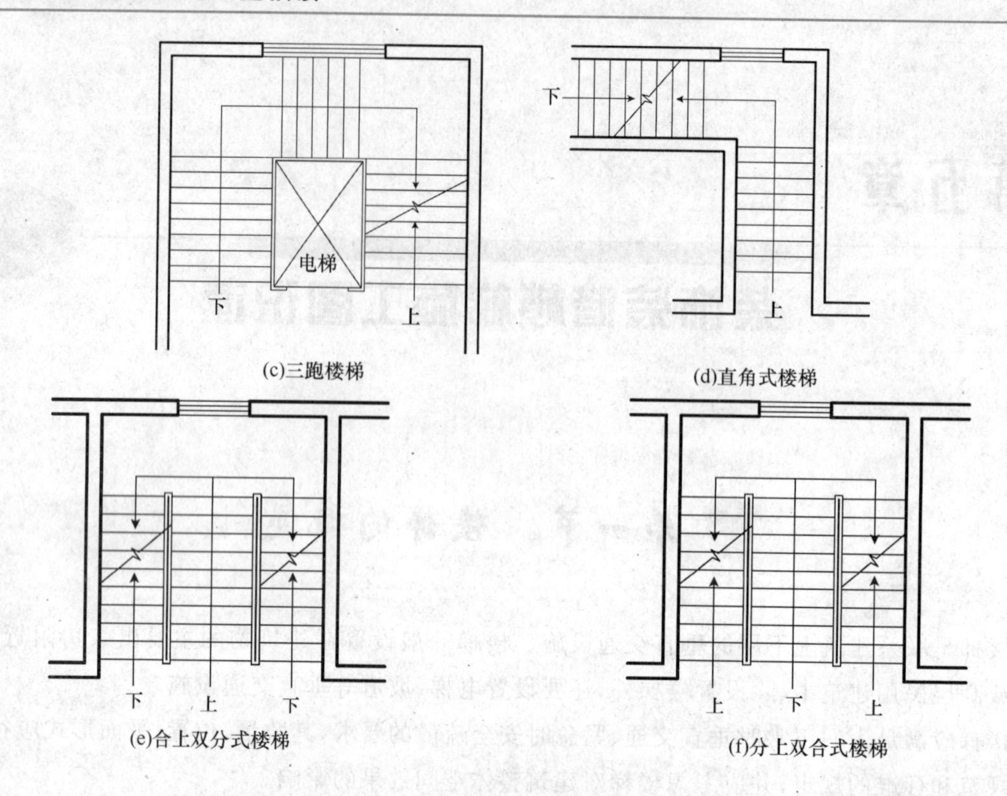

(c)三跑楼梯 (d)直角式楼梯

(e)合上双分式楼梯 (f)分上双合式楼梯

图 5-1　单跑、双跑、三跑、直角式楼梯(续)

按楼梯间形式可分开敞式楼梯间、封闭式楼梯间、防烟楼梯间等,如图 5-2 所示。

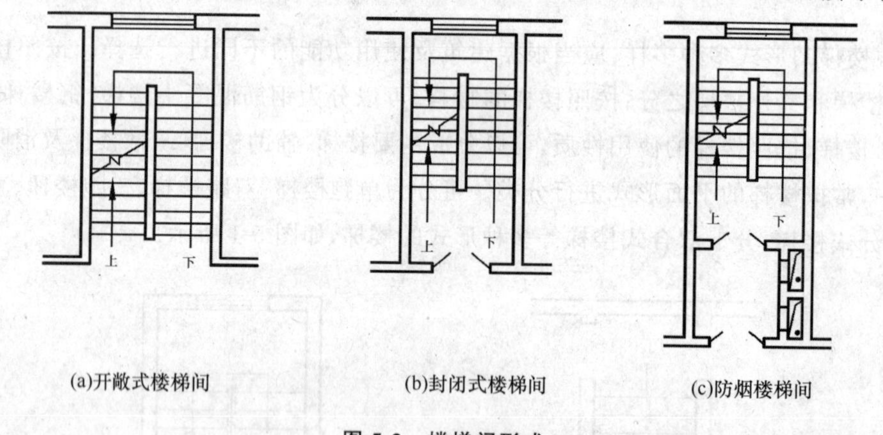

(a)开敞式楼梯间 (b)封闭式楼梯间 (c)防烟楼梯间

图 5-2　楼梯间形式

楼梯形式的选择主要取决于其所处的位置、楼梯间的平面形状与大小、楼层高低与层数、人流多少与缓急等因素,设计时需综合权衡这些因素。目前,在建筑中采用较多的是双跑平行楼梯(又简称为双跑楼梯或两段式楼梯),其他诸如三跑楼梯、双分平行楼梯、双合平行楼梯等均是在双跑平行楼梯的基础上变化而成的。

二、楼梯的组成

楼梯一般是由楼梯段、楼梯平台、楼梯栏板或楼梯栏杆三部分组成的。楼梯段是由梯梁

(斜梁)、梯板等构件组成的。平台由平台梁、平台板等组成。栏板或栏杆由栏板或栏杆、扶手等组成,如图 5-3 所示。

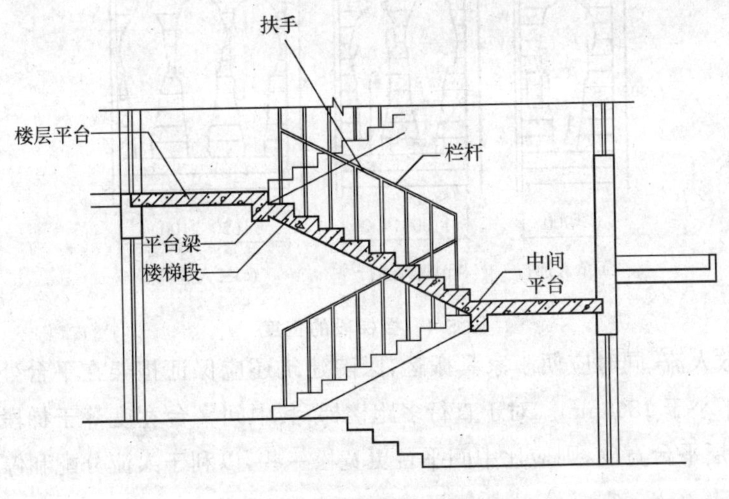

图 5-3　楼梯的组成

(1)楼梯段

楼梯段是指两平台之间带踏步的斜板,是由若干个踏步构成的,是楼梯的主要组成部分。每个踏步一般由两个相互垂直的平面组成,供人行走时踏脚的水平面称为踏面,其宽度为踏步宽。踏步的垂直面称为踢面,其数量称为级数,高度称为踏步高。为了消除疲劳,每一楼梯段的级数一般不应超过 18 级,同时考虑人们行走的习惯性,楼梯段的级数也不应少于 3 级,这是因为级数太少不易为人们察觉,容易摔倒。公共建筑中的装饰性弧形楼梯可略超过 18 级。

梯段尺度分为梯段宽度和梯段长度。梯段宽度应根据紧急疏散时要求通过的人流股数的多少确定。作为主要通行用的楼梯,楼梯段宽度应至少满足两个人相对通行。计算通行量时,每股人流应按 0.55m+(0～0.15)m 计算,其中 0～0.15m 为人在行进中的摆幅。非主要通行的楼梯,应满足单人携带物品通过的需要。此时,梯段的净宽一般不应小于 900mm,如图 5-4 所示。住宅套内楼梯的梯段净宽应满足以下规定:当梯段一边临空时,不应小于 0.75m;当梯段两侧有墙时,不应小于 0.9m。

梯段长度 L 则是每一梯段水平投影长度,其值为 $L=b\times(N-1)$,其中 b 为踏面水平投影步宽,N 为梯段踏步数。

(2)楼梯平台

楼梯平台是两楼梯段之间的水平连接部分。根据位置的不同分为中间平台和楼层平台。中间平台的主要作用是楼梯转换方向和缓解人们上楼梯的疲劳,故又称休息平台。楼层平台与楼层地面标高平齐,除起着中间平台的作用外,还用来分配从楼梯到达各层的人流,解决楼梯段转折的问题。

平台宽度分为中间平台宽度和楼层平台宽度。平台宽度与楼梯段宽度的关系如图 5-5 所示。对于平行和折行多跑楼梯等类型楼梯,其转向后的中间平台宽度应不小于梯段宽度,以保证

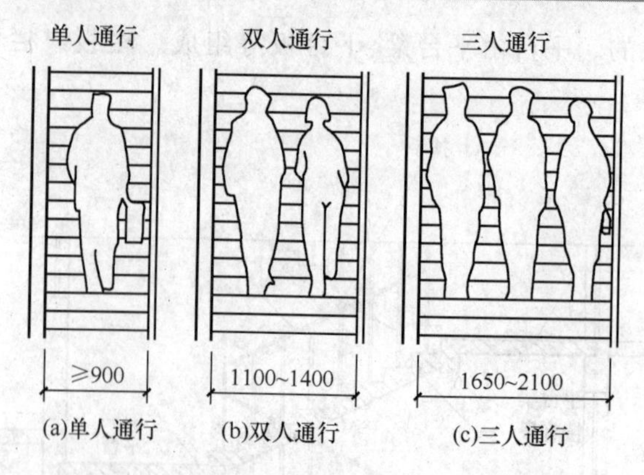

图 5-4 楼梯段的宽度

通行和梯段同股数人流，同时应便于家具搬运，医院建筑还应保证担架在平台处能转向通行，其中间平台宽度应不小于 1800mm。对于直行多跑楼梯，其中间平台宽度等于梯段宽，或者不小于 1000mm。对于楼层平台宽度，则应比中间平台更宽松一些，以利于人流分配和停留。

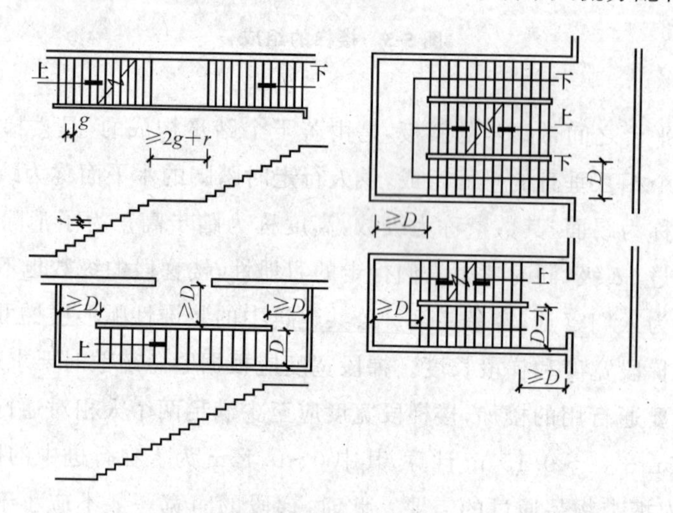

图 5-5 楼梯段和平台的尺寸关系

D—梯段净宽度；*g*—踏面尺寸；*r*—踢面尺寸

中间休息平台的净宽度不小于梯段净宽，并不得小于 1.10m。楼梯平台结构下缘至人行过道的垂直高度不应低于 2m。

(3)栏杆(板)扶手

栏杆和栏板是设在梯段及平台边缘的全保护构件。在栏杆或栏板上部安装扶手，栏杆高不应小于 1.05m，栏杆的净空不应大于 0.11m，以免小孩钻出发生危险。

楼梯宜设置专门房间即楼梯间，楼梯平台上部及下部过道处净高不应小于 2m，梯段净高不应小于 2.2m，以免碰头，尤其在底层楼梯平台下作通道或储藏室时更应注意。

当梯段宽度不大时，可只在梯段临空面设置。当梯段宽度较大时，非临空面也应加设靠墙扶手。当梯段宽度很大时，则需在楼梯中间加设中间扶手。

三、楼梯的设置与尺度

(1)楼梯的设置

楼梯在建筑中的位置应当标志明显、交通便利、方便使用。楼梯应与建筑的出口关系紧密、连接方便，楼梯间的底层一般均应设置直接对外出口。当建筑中设置数部楼梯时，其分布应符合建筑内部人流的通行要求。

除个别的高层住宅之外，高层建筑中至少要设两个或两个以上的楼梯。普通公共建筑一般至少要设两个或两个以上的楼梯，如符合表5-1的规定，也可以只设一个楼梯。

表5-1　设置一个疏散楼梯的条件

耐火等级	层数	每层最大建筑面积(m^2)	人数
一、二级	二、三层	500	第二、三层人数之和不超过100人
三级	二、三层	200	第二、三层人数之和不超过50人
四级	二层	200	第二层人数之和不超过30人

设有不少于两个疏散楼梯的一、二级耐火等级的公共建筑，如顶层局部升高时，其高出部分的层数不超过两层，每层建筑面积不超过200m^2，人数之和不超过50人时，可设一个楼梯。但应另设一个直通平屋面的安全出口。

(2)楼梯的坡度

楼梯的坡度即楼梯段的坡度，可以采用两种方法表示：一种是用楼梯段与水平面的夹角表示；另外一种是用踏步的高宽比表示。普通楼梯的坡度范围一般在20°～45°，合适的坡度一般为30°左右，最佳坡度为26°34′。当坡度小于20°时采用坡道；当坡度大于45°时采用爬梯。

确定楼梯的坡度应根据房屋的使用性质、行走的方便和节约楼梯间的面积等多方面的因素综合考虑。楼梯、爬梯及坡道的坡度范围如图5-6所示。对于使用人员情况复杂且使用较频繁的楼梯，其坡度应比较平缓，一般可采用1∶2的坡度，反之坡度可以较大些，一般采用1∶1.5左右的坡度。

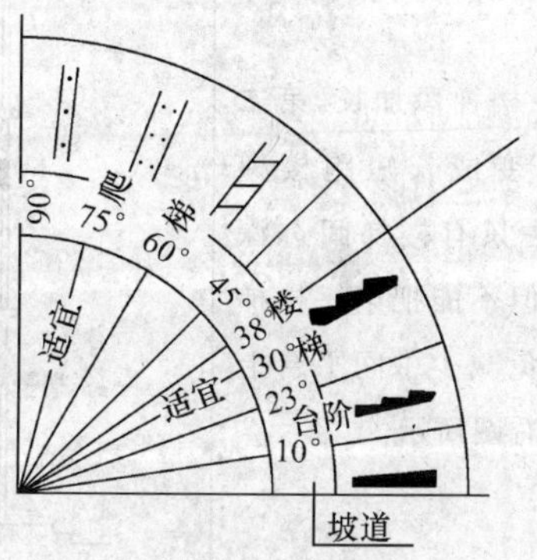

图5-6　楼梯、爬梯、坡道的坡度

(3)楼梯的净空高度

楼梯的净空高度是指楼梯平台上部和下部过道处的净空高度，以及上下两层楼梯段间的净空高度，如图 5-7 所示。

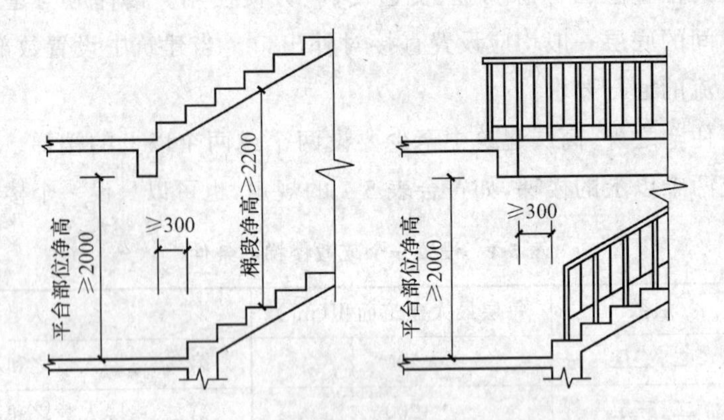

图 5-7　梯段及平台部位的净高要求

楼梯的净空高度应保证行人能够正常通过，避免在行进中产生压抑感，同时还要考虑搬运家具设备的方便。

1)楼梯段上的净空高度。楼梯段上的净空高度指踏步前缘到上部结构底面之间的垂直距离，应不小于 2.2m。确定楼梯段上的净空高度时，楼梯段的计算范围应从楼梯段最前和最后踏步前缘分别往外 0.3m 算起。

2)楼梯间入口处的净空高度。当采用平行双跑楼梯且在底层中间平台下设置供人进出的出入口时，为保证中间平台下的净高，所采取的处理方式见表 5-2。

表 5-2　底层中间平台下作出入口时的处理方式

方法	具体操作	图示
底层长短距	将底层第一楼梯段加长，第二楼梯段缩短，变成长短跑楼梯段。这种方法只有楼梯间进深较大时采用，但不能把第一楼梯加得过长，以免减少中间平台上部的净高，如右图所示	≥2000 ±0.000 ①

（续表）

方法	具体操作	图示
局部降低地坪	将楼梯间地面标高降低。这种方法楼梯段长度保持不变，构造简单，但降低后的楼梯间地面标高应高于室外地坪标高100mm以上，以保证室外雨水不致流入室内，如右图所示	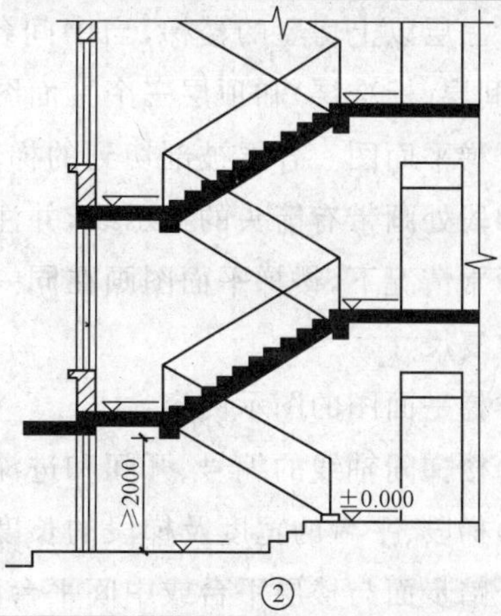 ≥2000 ±0.000 ②
底层长短跑并局部降低地坪	将上述两种方法综合采用，可避免前两种方法的缺点，如右图所示	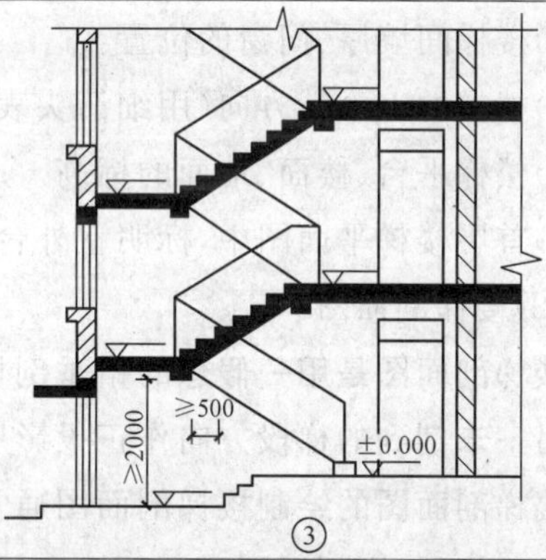 ≥500 ≥2000 ±0.000 ③
底层直跑	底层采用直跑道楼梯。这种方法常用于南方地区的住宅建筑，此时应注意入口处雨篷底面标高的位置，保证净空高度在2m以上，如右图所示	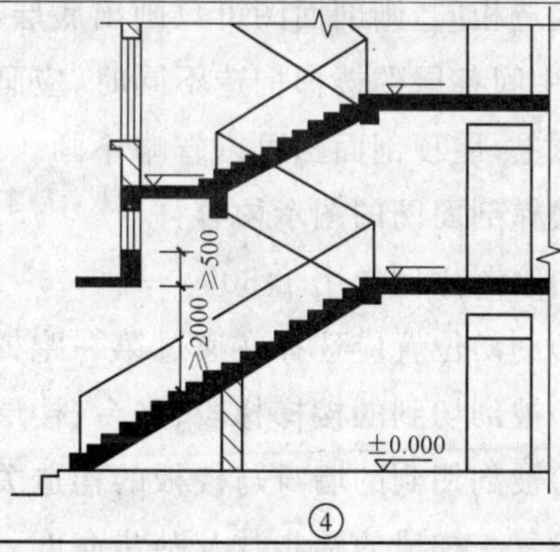 ≥500 ≥2000 ±0.000 ④

四、楼梯详图基础

(1)楼梯平面图

楼梯平面图是用一个假想的水平剖切平面通过每层向上的第一个梯段的中部（休息平台下）剖切后，向下作正投影所得到的投影图。楼梯平面图的绘图比例一般采用1∶50。楼梯平面图的剖切位置，除顶层在安全栏杆（栏板）之上外，其余各层均在上行第一跑中间。与楼地面平行的面称为踏面，与楼地面垂直的面称为踢面。各层下行梯段不用剖切。

楼梯平面图实质上是房屋各层建筑平面图中楼梯间的局部放大图，通常采用1:50的比例绘制。三层以上房屋的楼梯，当中间各层楼梯位置、梯段数、踏步数都相同时，通常只画出底层、中间层（标准层）和顶层三个平面图；当各层楼梯位置、梯段数、踏步数不相同时，应画出各层的楼梯平面图。各层被剖切到的梯段，均在平面图中以45°细折断线表示其断开的位置。在每一梯段处画带有箭头的指示线，并注写“上”或“下”字样。

通常情况下，楼梯平面图画在同一张图纸内，并互相对齐，这样既便于识读又可省略标注一些重复尺寸。

楼梯平面图的图示内容：

1)楼梯间轴线的编号、开间和进深尺寸。

2)梯段、平台的宽度及梯段的长度；梯段的水平投影长度－踏步宽×（踏步数－1），因为最后一个踏步面与楼层平台或中间平台面齐平，故减去一个踏步面的宽度。

3)楼梯间墙厚、门窗的位置。

4)楼梯的上下行方向（用细箭头表示，用文字注明楼梯上下行的方向）。

5)楼梯平台、楼面、地面的标高。

6)首层楼梯平面图中，标明室外台阶、散水和楼梯剖面图的剖切位置。

(2)楼梯剖面图

楼梯剖面图是用一假想的铅垂剖切平面，通过各层的同一位置梯段和门窗洞口，将楼梯剖开向另一未剖到的梯段方向作正投影所得到的投影图。

楼梯剖面图的绘制楼梯剖面图通常采用1:50的比例绘制。在多层房屋中，若中间各层的楼梯构造相同，则剖面图可只画出底层、中间层（标准层）和顶层三个剖面图，中间用折断线分开；当中间各层的楼梯构造不同时，应画出各层剖面图。楼梯剖面图宜和楼梯平面图画在同一张图纸上，屋顶剖面图可以省略不画。

楼梯剖面图的图示内容：

1)绘图比例常用1:50。

2)剖切位置应选择在通过第一跑梯段及门窗洞口，并向未剖切到的第二跑梯段方向投影。

3)被剖切到的楼梯梯段、平台、楼层的构造及做法。

4)被剖切到的墙身与楼板的构造关系。

5)每一梯段的踏步数及踏步高度。

6)各部位的尺寸及标高。

7)楼梯可见梯段的轮廓线及详图索引符号。

(3)楼梯节点详图

楼梯节点详图主要包括楼梯踏步、扶手、栏杆（或栏板）等的详图。踏步应标明踏步宽度、踢面高度以及踏步上防滑条的位置、材料和做法，防滑条材料常采用马赛克、金刚砂、铸铁或有色金属。

为了保障人们的行走安全，在楼梯梯段或平台临空一侧，设置栏杆和扶手。在详图中主要标明栏杆和扶手的形式、材料、尺寸以及栏杆与扶手、踏步的连接，常选用建筑构造通用图集中的节点做法，与详图索引符号对照可查阅相关标准图集，得到它们的断面形式、细部尺寸、用料、构造连接和面层装修做法等。

楼梯施工图的识图技巧：

1)了解图名、比例。

2)了解轴线编号和轴线尺寸。

3)了解房屋的层数、楼梯梯段数、踏步数。

4)了解楼梯的竖向尺寸和各处标高。

5)了解踏步、扶手、栏板的详图索引符号。

第二节 楼梯施工图详图识读

(1)宿舍楼楼梯详图实例(图 5-8)。

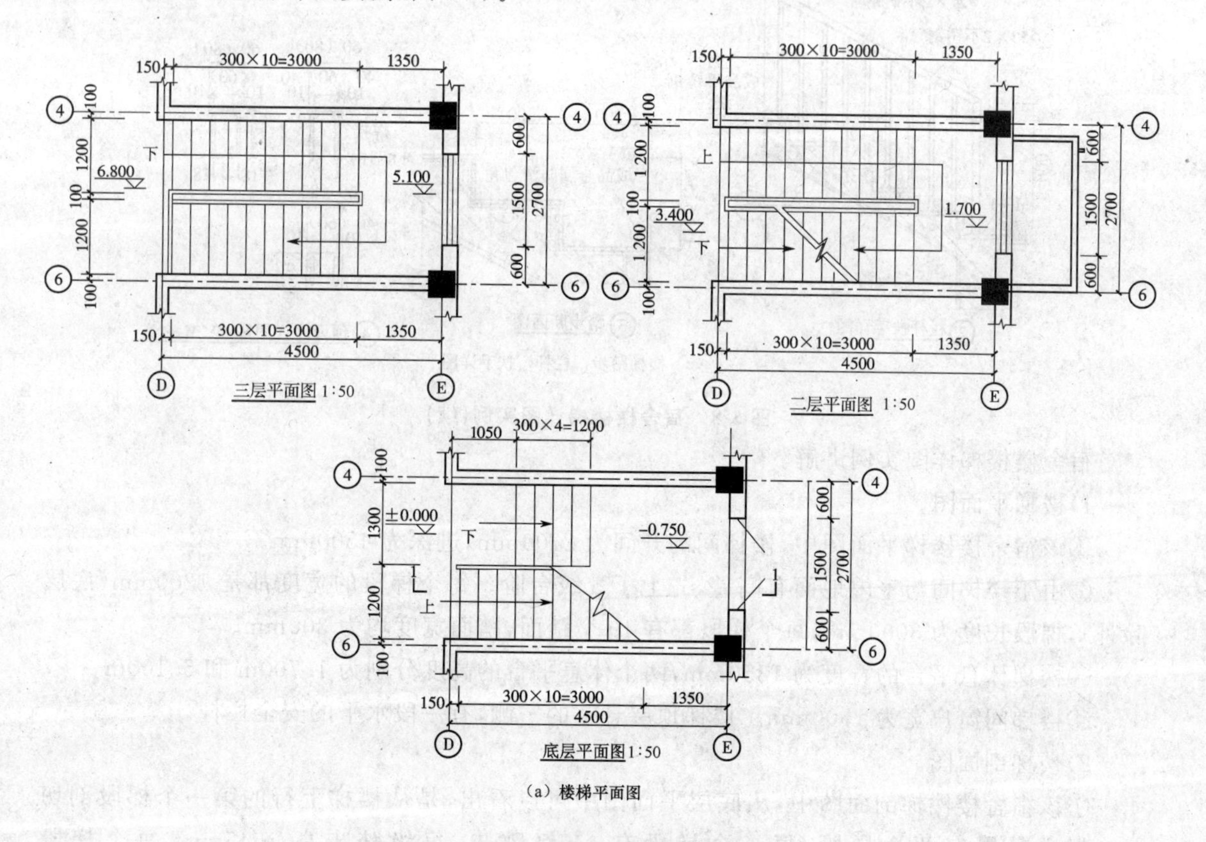

(a) 楼梯平面图

图 5-8 宿舍楼楼梯详图实例

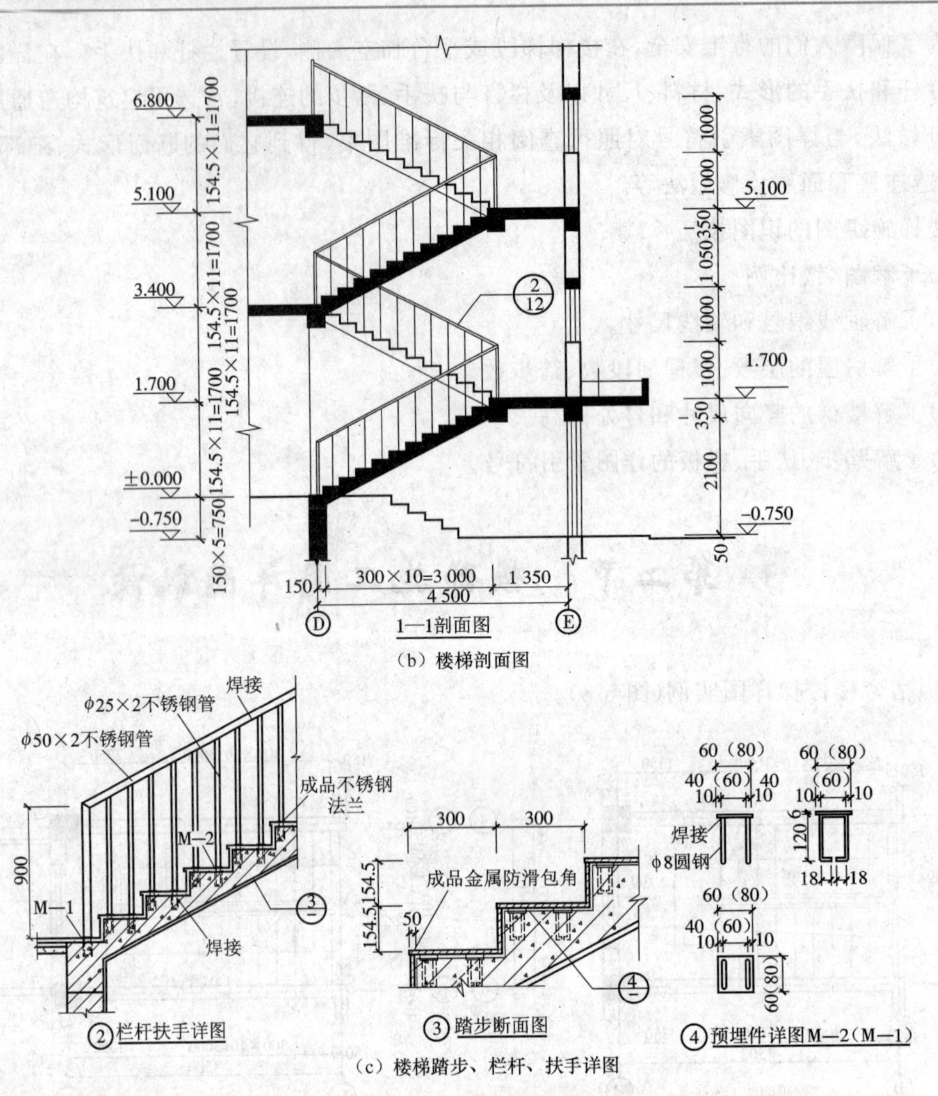

（b）楼梯剖面图

（c）楼梯踏步、栏杆、扶手详图

图 5-8　宿舍楼楼梯详图实例(续)

宿舍楼楼梯详图实例讲解。

1)楼梯平面图。

①该宿舍楼楼梯平面图中,楼梯间的开间为 2700mm,进深为 4500mm。

②由于楼梯间与室内地面有高差,先上了 5 级台阶。每个梯段的宽度都是 1200mm(底层除外),梯段长度为 3000mm,每个梯段都有 10 个踏面,踏面宽度均为 300mm。

③楼梯休息平台的宽度为 1350mm,两个休息平台的高度分别为 1.700m 和 5.100m。

④楼梯间窗户宽为 1500mm。楼梯顶层悬空的一侧,有一段水平的安全栏杆。

2)楼梯剖面图。

①该宿舍楼楼梯剖面图中,从底层平面图中可以看出,是从楼梯上行的第一个梯段剖切的。楼梯每层有两个梯段,每一个梯段有 11 级踏步,每级踏步高 1545mm,每个梯段高 1700mm。

②楼梯间窗户和窗台高度都为 1000mm。楼梯基础、楼梯梁等构件尺寸应查阅结构施工图。

3)楼梯节点详图。

①楼梯的扶手高 900mm，采用直径 50mm、壁厚 2mm 的不锈钢管，楼梯栏杆采用直径 25mm、壁厚 2mm 的不锈钢管，每个踏步上放两根。

②扶手和栏杆采用焊接连接。

③楼梯踏步的做法一般与楼地面相同。踏步的防滑采用成品金属防滑包角。

④楼梯栏杆底部与踏步上的预埋件 M—1、M—2 焊接连接，连接后盖不锈钢法兰。

⑤预埋件详图用三面投影图表示出了预埋件的具体形状、尺寸、做法，括号内表示的是预埋件 M—1 的尺寸。

(2)培训楼楼梯详图实例(图 5-9～图 5-11)。

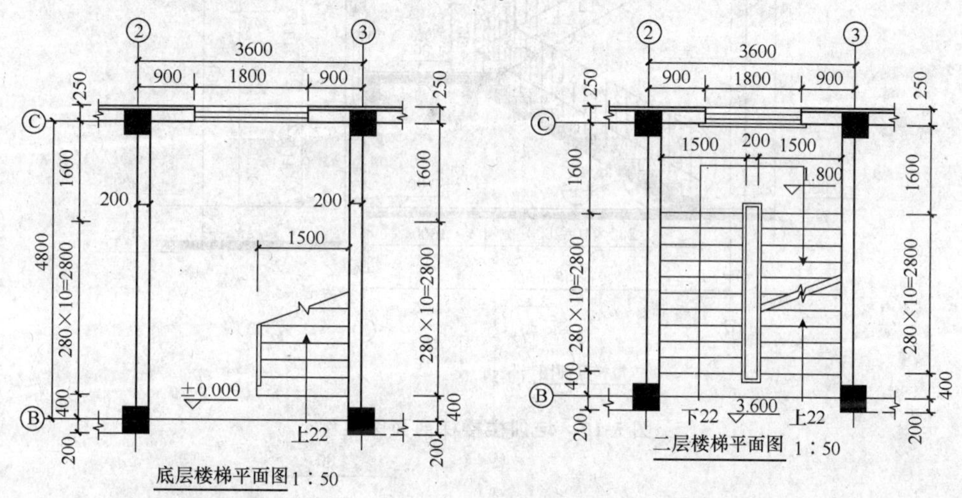

(a) 一层楼梯平面图　　(b) 二层楼梯平面图

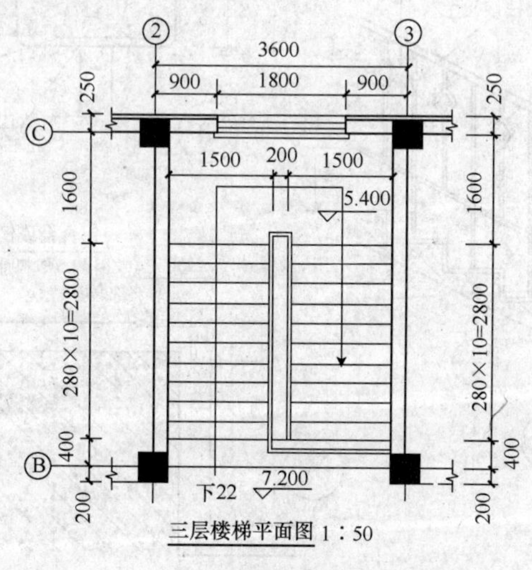

(c) 三层楼梯平面图

图 5-9　培训楼楼梯平面图实例

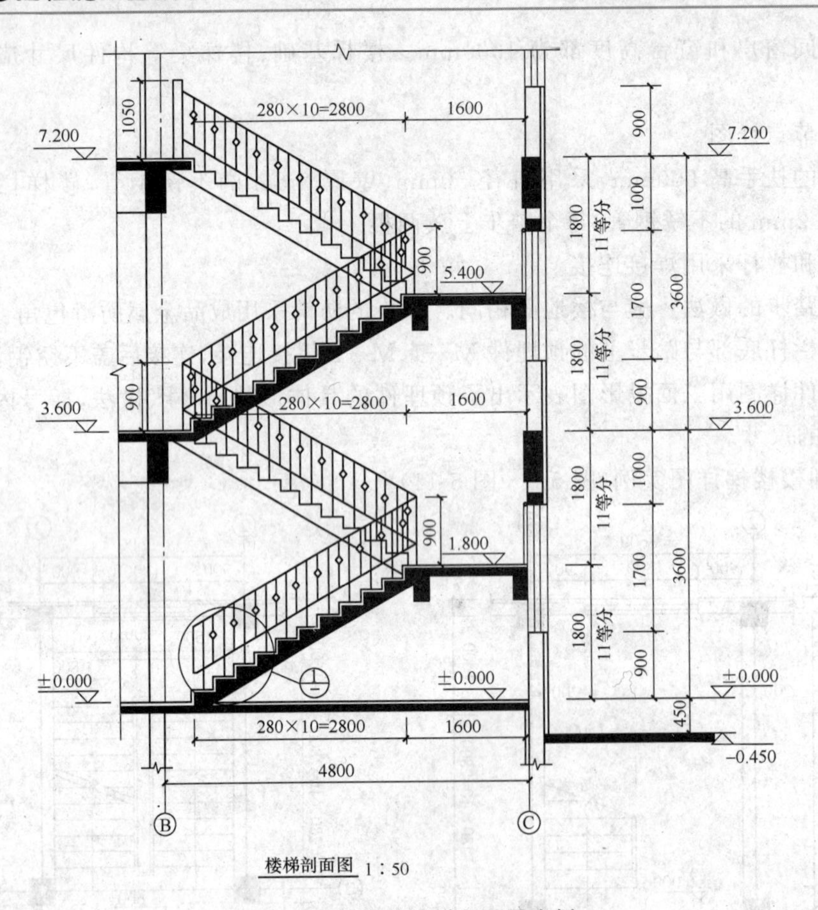

图 5-10　培训楼楼梯剖面图实例

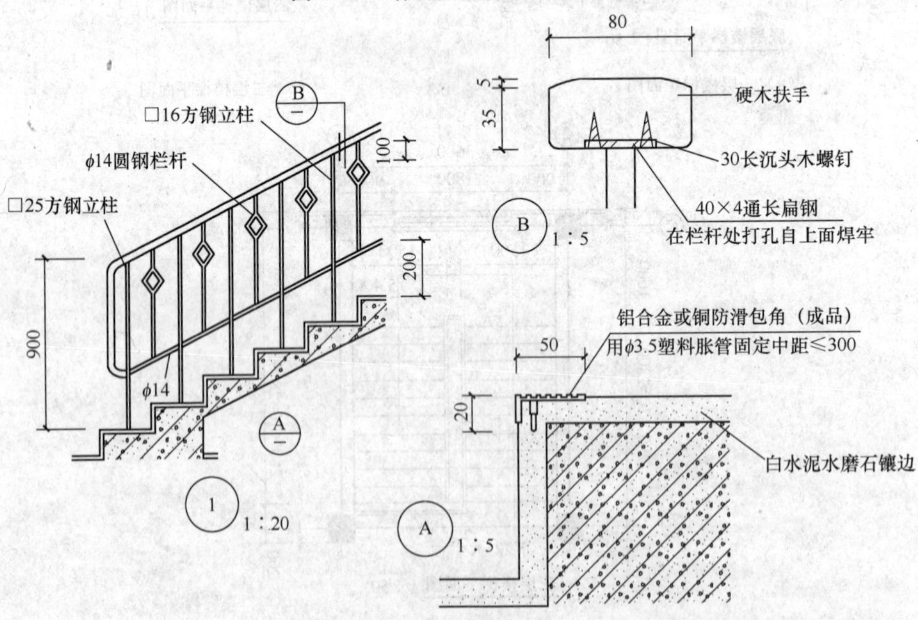

图 5-11　培训楼楼梯节点详图实例

培训楼楼梯详图实例讲解。

1)楼梯平面图。

①底层楼梯平面图中有一个可见的梯段及护栏,并注有“上”字箭头。根据定位轴线的编号可从一层平面图中得知楼梯间的位置。从图中标出的楼梯间的轴线尺寸,可知该楼梯间的宽为3600mm,深为4800mm;外墙厚度为250mm,窗洞宽度为1800mm,内墙厚200mm。该楼梯为两跑楼梯,图中注有上行方向的箭头。

②“上22”表示由底层楼面到二层楼面的总踏步数为22。

③“280×10=2800”表示该梯段有10个踏面,每个踏面宽280mm,梯段水平投影2800mm。

④地面标高±0.000。

⑤二层平面图中有两个可见的梯段及护栏,因此平面图中既有上行梯段,又有下行梯段。注有“上22”的箭头,表示从二层楼面往上走22级踏步可到达三层楼面;注有“下22”的箭头,表示往下走22级踏步可到达底层楼面。

⑥梯段最高一级踏面与平台面或楼面重合,因此平面图中每一梯段画出的踏面数比步级数少一格。

⑦由于剖切平面在护栏上方,顶层平面图中画有两段完整的梯段和楼梯平台,并只在梯口处标注一个下行的长箭头。下行22级踏步可到达二层楼面。

2)楼梯剖面图。

①从图中可知,该楼梯为现浇钢筋混凝土楼梯,双跑式。

②从楼层标高和定位轴线间的距离可知,该楼层高3600mm,楼梯间进深为4800mm。

③楼梯栏杆端部有索引符号,详图与楼梯剖面图在同一图纸上,详图为图5-11中的①图。被剖梯段的踏步数可从图中直接看出,未剖梯段的踏步级数,未被遮挡也可直接看到,高度尺寸上已标出该段的踏步级数。

④如第一梯段的高度尺寸1800,该高度11等分,表示该梯段为11级,每个梯段的踢面高163.64mm,整跑梯段的垂直高度为1800mm。栏杆高度尺寸是从楼面量至扶手顶面为900mm。

3)楼梯节点详图。

①从图中可以知道栏杆的构成材料,其中立柱材料有两种,端部为25mm×25mm的方钢,中间立柱为16mm×16mm的方钢,栏杆由ϕ14的圆钢制成。

②扶手部位有详图Ⓑ,台阶部位有详图Ⓐ,这两个详图均与①详图在同一图纸上。Ⓐ详图主要说明楼梯踏面为白水泥水磨石镶边,用成品铝合金或铜防滑包角,包角尺寸已给出,包角用直径3.5的塑料涨管固定,两根涨管间距不大于300mm。

③Ⓑ详图主要说明栏杆的扶手的材料为硬木,扶手的尺寸,以及扶手和栏杆连接的方法,栏杆顶部设40×4的通长扁钢,扁钢在栏杆处打孔自上面焊牢。

④扶手和栏杆连接方式为用30mm长沉头木螺钉固定。

(3)企业楼梯详图实例(图5-12～图5-13)。

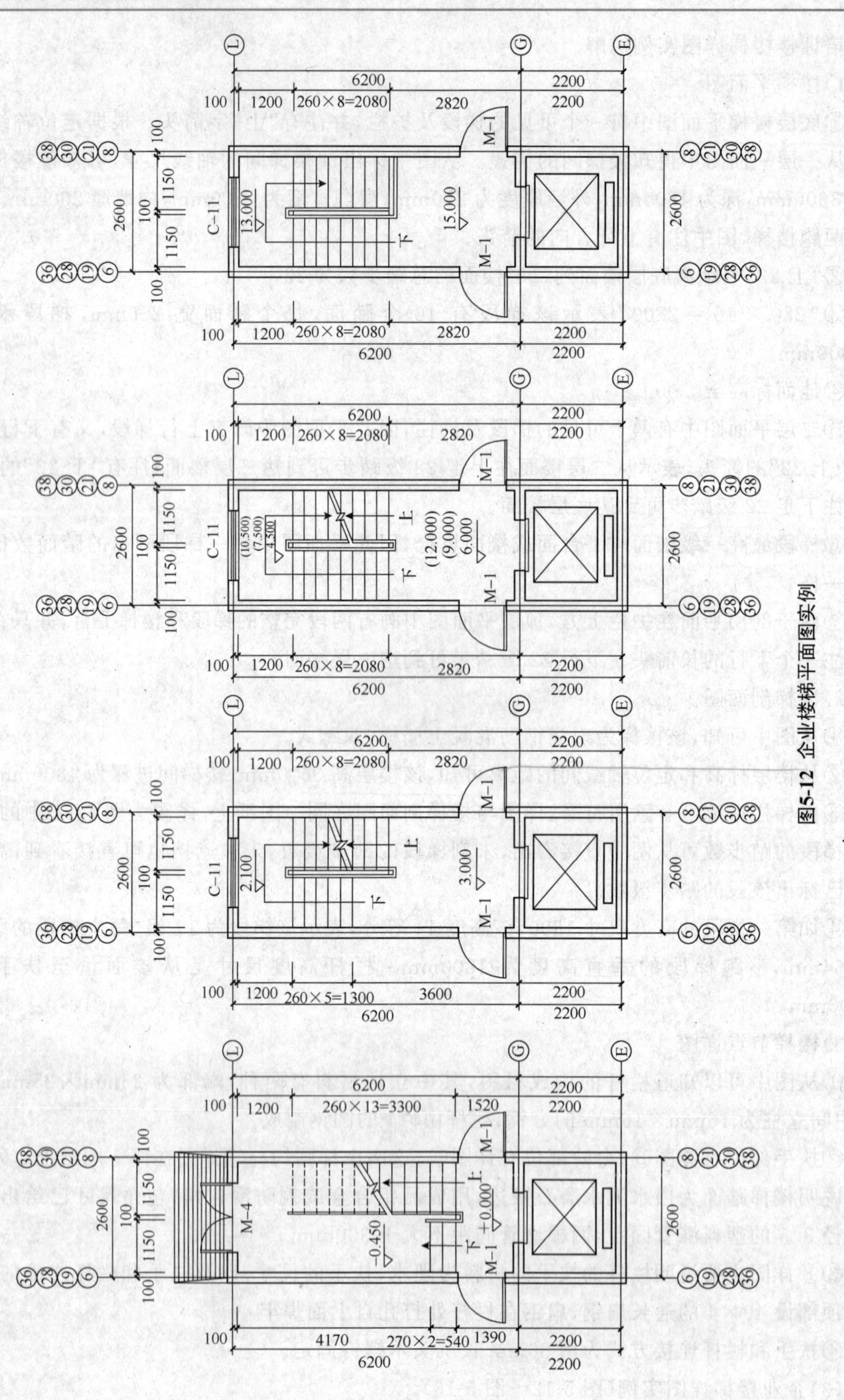

图5-12 企业楼梯平面图实例

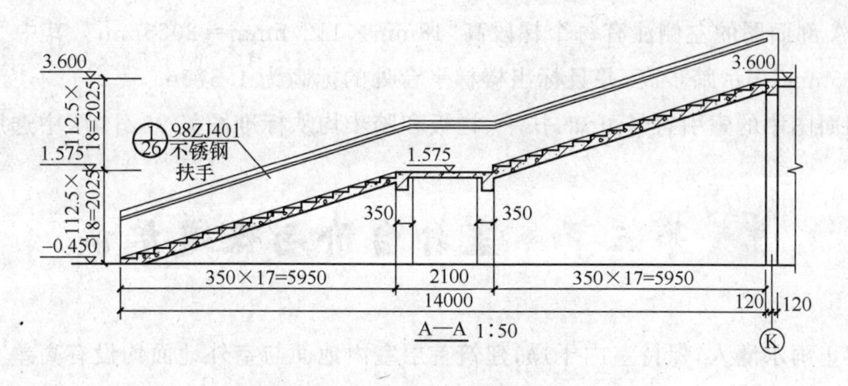

图 5-13　企业楼梯剖面图实例

企业楼梯详图实例讲解。

1)楼梯平面图。

①由楼梯平面图可知,此楼梯位于横向 6～8(19～21、28～30、36～38)轴线、纵向 E～L 轴线之间。

②该楼梯间平面为矩形与矩形的组合,上部分为楼梯间,下部分为电梯间。楼梯间的开间尺寸为 2600mm,进深为 6200mm,电梯间的开间尺寸为 2600mm,进深为 2200mm;楼梯间的踏步宽为 260mm,踏步数一层为 14 级,二层以上均为 9＋9＝18 级。

③由各层平面图上的指示线,可看出楼梯的走向,第一个梯段最后一级踏步距 L 轴 1300mm。

④各楼层平面的标高在图中均已标出。

⑤中间层平面图既要画出剖切后的上行梯段(注有“上”字),又要画出该层下行的完整梯段(注有“下”字)。继续往下的另一个梯段有一部分投影可见,用 45°折断线作为分界,与上行梯段组合成一个完整的梯段。各层平面图上所画的每一分格,表示一级踏面。平面图上梯段踏面投影数比梯段的步级数少 1,如平面图中往下走的第一段共有 14 级,而在平面图中只画有 13 格,梯段水平投影长为 260×13＝3380mm。

⑥楼梯间的墙为 200mm;门的编号分别为 M—1 和 M—4;窗的编号为 C−11。门窗的规格、尺寸详见门窗表。

⑦找到楼梯剖面图在楼梯底层平面图中的剖切位置及投影方向。

2)楼梯剖面图。

①由 A—A 剖面图,可在楼梯底层平面图中找到相应的剖切位置和投影方向,比例为1∶50。

②该剖面墙体轴线编号为 K,其轴线尺寸为 14000mm。

③该楼梯为室外公共楼梯,只有一层,梯段数和踏步数详见 A—A 剖面图。它是由两个梯段和一个休息平台组成的,尺寸线上的“350mm×17mm−5950mm”表示每个梯段的踏步宽为 350mm,由 17 级形成;高为 112.5mm;中间休息平台宽为 2100mm。

④A—A 剖面图的左侧注有每个梯段高“18mm×112.5mm=2025mm”，其中“18”表示踏步数，“112.5mm”表示踏步高，并且标出楼梯平台处的标高为 1.575m。

⑤从剖面图中的索引符号可知，扶手、栏板和踏步均从标准图集 98ZJ401 中选用。

第三节　室外台阶与坡道识读

为了防止雨水灌入，保持室内干燥，建筑首层室内地面与室外地面均设有高差。室外台与坡道是设在建筑物出入口的辅助配件，用来解决建筑物室内外的高差问题。民用房屋室内地面通常高于室外地面 300mm 以上，单层工业厂房室内地面通常高于室外地面 150mm。如图 5-14所示。

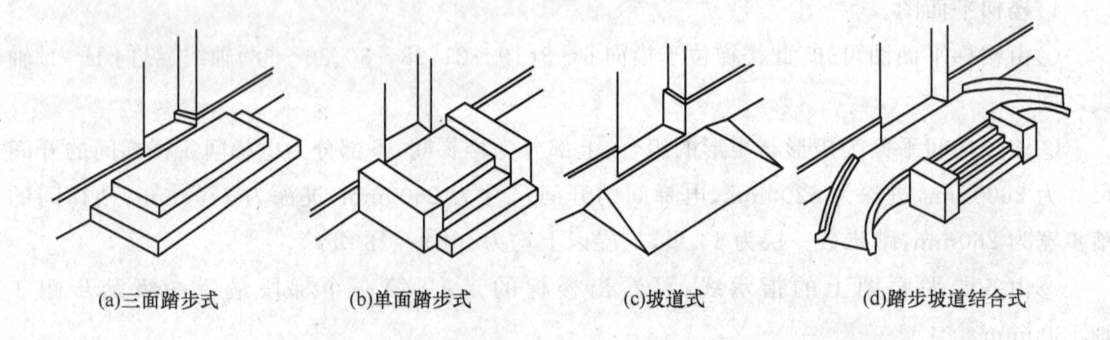

图 5-14　台阶与坡道

设置台阶是为人们进出建筑提供方便，坡道是为车辆及残疾人而设置的，一般情况下，台阶的踏步数不多，坡道长度不大。

一、室外台阶施工图识读

室外台阶由平台和踏步两部分组成，平台面应比门洞口每边宽出 50mm 左右，并比室内地坪低 20～50mm，向外做出约 1%的排水坡度。室外台阶平面形式多种多样，可根据建筑功能及周围地基的情况进行选择。较常见的台阶形式有：单面踏步、两面踏步、三面踏步、单面踏步带花池（花台）等。有的台阶附带花池和方形石、栏杆等。部分大型公共建筑经常把行车坡道与台阶合并成为一个构件，还强调了建筑入口的重要性。

台阶应在建筑物主体工程完成后再进行施工，并与主体结构之间留出约 10mm 的沉降缝。台阶的构造与地面相似，由面层、垫层、基层等组成，面层应采用水泥砂浆、混凝土、地砖、天然石材等耐气候作用的材料。

1. 实铺台阶

实铺台阶的构造与室内地坪的构造差不多，包括基层、垫层和面层，如图 5-15(a)所示。基

层是夯实土；垫层多为混凝土、碎砖混凝土或砌砖；面层有整体和铺贴两大类，如水泥砂浆、水磨石、剁斧石、缸砖、天然石材等。在严寒地区，为保证台阶不受土壤冻胀的影响，应把台阶下部一定深度范围内的原土换掉，改设砂垫层，如图 5-15(b)所示。

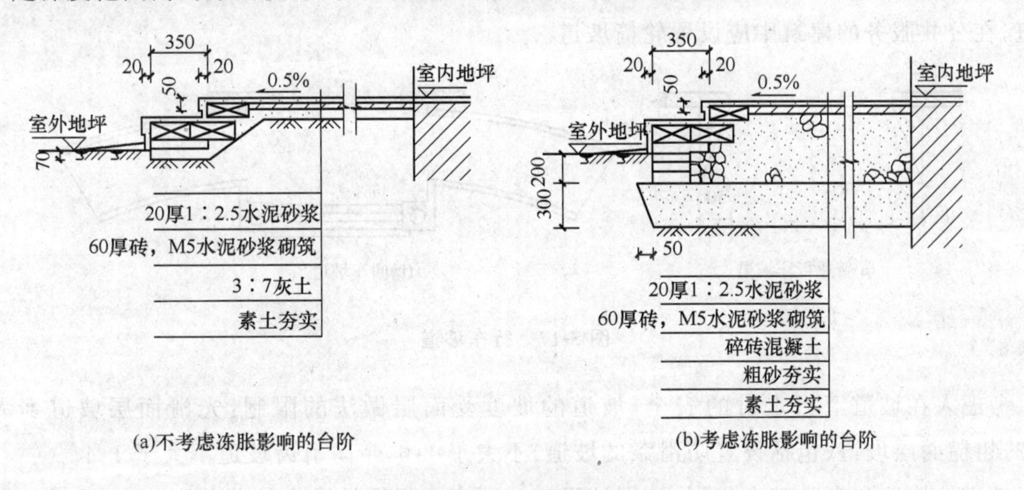

图 5-15　实铺台阶

2. 架空台阶

在北方冰冻地区，室外台阶应考虑抗冻要求，面层选择抗冻、防滑的材料，并在垫层下设置非冻胀层或采用钢筋混凝土架空台阶，如图 5-16 所示。

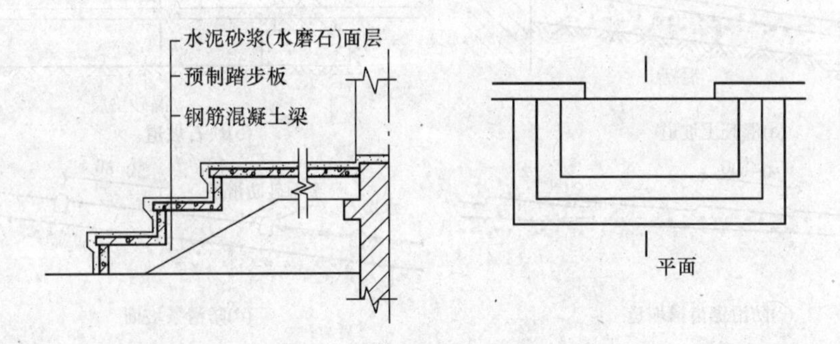

图 5-16　钢筋混凝土架空台阶

由于台阶与建筑主体在自重、承载及构造方面差异较大，大多数台阶在结构上和建筑主体是分开的。台阶与建筑主体之间要注意解决好两个问题：首先，处理好台阶与建筑之间的沉降缝，常见的做法是在接缝处嵌入一根 10mm 厚防腐木条；其次，为防止台阶上积水向室内流淌，台阶应向外侧做 0.5%～1% 找坡，而且台阶面层标高应比首层室内地面标高低 10mm 左右。

二、坡道施工图识读

坡道按照其用途的不同，可以分成行车坡道和轮椅坡道两类。行车坡道分为普通行车坡道与回车坡道两种，如图 5-17 所示。普通行车坡道布置在有车辆进出的建筑入口处，如车库、库房等。回车坡道与台阶踏步组合在一起，可以减少使用者的行走距离。回车坡道一般布置在某些大型公共建筑的入口处，如重要办公楼、旅馆、医院等。轮椅坡道是专供残疾人使用的坡道，在公共服务的建筑中应设置轮椅坡道。

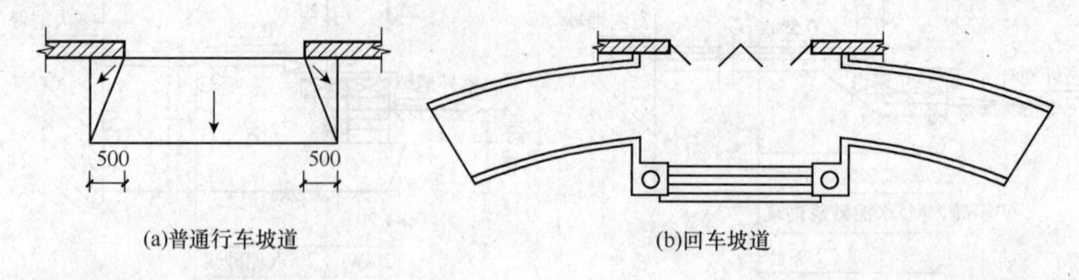

图 5-17 行车坡道

考虑人在坡道上行走时的安全，坡道的坡度受面层做法的限制：光滑面层坡道不大于 1∶12，粗糙面层坡道(包括设置防滑条的坡道)不大于 1∶6，带防滑齿坡道不大于 1∶4。

坡道的构造与台阶基本相同，垫层的强度和厚度应根据坡道上的荷载来确定，季节冰冻地区的坡道需在垫层下设置非冻胀层，如图 5-18 所示。

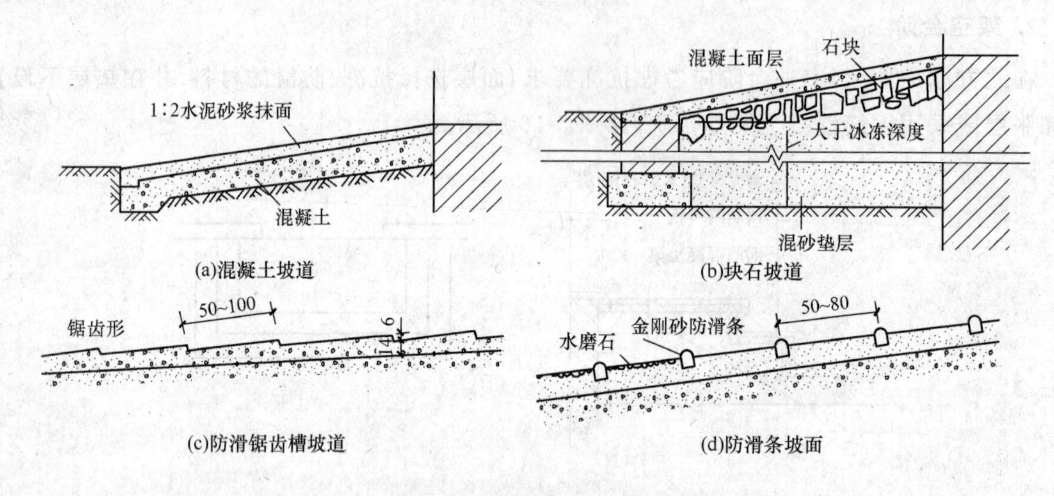

图 5-18 坡道构造实例

第六章

装饰装修施工实例

1. 学习本实例的目的

(1)具有一定的识读装饰施工图的能力。

(2)具有一定的审核装饰施工图的能力,能够参照实际工程,发现施工图中的错误、疏漏以及与实际不符之处。

2. 读图的程序和方法

当要阅读一套图纸时,如果不注意方法,不分先后,不分主次,无法快速准确获取施工图纸的信息和内容。根据实践经验,读图的方法一般是:从整体到局部,再由局部到整体;互相对照,逐一核实。按照以下程序进行。

(1)先看图纸目录,了解本套图纸的设计单位、建设单位及图纸类别和图纸数量。

(2)按照图纸目录检查各类图纸是否齐全,图纸编号与图名是否符合,是否使用标准图以及标准图的类别等。

(3)通过设计说明,了解工程概况和工程特点,并应掌握和了解有关的技术要求。

(4)阅读建筑施工图。在看装饰施工图之前,一般应先看懂建筑施工图,大中型装饰工程还有必要对照结构施工图、设备施工图的有关内容。

在建筑施工图中,平面图中的技术信息很多,应首先了解房屋的长度、宽度、轴线设置位置、轴线间尺寸(开间与进深等)、平面形状、各房间相邻关系等,然后以平面图为主,对照看立面图和剖面图,搞清楼层标高、门窗标高、顶棚标高以及各结构构件和装饰构件的形状、尺寸、材料等。通过阅读建筑施工图,想像出建筑的规模和轮廓。

3. 施工图实例

本实例是某别墅施工图的平面布置图,如图 6-1～6-7 所示(见书后插页)。

第七章

建筑常用术语

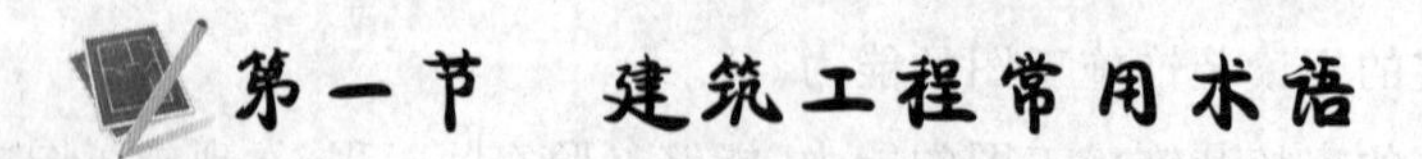

第一节　建筑工程常用术语

（1）工程结构

房屋建筑和土木工程的建筑物、构筑物及其相关组成部分的总称。

（2）工程结构设计

在工程结构的可靠与经济、适用与美观之间，选择一种最佳的、合理的平衡，使所建造的结构能满足各种预定功能要求。

（3）房屋建筑工程

一般建筑工程指，为新建、改建或扩建房屋建筑物和附属构筑物所进行的勘察、规划、设计、施工、安装和维护等各项技术工作和完成的工程实体。

（4）土木工程

除房屋建筑外，为新建、改建或扩建各类工程的建筑物、构筑物和相关配套设施等所进行的勘察、规划、设计、施工、安装和维护等各项技术工作和完成的工程实体。

（5）公路工程

为新建或改建各级公路和相关配套设施等而进行的勘察、规划、设计、施工、安装和维护等各项技术工作和完成的工程实体。

（6）铁路工程

为新建或改建铁路和相关配套设施等所进行的勘察、规划、设计、施工、安装和维护等各项技术工作和完成的工程实体。

（7）港口与航道工程

为新建或改建港口与航道和相关配套设施等所进行的勘察、规划、设计、施工、安装和维护等各项技术工作和完成的工程实体。

（8）水利工程

为治理水患、开发利用水资源而修建的各项建筑物、构筑物和相关配套设施等所进行的勘

察、规划、设计、施工、安装和维护等各项技术工作和完成的工程实体。

(9)水力发电工程(水电工程)

水电工程为以利用水能发电为主要任务的工程。

(10)建筑物(构筑物)

建筑物为房屋建筑或土木工程中的单项工程实体。

(11)结构

广义地指房屋建筑和土木工程的建筑物、构筑物及其相关组成部分的实体,狭义地指各种工程实体的承重骨架。

(12)基础

基础为将建筑物、构筑物以及各种设施的上部结构所承受的各种作用和自重传递到地基的结构组成部分。

(13)地基

地基为支承由基础传递或直接由上部结构传递的各种作用的土体或岩体,未经加工处理的称为天然地基。

(14)木结构

木结构为以木材为主制作的结构。

(15)砌体结构

砌体结构为以砌体为主制作的结构。它包括砖结构、石结构和其他材料的砌块结构,有无筋砌体结构和配筋砌体结构之分。

(16)钢结构

钢结构为以钢材为主制作的结构,其中由带钢或钢板经冷加工形成的型材所制作的结构称冷弯薄壁型钢结构。

(17)混凝土结构

混凝土结构为以混凝土为主制作的结构,包括素混凝土结构、钢筋混凝土结构和预应力混凝土结构等。

(18)特种工程结构

特种工程结构为具有特种用途的建筑物、构筑物,如高耸结构,包括塔、烟囱、桅、海洋平台、容器、构架等。

(19)房屋建筑

房屋建筑为在固定地点,为使用者或占用物提供庇护覆盖,并可在其内进行生活、生产或其他活动的实体。

(20)工业建筑

工业建筑是为生产用而提供的各种建筑物,如车间、厂前区建筑、生活间、动力站、库房和运输设施等。

(21)民用建筑

民用建筑为非生产性的居住建筑和公共建筑，如住宅、办公楼、幼儿园、学校、食堂、影剧院、商店、体育馆、旅馆、医院、展览馆等。

(22)建设用地面积

建设用地面积是经城市规划行政主管部门划定的建设用地范围内的土地面积，单位为 m^2。

(23)建筑面积

建筑面积是指建筑物外墙或结构外围水平投影面积，单位为 m^2。

(24)建筑物基底面积

建筑物基底面积是指建筑物接触地面的自然层建筑外墙或结构外围的水平投影面积，单位为 m^2。

(25)使用面积

使用面积包括墙体结构面积在内的直接为办公、生产、经营或生活使用的面积和辅助用房的厨房、厕所或卫生间以及壁柜、户内过道、户内楼梯、阳台、地下室、附层(夹层)、2.2m 以上的阁楼等面积，如墙体属两户共有(即共墙)，其所属面积由两户平均分摊，单位为 m^2。

(26)使用面积系数

使用面积系数一般作为住宅建筑设计的一项技术经济指标，它等于总套内使用面积(m^2)除以总建筑面积(m^2)再乘以百分之百，用百分数表示。使用面积系数越大，说明建筑的公共交通及结构面积越小，也就说明建筑的使用面积越大，建筑的经济性越好。由于建筑的类型不同，建筑方案、建筑层数不同，其使用面积系数也不一样。建筑的结构及墙体材料不同，也会影响建筑使用面积的多少。在评价建筑的经济指标时，不能单纯看使用面积系数的大小而决定其是否经济，应根据建筑方案的具体情况，全面考虑衡量建筑的经济性。

(27)公用建筑面积

公用建筑面积是指建筑物内可供公共使用的面积，包括应分摊公用建筑面积和不分摊公用建筑面积，单位为 m^2。

(28)公共面积

公共面积是指建筑物主体内，户型以外使用的面积，包括层高超过 2.2m 的设备层或技术层、室内外楼梯、楼梯悬挑平台、内外廊、门厅、电梯及机房、门斗、有柱雨篷、凸出层面的围护结构的楼梯间、水箱间、电梯机房等的面积，公共面积的产权应属建筑物内参与分摊该公共面积的所有业主共同拥有，由物业管理部门统一管理，单位为 m^2。

(29)公共面积分摊

每户(或单位)应分摊的公共面积按如下原则进行计算。

有面积分割文件或协议的，应按其文件或协议进行计算。

无面积分割文件或协议的，按其使用面积的比例进行分摊，即：每户应分摊的公共面积＝应分摊公共面积×每户使用面积/各户使用面积之和。

(30)建筑红线

建筑红线是由道路红线和建筑控制线组成的。道路红线是城市道路(含居住区级道路)用地的规划控制线,建筑控制线是建筑物基底位置的控制线,在基底与道路邻近一侧,一般以道路红线为建筑控制线,如果城市规划需要,主管部门可在道路红线以外另定建筑控制线,一般称之为后退道路红线建造。任何建筑都不得超越给定的建筑红线。

(31)体型系数

体型系数是建筑物外露部分所有面的面积(即外表面积)总和除以该建筑物的体积所得的数值。为了减少建筑物外墙围护结构临空面的面积大而造成的热能损失,节能建筑标准中对建筑物的体型系数进行了限定,限定不同地区的住宅体型系数应在规定值以内。建筑的耗能量随着体型系数加大而增加,体型系数小,建筑物节能效果好。为了减少建筑物的体型系数,在设计中可以采用以下几点措施:①建筑平面布局紧凑,减少外墙的凸凹变化,即减少外墙面的长度;②加大建筑物的栋深;③加大建筑物的层数;④加大建筑物的体量。

(32)使用率

使用率是指房屋使用面积(含墙体)与建筑面积之比,以百分数表示。

(33)容积率

容积率是指建筑用地范围内的总建筑面积与地块面积之比,以百分数表示。

(34)三通一平

三通一平是指土地在发展基础上达到通水、通电、通路、场地平整的标准。

(35)七通一平

七通一平是指上水通、下水通、路通、电信通、煤气通、电通、热力通、场地平整。

(36)建筑覆盖率(建筑密度、建筑系数)

建筑覆盖率是指建设用地范围内所有建筑物基底面积之和与建设用地面积的比率,以百分数表示。

(37)绿地率

绿地率是指建设用地范围内各类绿地面积之和与建设用地面积的比率,以百分数表示。绿地面积的计算不包括屋顶、天台和垂直绿化面积。

(38)绿化覆盖率

绿化覆盖率是指建设用地范围内全部绿化种植物的水平投影面积之和与建设用地面积的比率,以百分数表示。

(39)住宅

住宅是供家庭居住使用的建筑物。住宅应按套型设计,每套必须是独门独户,并应设有卧室、起居室、厨房、卫生间及储藏空间等。

(40)公寓

公寓是指供短期居住而带有小型厨房、厕所的建筑物。公寓具有以下规定:

1)公寓在城市规划中一般不考虑配置中、小学校等配套设施。

2)根据人口构成的特点而设置的周转房应按公寓的要求设置。

3)根据公寓的使用要求,每套公寓的建设面积一般在下列范围内:多层 45m²;中高层 50m²;高层 55m²。

4)公寓应充分考虑社会化服务的要求。酒店式公寓就是按酒店模式管理的公寓。

(41)夹层

夹层是指在一个楼层内,局部增设的楼层。

(42)裙房

裙房是指与高层建筑相连的附属建筑,高度不超过 24m。

(43)标准层

标准层是指建筑物内主要使用功能平面布置相同的各楼层。

(44)设备层

设备层是指专用于布置机电设备等的楼层。

(45)结构转换层

建筑物某楼层的上部与下部因平面使用功能不同,该楼层上部与下部采用不同结构类型,并通过该楼层进行结构转换,则该楼层称为结构转换层。

(46)建筑高度

建筑高度是指自建筑物散水外缘处的室外地坪至建筑物最高部分的垂直高度,单位为 m。

(47)坡屋顶建筑高度

当坡层顶建筑物的屋面坡度超过 45°(含 45°)时,建筑高度自基底室外地坪至坡屋顶的 1/2为止;当小于 45°时,建筑高度自基底室外地坪至坡屋顶最高处,单位为 m。

(48)建筑物内各层的层数排列

1)室内设计标高为正负零处的楼层,按排列称为一层(建筑设计文件中应按楼层顺序标注建筑层数,不得将一层标注为首层或底层),第一层楼板以上的楼层称为二层,按此规则类推至建筑的最高层数。层高不大于 2.2m 时不计层数。

2)室内设计标高正负零下面的一层,按排列称为地下一层,地下一层楼板以下的楼层称为地下二层,按此规则类推建筑物地下室的最低层数。

(49)电梯

电梯是利用电力的垂直运载设备,是高层住宅和公共建筑中不可缺少的竖向运载设备,它的指标主要以电梯数量(台)、容量(人)和速度(m/s)来表示。

(50)面层

直接承受各种物理和化学作用的建筑地面表面层;建筑地面的名称按其面层名称而定。

(51)结合层

面层与下一构造层相联结的中间层,也可作为面层的弹性基层。

(52)基层

面层下的构造层,包括填充层、隔离层、找平层、垫层和基土等。

(53)填充层

当面层、垫层和基土(或结构层)尚不能满足使用上或构造上的要求而增设的填充层,在建筑地面上起隔声、保温、找坡或敷设暗管线等作用的构造层。

(54)隔离层

防止建筑地面上种种液体(指水、油渗、非腐蚀性液体和腐蚀性液体)浸湿和作用,或防止地下水和潮气渗透地面作用的构造层。仅为防止地下潮气透过地面时,可称作防潮层。

(55)找平层

在垫层上、楼板上或填充层(轻质、松散材料)上起整平、找坡或加强作用的构造层。

(56)垫层

承受并传递地面荷载于基土上的构造层。

(57)基土

地面垫层下的土层。

(58)缩缝

防止水泥混凝土垫层在气温降低时产生不规则裂缝而设置的收缩缝。

(59)伸缝

防止水泥混凝土垫层在气温升高时在缩缝边缘产生挤碎或拱起而设置的伸胀缝。

(60)纵向缩缝

平行于混凝土施工流水作业方向的缩缝。

(61)横向缩缝。

垂直于混凝土施工流水作业方向的缩缝。

第二节　建筑制图常用术语

(1)地形图

地形图是按着一定的投影方法、比例和专用符号把地面上的地形和地物通过测量绘制而成的图形,是规划和总平面设计的一项重要资料依据。地形图上的比例尺是地面上一段长度与图上相应一段长度之比。例如,地形图比例尺是1∶1000,就是地面上1000m的长度反映在图上的长度是1m。根据不同用途的需要,地形图的比例尺可以不同。地理位置地形图比例尺为1∶25000或1∶50000;区域位置地形图比例尺为1∶5000或1∶10000,等高线间距为1～5m;厂址地形图比例尺寸为1∶500、1∶1000或1∶2000,等高线间距为0.25～1m。地形图上的方向用指北针表示,在指北针箭头处注上“北”或“N”字样。一般情况下地形图的上部为北向,下部为南向,即上北下南。

(2)图纸幅面

图纸幅面是指图纸宽度与长度组成的图面。

(3)图线

图线是指起点和终点间以任何方式连接的一种几何图形,形状可以是直线或曲线,连续和不连续线。

(4)字体

字体是指文字的风格式样,又称书体。

(5)比例

比例是指图中图形与其实物相应要素的线性尺寸之比。

(6)视图

将物体按正投影法向投影面投射时所得到的投影称为视图。

(7)轴测图

用平行投影法将物体连同确定该物体的直角坐标系一起沿不平行于任一坐标平面的方向投射到一个投影面上,所得到的图形,称作轴测图。

(8)透视图

根据透视原理绘制出的具有近大远小特征的图像,以表达建筑设计意图。

(9)标高

以某一水平面作为基准面,并作零点(水准原点)起算地面(楼面)至基准面的垂直高度。

(10)工程图纸

根据投影原理或有关规定绘制在纸介质上的,通过线条、符号、文字说明及其他图形元素表示工程形状、大小、结构等特征。

参考文献

[1]中国建筑工业出版社．现行建筑设计规范大全[M]．北京:中国建筑工业出版社,2005.

[2]中国建筑装饰协会．建筑装饰实用手册[M]．北京:中国建筑工业出版社,2000.

[3]何斌,陈锦昌．建筑制图[M]．北京:高等教育出版社,2005.

[4]周正楠．空间形体表达基础[M]．北京:清华大学出版社,2005.

[5]童霞．装饰构造[M]．北京:中国建筑工业出版社,2003.

[6]孙勇,苗蕾.建筑构造与识图[M]．北京:化学工业出版社,2005.

[7]建筑装饰构造资料集编委会.建筑装饰构造资料集[M]．北京:中国建筑工业出版社,2000.

[8]韩建新,刘光洁．建筑装饰构造[M]．北京:中国建筑工业出版社,2004.

[9]张宗森.建筑装饰构造[M]．北京:中国建筑工业出版社,2006.

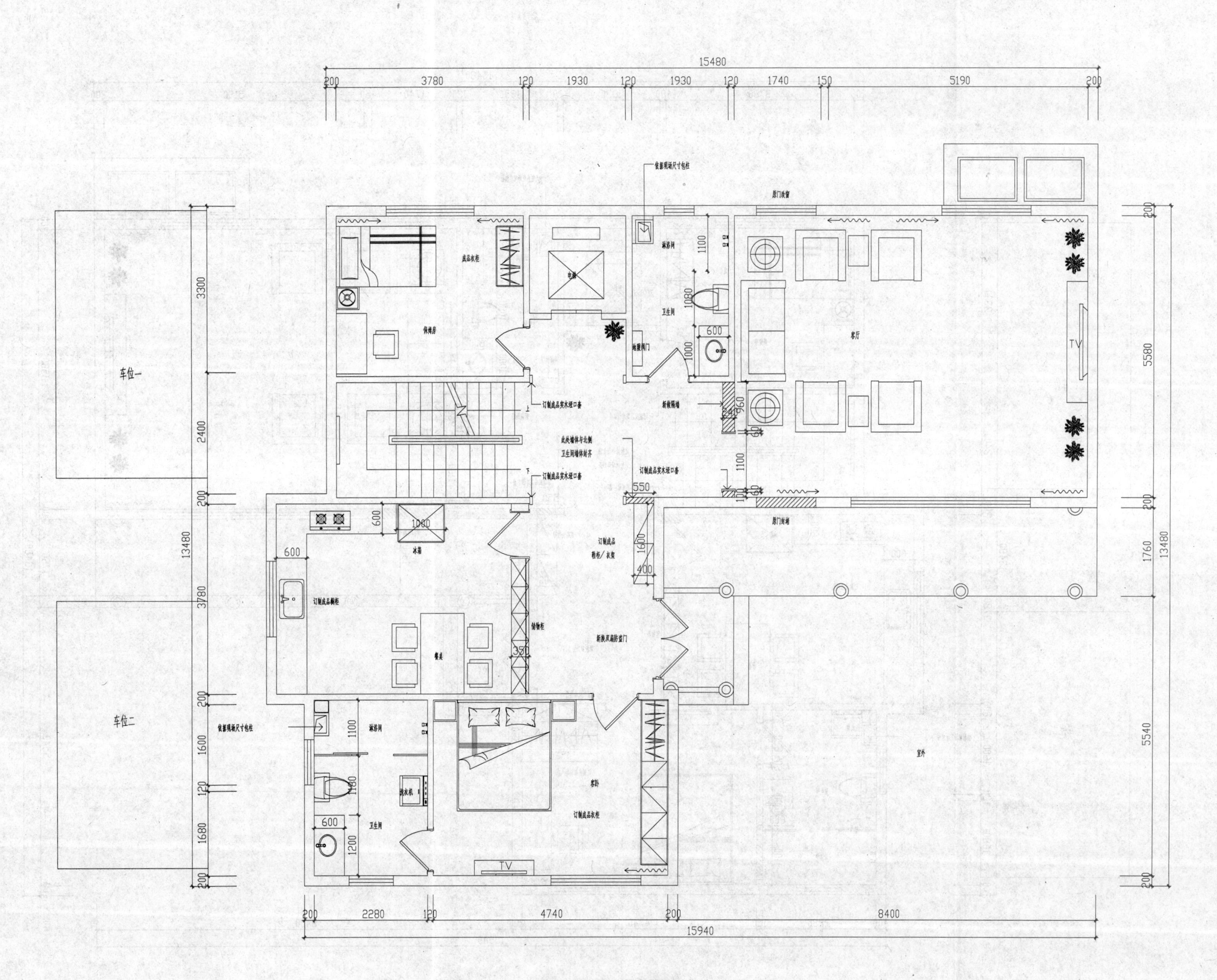

图6-1　一层平面布置图（一）

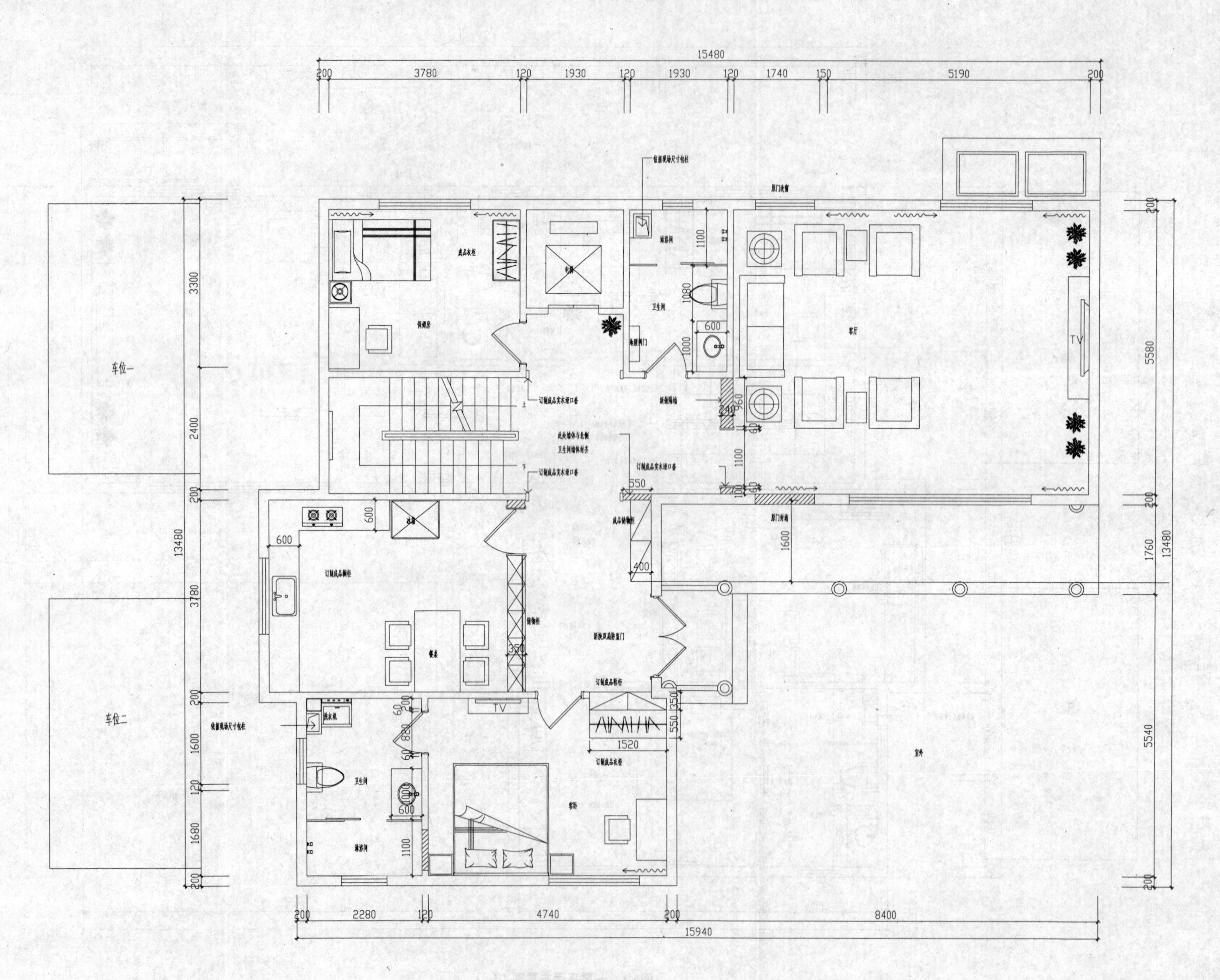

图6-2　一层平面布置图（二）

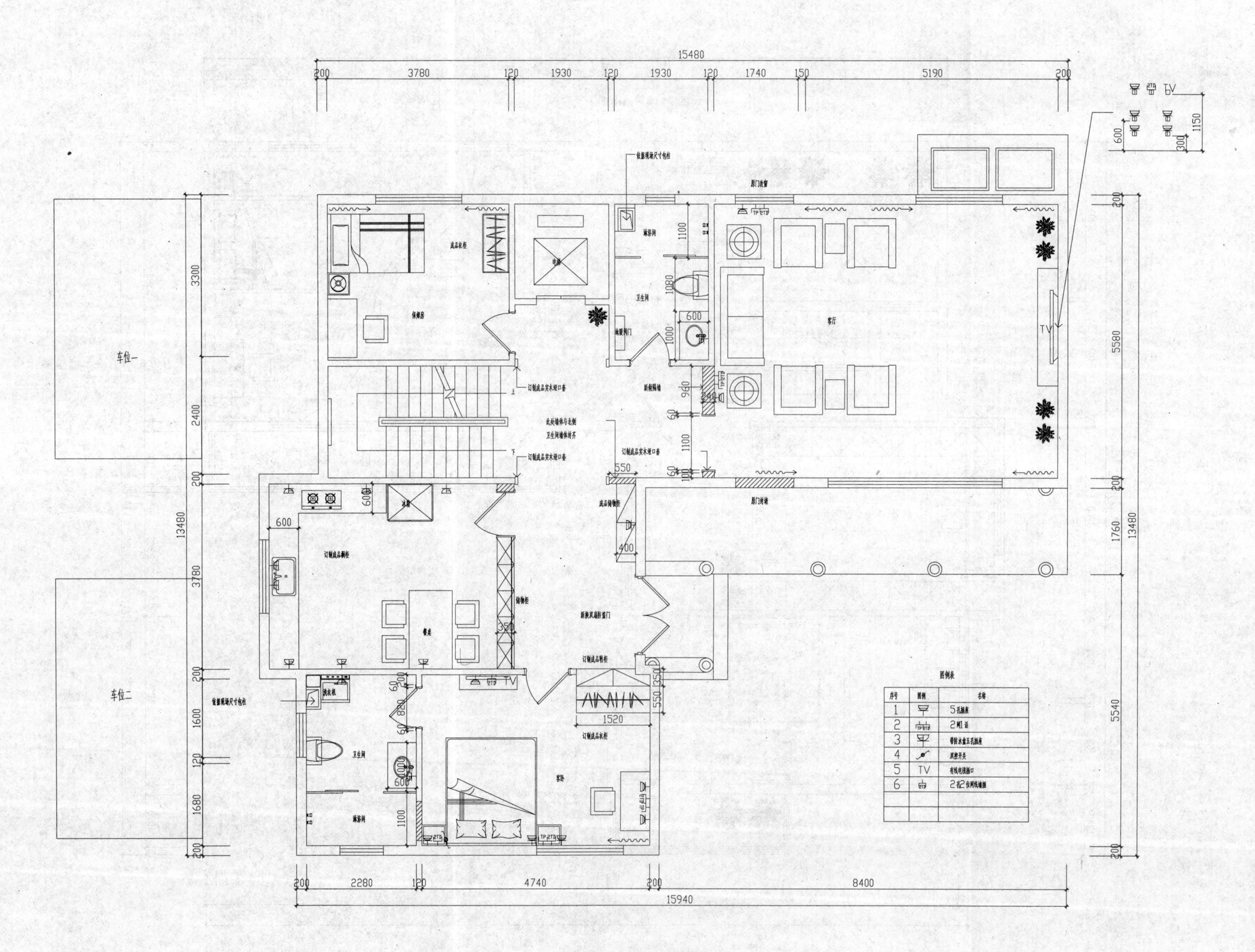

图6-3　一层平面布置图（三）

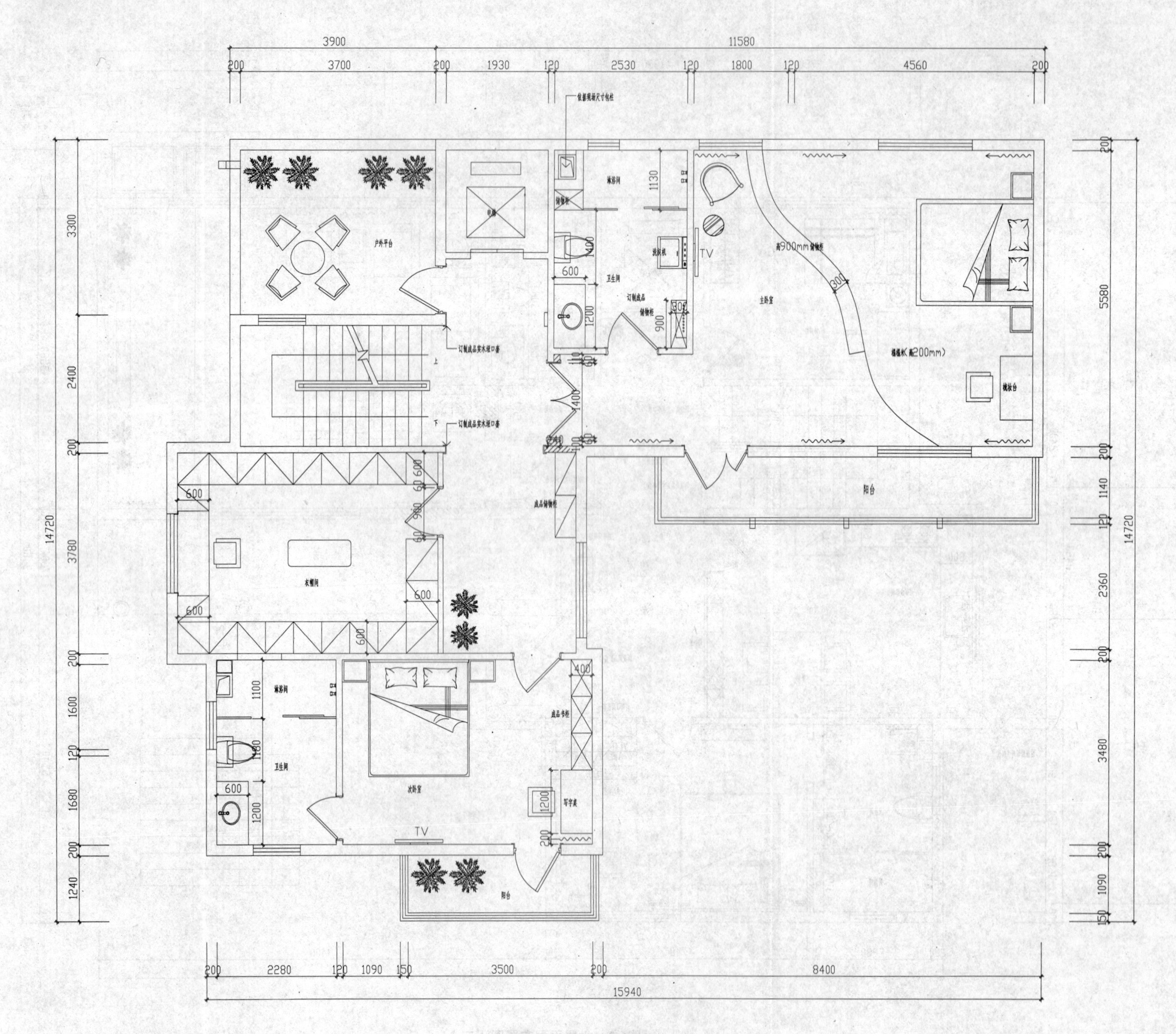

图6-4 二层平面布置图（一）

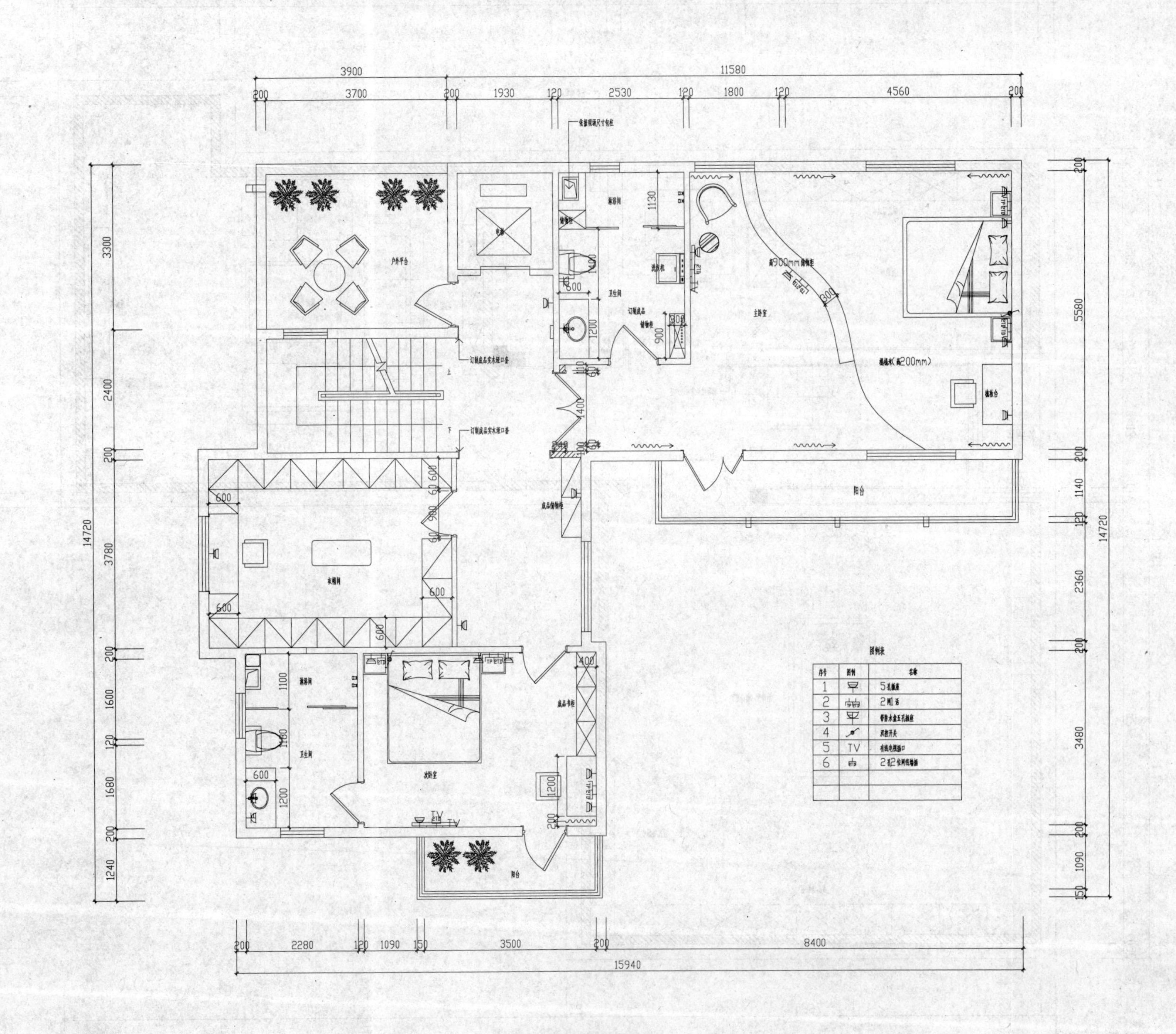

图6-5　二层平面布置图（二）

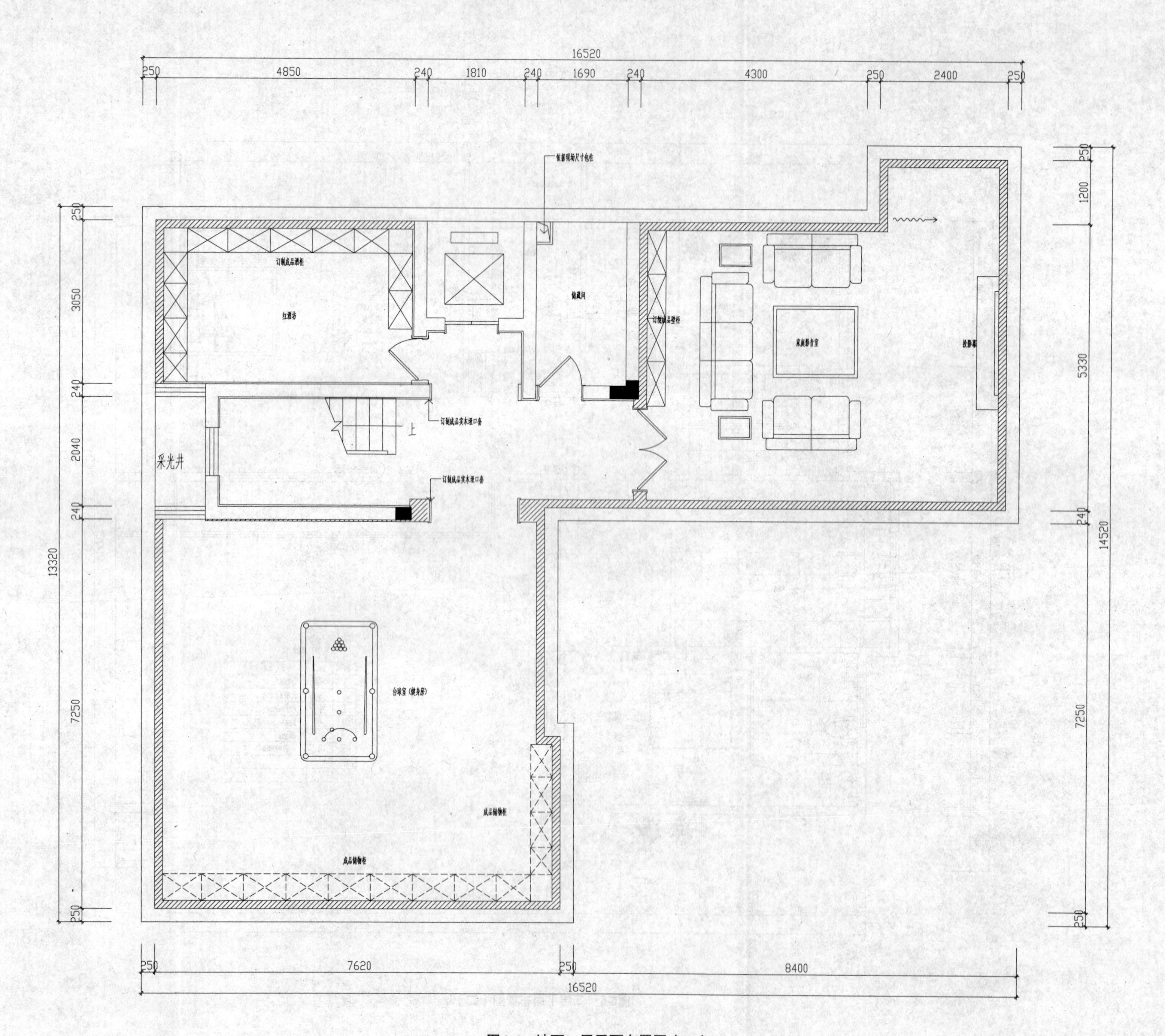

图6-6　地下一层平面布置图（一）

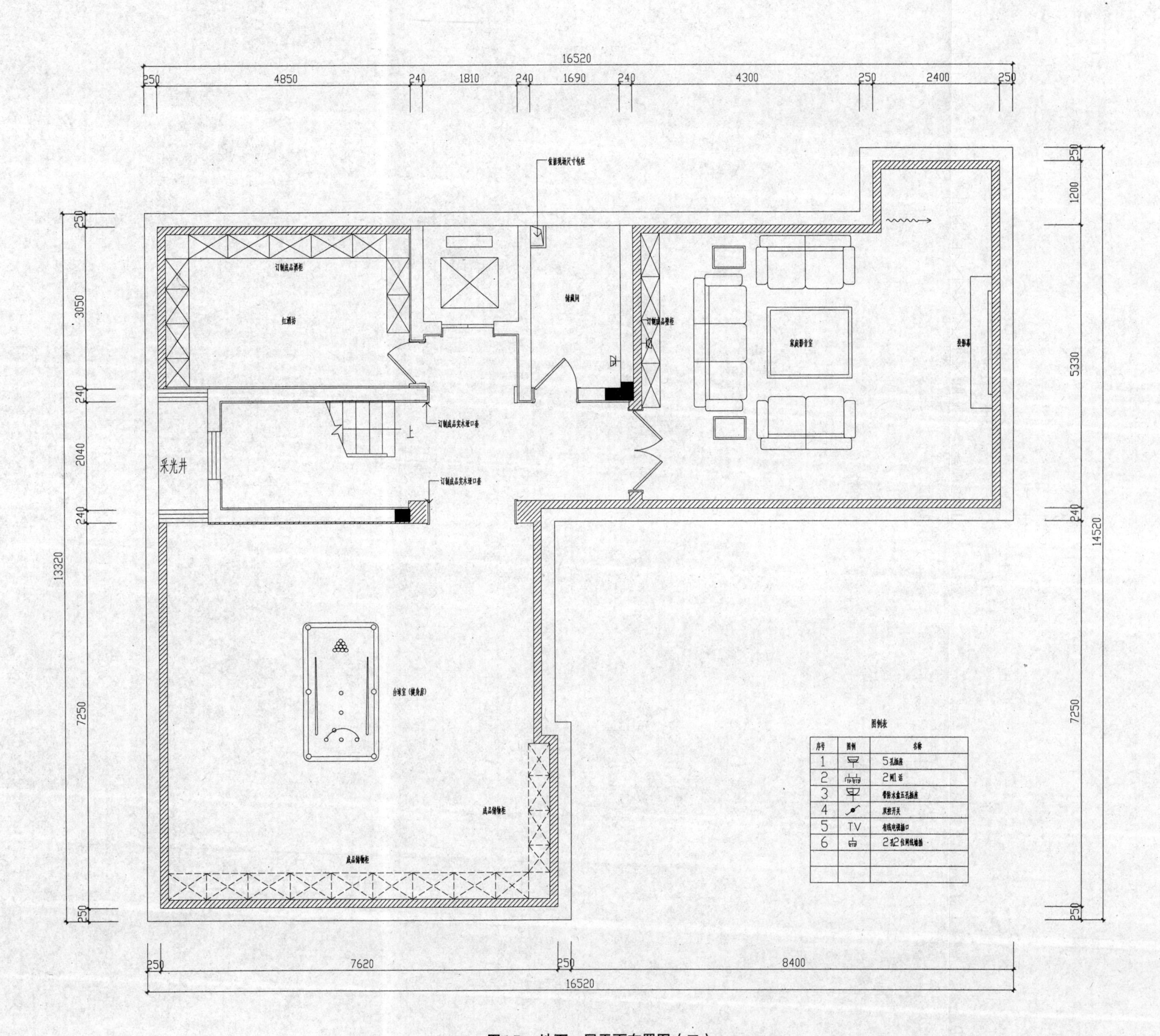

图6-7　地下一层平面布置图（二）